全彩版

系统安装
与重装

九州书源◎编著

U0249263

清华大学出版社

北京

内容简介

　　《系统安装与重装》一书详细而又全面地介绍了系统安装与重装的相关知识，主要内容包括：操作系统的基本知识和BIOS设置、虚拟机的安装与使用、硬盘分区与格式化、使用安装光盘安装操作系统、通过映像文件和U盘安装操作系统、多操作系统的安装与资源共享、驱动程序和常用软件的安装、系统的优化与安全防护、备份还原系统与电脑资源管理、卸载与重装操作系统以及系统故障排除与数据恢复等知识。

　　本书内容全面，图文对应，讲解深浅适宜，叙述条理清楚，并配有多媒体教学资源包，对学习系统安装与重装的初、中级用户有很大的帮助。本书适用于公司职员、在校学生、教师以及各行各业相关人员进行学习和参考，也可作为各类电脑培训班的系统安装与重装培训教材。

　　本书和资源包有以下显著特点：

　　115节交互式视频讲解，可模拟操作和上机练习，边学边练更快捷！

　　实例素材及效果文件，实例及练习操作，直接调用更方便！

　　全彩印刷，炫彩效果，像电视一样，摒弃"黑白"，进入"全彩"新时代！

　　316页数字图书，在电脑上轻松翻页阅读，不一样的感受！

图书在版编目（CIP）数据

系统安装与重装 / 九州书源编著. —北京：清华大学出版社，2015（2024.8重印）

（72小时精通）

ISBN 978-7-302-37824-2

I. ①系…　II. ①九…　III. ①操作系统—基本知识　IV. ①TP316

中国版本图书馆CIP数据核字（2014）第198133号

责任编辑：赵洛育
封面设计：李志伟
版式设计：文森时代
责任校对：马军令
责任印制：丛怀宇

出版发行：清华大学出版社

　　网　　　址：https://www.tup.com.cn，https://www.wqxuetang.com
　　地　　　址：北京清华大学学研大厦A座　　　　　　邮　　编：100084
　　社 总 机：010-83470000　　　　　　　　　　　邮　　购：010-62786544
　　投稿与读者服务：010-62776969，c-service@tup.tsinghua.edu.cn
　　质 量 反 馈：010-62772015，zhiliang@tup.tsinghua.edu.cn

印 装 者：三河市铭诚印务有限公司

经　　销：全国新华书店

开　　本：185mm×260mm　　　印　张：20.5　　　字　数：524千字

版　　次：2015年11月第1版　　　　　　　　　　印　次：2024 年 8 月第 9 次印刷

定　　价：89.80元

产品编号：052283-02

PREFACE 前言

在现代化的社会中，电脑扮演的角色越来越重要，其中对于操作系统的安装与重装工作也引起了越来越多的用户关注。本书结合多位电脑用户的经验，从全面性和实用性出发，针对需要学习系统安装与重装的人士特意进行编写。希望通过本书可以让用户在最短的时间内掌握并熟练运用各种系统安装与重装的方法。

■ 本书的特点

本书以系统安装与重装为例进行讲解。当您在茫茫书海中看到本书时，不妨翻开它看看，关注一下它的特点，相信它一定会带给您惊喜。

30 小时学知识，42 小时上机：本书以实用功能讲解为核心，每章分为学习和上机两个部分。学习部分以操作为主，讲解每个知识点的操作和用法，操作步骤详细、目标明确；上机部分相当于一个学习任务或案例制作，同时在每章最后提供有视频上机任务，书中给出操作要求和关键步骤，具体操作过程放在资源包中。

知识丰富，简单易学：书中讲解由浅入深，操作步骤目标明确，并分小步讲解，与图中的操作提示相对应，并穿插了"提个醒"、"问题小贴士"和"经验一箩筐"等小栏目。其中"提个醒"主要是对操作步骤中的一些方法进行补充或说明；"问题小贴士"是对用户在学习知识过程中产生疑惑的解答；而"经验一箩筐"则是对知识的总结和技巧，以提高读者对软件的掌握能力。

技巧总结与提高：本书以"秘技连连看"列出了学习系统重装与安装的技巧，并以索引目录的形式指出其具体的位置，使读者能更方便地对知识进行查找。最后还在"72小时后该如何提升"中列出了学习本书过程中应该注意的地方，以帮助用户取得良好的学习效果。

书与资源包相结合：本书的操作部分均在资源包中提供了视频演示，并在书中指出了相对应的路径和视频文件名称，可以打开视频文件对某一个知识点进行学习。

※ 如果您还在为不会为硬盘分区和安装系统而发愁；

※ 如果您还在为如何在电脑中安装多系统而不知所措；

※ 如果您还在为不知如何备份系统资源而苦恼；

※ 如果您还在为不小心丢失电脑数据而闷闷不乐；

※ 如果您还在为系统崩溃而不知怎么修复而焦虑；

※ 请翻开《系统安装与重装》，这些问题都能在其中找到并得到解决的办法，

※ 让您从此不再为系统的安装而烦恼。

　　排版美观，全彩印刷：本书采用双栏图解排版，一步一图，图文对应，并在图中添加了操作提示标注，以便于读者快速学习。

　　超值多媒体教学资源包：本书配有多媒体教学资源包，读者可扫描图书封底的"文泉云盘"二维码，或登录清华大学出版社网站（www.tup.com.cn），在对应图书页面下查阅资源包的获取方式。资源包中提供了书中操作所需的素材、效果和视频演示，还赠送了大量相关的教学教程。

■ 本书的内容

　　本书共分为 5 部分，用户在学习的过程中可循序渐进，也可根据自身的需求，选择需要的部分进行学习。各部分的主要内容介绍如下。

　　安装操作系统前期准备（第 1~3 章）：主要介绍对常见操作系统的认识、系统安装途径与方式、BIOS 设置、虚拟机的安装与新建、虚拟机的配置、对硬盘进行分区与格式化等内容。

　　单操作系统的安装（第 4~5 章）：主要介绍使用安装光盘安装 Windows XP、Windows 7、Windows 8 和 Windows Server 2008 R2 服务器系统的方法，以及使用映像文件和 U 盘安装操作系统的方法。

　　多系统的安装管理与资源共享（第 6 章）：主要介绍多操作系统的安装、多操作系统的引导管理以及多操作系统的资源共享等内容。

　　资源安装、系统优化和安全防护（第 7~8 章）：主要介绍驱动程序、常用工具软件的安装，以及使用系统自带功能和软件优化与安全防护系统的方法。

　　系统的处理（第 9~11 章）：主要介绍系统资源的备份与还原、系统数据的备份与还原、卸载操作系统、重装操作系统、操作系统故障的排除以及数据恢复等内容。

■ 联系我们

　　本书由九州书源组织编写，参加本书编写、排版和校对的工作人员有向萍、廖宵、包金凤、曾福全、陈晓颖、李星、贺丽娟、彭小霞、何晓琴、蔡雪梅、刘霞、杨怡、李冰、张丽丽、张鑫、张良军、简超、朱非、付琦、何周、董莉莉、张娟。

　　由于作者水平有限，书中疏漏和不足之处在所难免，欢迎读者不吝赐教。

九州书源

CONTENTS 录

系统

72 HOURS

系统安装快速入门

第 1 章

学习 3 小时

- 了解各种常用的操作系统
- 系统安装途径与方式
- BIOS 设置

在这个电脑办公的时代，几乎所有的办公活动都会使用到电脑。这就使电脑成了一个重要的工具，而电脑系统的安装、维护也成为一个重要的工作。本章将对系统安装前的一些准备知识进行讲解，如认识常用的系统、系统安装的途径与方式、BIOS 设置等。

上机 2 小时

1.1 了解各种常用的操作系统

操作系统的主要作用是管理电脑硬件和软件资源，它为用户提供操作界面，方便用户控制其他程序的运行。目前，较常用的操作系统有 DOS 操作系统、Windows 操作系统和 Linux 操作系统等，下面分别对其进行介绍。

> **学习 1 小时**

- 🔍 了解 DOS 操作系统。
- 🔍 了解 Linux 操作系统。
- 🔍 认识 Windows 操作系统。

1.1.1 DOS 操作系统

DOS 的英文全名是 Disk Operation System，意思是"磁盘操作系统"。DOS 实际上就是一个大程序，平时存储在硬盘里。每次开机时，电脑就把 DOS 调入内存中，让它帮助电脑硬件运行其他的应用程序。没有 DOS 操作系统，电脑不能正常运行。DOS 操作系统可以说是在电脑上运行的第一款操作系统。

DOS 操作系统可以分为 MS-DOS 与 PC-DOS 两类。其中，MS-DOS 由 Microsoft（微软公司）出品；而 PC-DOS 则由 IBM 对 MS-DOS 略加改动再推出的。

安装 DOS 操作系统必须使用 DOS 系统盘，DOS 6.22 的 3.5 寸安装盘共有 3 张，标有 1、2、3 的序号。将标号为 1 的系统盘插入光驱，开机后，屏幕将出现 DOS 6.22 的安装界面。按照屏幕提示一步步操作，电脑会在适当的时候提醒您换插 2 号和 3 号安装盘，同样，在安装完毕后也会出现提示。

目前，使用 DOS 操作系统的用户较少，但由于在磁盘分区时需要使用到，所以，只需对其有一个大致的了解即可，这里不再详述。

1.1.2 Windows 操作系统

目前，大多数家用电脑和普通办公电脑上安装的都是 Microsoft（微软）公司推出的 Windows 操作系统，当前最流行的 Windows 操作系统包括 Windows XP 操作系统、Windows 7 操作系统、Windows 8 操作系统和 Windows Server 2008 R2 服务器系统，下面分别对其进行介绍。

1. Windows XP 操作系统

Windows XP 操作系统是继 Windows 2000 操作系统后推出的一款操作系统，也是目前主流的操作系统之一，支持数字照片、数码音乐、家庭网络和 Internet 等功能，可以带给用户全新的体验，但随着 Windows 8 操作系统的诞生，微软公司已于 2014 年 4 月 8 日终止对 Windows XP 的服务支持，这意味着将不能再收到来自微软的 Windows XP 更新（包括安全更新）。

2. Windows 7 操作系统

Windows 7 操作系统是继 Windows Vista 操作系统后发布的新一代操作系统，该系统在界面风格上继承了 Vista 的界面特色，但更为简单、直观，并进一步增强了移动工作能力。Windows 7 操作系统可供家庭和企业使用，而且具备操作更加简单、界面更加简洁、运行速度更快以及运行环境更加安全等特点，受到广大用户的青睐。

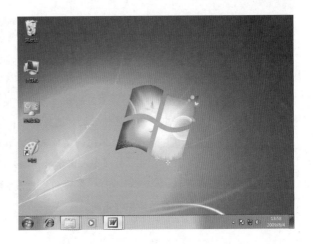

3. Windows 8 操作系统

Windows 8 操作系统是微软公司继 Windows 7 操作系统之后开发的最新一代的操作系统，与 Windows 7 操作系统相比，增加了独特的 metro 开始界面和触控式交互系统，使用户日常电脑操作变得更加简单和快捷，为用户提供了高效易行的工作环境；具有更好的续航能力，且启动速度更快、占用内存更少；兼容 Windows 7 操作系统所支持的软件和硬件，并且其应用范围也得到了扩展，不仅可应用于笔记本电脑、台式电脑，还可应用于平板电脑。

4. Windows Server 2008 R2 服务器系统

Windows Server 2008 R2 是微软公司继 Windows Server 2008 服务器系统开发的新一代服务器系统，是目前主流的服务器系统，该系统发行了多种版本，以满足各种规模的企业对服务器的不同需求。

相对于 Windows Server 2008 服务器系统，Windows Server 2008 R2 提升了虚拟化、系统管理弹性、网络存取方式，以及信息安全等领域的应用。

62
Hours

52
Hours

42
Hours

32
Hours

22
Hours

12
Hours

> **经验一箩筐——如何选择适合自己的操作系统**
>
> 要想使操作系统充分发挥其作用，首先需要选择一款最适合自己使用的操作系统，面对市场上众多不同系列的操作系统，可根据以下几点进行选择。
>
> 🔑 **根据硬件配置进行选择：**不同的操作系统对硬件的配置有不同的要求，因此，在选择操作系统时应根据电脑的配置情况进行选择。
>
> 🔑 **根据个人需求进行选择：**不同的操作系统，在功能上会有所不同，在电脑配置达到操作系统要求的前提下，可以按照个人需求（如办公、家庭娱乐等）选择相应的操作系统。
>
> 🔑 **根据操作系统特点进行选择：**不同的操作系统有不同的特点，用户可以根据操作系统的特点来选择适合自己的操作系统。

1.1.3 Linux 操作系统

Linux 是一套免费使用和自由传播的 UNIX 操作系统，是一个基于 POSIX 和 UNIX 的多用户、多任务、支持多线程和多 CPU 的操作系统。它能运行主要的 UNIX 工具软件、应用程序和网络协议，它支持 32 位和 64 位硬件。Linux 继承了 UNIX 以网络为核心的设计思想，是一个性能稳定的多用户网络操作系统。它是由全世界各地的成千上万的程序员设计和实现的。其目的是建立不受任何商品化软件的版权制约、全世界都能自由使用的 UNIX 兼容产品。

Linux以高效性和灵活性著称。Linux模块化的设计结构，使得它既能在价格昂贵的工作站上运行，也能够在廉价的PC机上实现全部的UNIX特性，具有多任务、多用户的能力。Linux是在GNU公共许可权限下免费获得的，是一个符合POSIX标准的操作系统。Linux操作系统软件包不仅包括完整的Linux操作系统，而且还包括了文本编辑器、高级语言编译器等应用软件。它还包括带有多个窗口管理器的X-Windows图形用户界面，如同使用Windows NT一样，允许使用窗口、图标和菜单对系统进行操作。

> **经验一箩筐——UNIX 操作系统和 Linux 操作系统**
>
> UNIX 操作系统是笔记本电脑、PC 机、服务器、中小型机、工作站、大巨型机及群集、SMP 和 MPP 上全系列通用的操作系统，具有很高的安全性。而 Linux 操作系统具有稳定、可靠、安全和强大的网络功能等优点，可实现 WWW、FTP、DNS、DHCP 以及 E-mail 等服务，还可作为路由器使用，利用 ipchains/iptables 可构建 NAT 及功能全面的防火墙。

1.2 系统安装途径与方式

了解到各种常用的操作系统后，还需要对系统安装的类型、流程以及系统安装的方式等知识进行了解，这样可为后面系统的安装与重装操作奠定基础。下面分别对系统的安装类型、安装途径与安装方式进行讲解。

> **学习 1 小时** ▶ - - - - -
>
> 🔍 了解系统安装的类型。　　　　　　🔍 熟悉系统安装的流程。
>
> 🔍 了解系统安装的常见方式。

1.2.1 系统安装的类型

安装操作系统的方法很多，包括全新安装、升级安装、无人值守安装以及覆盖安装等，用户可以根据不同的安装场合和情况选择不同的安装类型。下面对这几种安装类型分别进行介绍。

🔑 **全新安装**：全新安装是指安装时电脑硬盘中未安装任何操作系统，如在新买的电脑或新硬盘上安装系统就属于全新安装。若电脑中已安装了操作系统，但在安装时先对硬盘进行了格式化，然后再重装系统也属于全新安装。全新安装的优点在于安全性较高，可解决系统中的错误，而且可彻底清除病毒。

🔑 **升级安装**：升级安装是指将电脑中已经安装的低版本操作系统升级到高版本操作系统，它的优点在于对电脑中原有程序、数据和设置不会发生什么变化，一般不会出现硬件兼容性方面的问题，其缺点是升级容易恢复难，一旦升级就难以恢复。

🔑 **无人值守安装**：无人值守安装也叫自动安装，指安装操作系统时，用户无须在电脑旁边守候，整个安装过程由安装程序自动完成。要实现自动安装需要先创建一个无人值守安装自动应答文件（即自动执行 Windows XP/7/8 安装程序的脚本）。全自动安装方式的优点是可以进行快速安装。

🔑 **覆盖安装**：覆盖安装是指在已安装了操作系统的基础上，将同一版本的操作系统重新安装到相同位置。它的优点在于会保留以前操作系统中已安装的程序、文件和相关设置，但不能完全解决某些系统中存在的问题，在 Windows XP 中，覆盖安装又被称为修复安装。

1.2.2 系统安装的流程

不同的安装类型，在安装前的准备工作稍有不同，而且安装的时间也会不一样，但安装的流程都基本类似。首先将安装光盘放入光驱中，启动电脑进入 BIOS 界面，设置第一启动项为从光驱启动，再对硬盘进行分区和格式化，然后根据提示进行安装即可。其基本流程如下图所示。

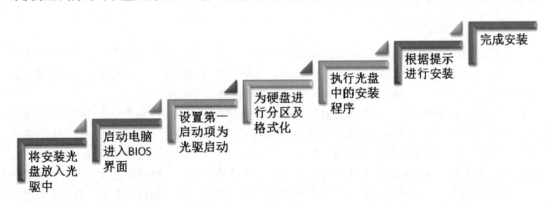

将安装光盘放入光驱中 → 启动电脑进入BIOS界面 → 设置第一启动项为光驱启动 → 为硬盘进行分区及格式化 → 执行光盘中的安装程序 → 根据提示进行安装 → 完成安装

1.2.3 系统安装的常见方式

系统的安装方式有很多，常见的系统安装方式包括通过光盘安装、通过镜像文件以及通过U 盘安装等。不同的用户，选择安装系统的方式会有所不同。下面分别对系统常见的几种安装方式进行介绍。

🔑 **通过光盘安装**：它是最常见、最简单的安装方式，但通过光盘安装需要花费一定的金额，从运营商手中购买正版安装光盘，而且安装的时间也相对较长。

🔑 **通过镜像文件安装**：该安装方式常用于电脑中已安装有操作系统的情况。网上很多软件下载网站也提供有系统的镜像文件下载，将系统的镜像文件下载到电脑中，然后将其镜像文件发送到虚拟光驱，再执行安装即可。但从网上下载的系统镜像文件，其安全系数将会降低。

🔑 **通过U盘安装**：该安装方式常用于既没安装系统，也没有光驱的电脑。但使用该安装方式，首先需要对U盘进行一些特殊的处理，这样才能让U盘具备安装系统的功能，通过U盘安装系统的方法将在第5章的5.2节中进行详细讲解。

1.3 BIOS 设置

在安装操作系统之前需要对 BIOS 进行设置，下面将介绍与安装系统相关的 BIOS 常用设置，包括启动顺序、系统日期和时间以及硬盘接口的设置等。

▰▰ **学习1小时** ▶ - - - - - -

🔍 了解 BIOS 的相关知识。　　　　🔍 掌握设置系统引导盘顺序的方法。

🔍 掌握设置系统日期和时间的方法。　　🔍 快速掌握设置硬盘接口的方法。

🔍 掌握防病毒和 BIOS 密码设置的方法。　🔍 快速掌握恢复 BIOS 设置的方法。

🔍 掌握保存并退出 BIOS 设置的方法。　🔍 认识 EFI BIOS 的相关知识。

1.3.1 了解 BIOS 相关知识

要对 BIOS 进行设置，还需要先了解 BIOS 的含义、BIOS 常用选项的含义，以及掌握进入 BIOS 设置界面的方法，下面分别对其相关知识进行讲解。

1. 什么是 BIOS

BIOS 全称是 Basic Input/Output System，中文释义为"基本输入/输出系统"，它被固化在只读存储器（Read Only Memory，ROM）中，又称为 ROM BIOS，用于为电脑提供最低级、最直接的硬件控制，是电脑启动和操作的基础，主要具有如下几种功能。

🔑 **开机自检**：开机自检也叫做加电自检，简称为 POST（Power On Self Test 的缩写），是指在按下电脑电源开关后，对电脑各个硬件设备进行检测。当打开电脑电源后，BIOS 将会对 CPU、内存、扩展内存、ROM、主板、串并口、显示卡、软/硬盘子系统及键盘进行检测，一旦在自检中发现问题，系统将给出提示信息或鸣笛警告。自检测试完成后，系统将在指定的驱动器中寻找操作系统，并向内存中装入操作系统，也就是说只有通过自检和相关操作后才能正确启动并进入操作系统。

🔑 **中断服务**：BIOS 的中断服务程序实际上是电脑系统中软/硬件之间的一个可编程接口。开机时 BIOS 将告诉 CPU 各种硬件设备的中断号，这样操作电脑时，当用户发出使用某个设备的指令后，CPU 就能根据中断号使用相应的硬件完成工作，使用完成后再根据中断号跳回原来的工作。

🔑 **系统设置程序**：电脑硬件的配置信息存放在一块可读写的 CMOS 存储芯片中，而通过 BIOS 中的系统设置程序可设置 CMOS 存储芯片中的各项硬件参数。在开机时可按下指定的键进入 BIOS 的系统设置程序对 CMOS 参数进行设置，该过程就称为"BIOS 设置"。

▌经验一箩筐—— CMOS

CMOS（Complementary Metal-Oxide Semiconductor，互补金属氧化物半导体）是电脑主板上的一块可读写、可修改的芯片，常被称为 CMOS RAM。CMOS 本身只是一块存储器，具有数据保存功能，用于存储系统的硬件配置和用户对某些参数的设置。CMOS 由主板上的纽扣电池供电，即使系统断电，也不会丢失其中的数据。

2. 进入 BIOS 设置界面的方法

无论是台式电脑还是笔记本电脑，当需要进行 BIOS 设置时，首先需要开机启动电脑，在出现的自检界面中将显示进入 BIOS 的快捷键提示信息，如"Press DEL to enter SETUP"提示信息，其中"DEL"即为进入 BIOS 的热键，这时按下主键区的 Delete 键或小键盘区的 Del 键，即可进入 BIOS 设置界面。

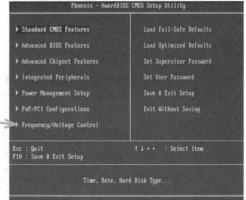

▌经验一箩筐—— 笔记本电脑 BIOS 的进入方法

不同品牌的电脑或不同 BIOS 的电脑，其进入 BIOS 的方法会有所区别，但都会在自检界面中进行提示。目前，大多数笔记本电脑进入 BIOS 设置界面，都是按 F2 键或 F1 键。

3. BIOS 常用选项的含义

BIOS 设置界面是英文界面，因此，在设置 BIOS 参数时必须了解各项英文菜单项的作用，不能随意设置，以免造成系统运行出现问题。为了便于用户认识 BIOS，下面以标准的 Phoenix-Award BIOS 设置窗口菜单项的作用为例进行讲解。

🔑 Standard CMOS Features：标准 CMOS 设置，包括日期、时间、软驱、显卡和软硬盘检测设置等。

🔑 Advanced BIOS Features：高级 BIOS 设置，包括病毒防护、系统启动（开机）顺序、CPU 高速缓存和快速检测等设置。

🔑 Advanced Chipset Features：芯片组设置，用于修改芯片组寄存器的值，优化系统性能。

🔑 Integrated Peripherals：外围设备设置，包括 IDE 设备、USB 设备、串行 / 并行端口、网卡等设置。

🔑 Power Management Setup：电源管理设置，用于对系统电源和省电模式进行管理。

🔑 PnP/PCI Configurations：PnP/PCI 配置设置，对即插即用和 PCI 局部总线参数进行设置。

007

72☒
Hours

62
Hours
▲

52
Hours
▲

42
Hours
▲

32
Hours
▲

22
Hours
▲

12
Hours

🔑 Frequency/Voltage Control：频率 / 电压控制，用于设置 CPU 和内存的时钟。

🔑 Load Fail-Safe Defaults：载入 BIOS 的安全默认值。

🔑 Load Optimized Defaults：载入最优化默认值。

🔑 Set Supervisor Password：设置管理员用户账户密码。

🔑 Set User Password：设置用户密码。

🔑 Save & Exit Setup：保存设置并退出 BIOS。

🔑 Exit Without Saving：不保存设置直接退出 BIOS。

1.3.2 设置系统引导盘顺序

在安装系统之前需要为系统设置引导盘顺序，以免进入错误的引导系统。在安装操作系统时，若需要使用光盘进行安装，则需要将光盘设置为第一引导盘，当启动电脑后，才会进入安装系统的界面。

下面以设置第一引导设备为光驱、第二引导设备为硬盘为例，讲解设置系统引导盘顺序的方法。其具体操作如下：

资源文件 实例演示 \ 第 1 章 \ 设置系统引导盘顺序

STEP 01： 选择相应选项

启动电脑，进入 BIOS 设置界面，按方向键移动光标选择 "Advanced BIOS Features" 选项，按 Enter 键。

提个醒 ←、→、↑和↓方向键用于在设置各项目中进行切换移动，分别用于左移一个选项、右移一个选项、上移一个选项和下移一个选项。

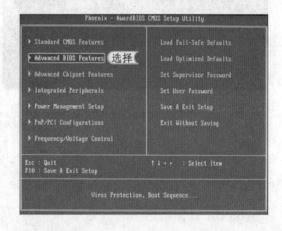

STEP 02： 设置第一启动项

按↓键将光标移到 "First Boot Device" 选项上，按 Enter 键。

读书笔记

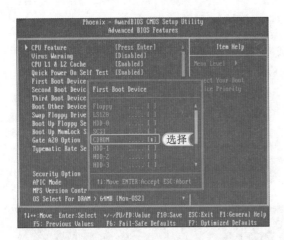

在打开的"First Boot Device"界面中按方向键将鼠标光标移到"CDROM"选项上，按 Enter 键确认并返回上一级菜单。

> **提个醒** 在 BIOS 界面中选择相应选项后，按 Enter 键将确认执行，若该选项有下级子菜单，则进入选项子菜单，并显示选项的设置值。

STEP 04: 设置第二启动项为硬盘

选择"Second Boot Device"选项，按 Enter 键，选择"HDD-0"选项，按 Enter 键返回上一级界面，完成设置。

> **提个醒** 系统安装完成后建议用户在 BIOS 设置界面中将第一启动项设置为"HDD-0"，第二项启动项设置为"CDROM"，这样当系统出现问题时，可以使用光盘启动进行系统安装，平时也不会影响电脑的正常启动。

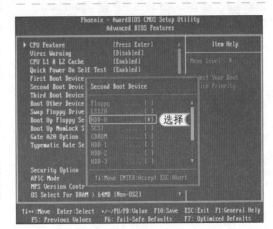

1.3.3 设置系统日期和时间

系统中的日期和时间是直接由 BIOS 中的"Date（日期）"和"Time（时间）"决定的，用户可根据需要进行修改。其方法是：启动电脑，进入 BIOS 设置界面，通过方向键选择"Standard CMOS Features"选项，按 Enter 键。此时光标将自动定位在"Date"后面的"月"栏上，按 Page Up 键或 Page Down 键选择所需的值。按方向键分别切换到"日"栏、"年"栏以及"时间"栏，使用同样的方法设置年份、日期和时间，设置完成后保存并退出 BIOS 即可。

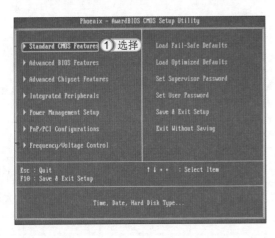

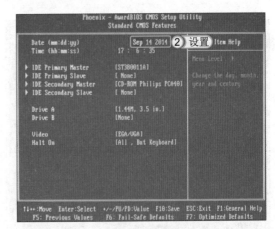

009

72☒
Hours

62
Hours

52
Hours

42
Hours

32
Hours

22
Hours

12
Hours

1.3.4 设置硬盘接口

　　IDE 和 SATA 接口是使用较广泛的外部接口，用于连接硬盘和光驱等，在安装操作系统前应检查硬盘能否被主板识别。通过 BIOS 中的检测硬盘功能可检测硬盘的参数是否正确，若设置不当，将造成硬盘不能读取的情况。

　　下面以在 BIOS 中设置自动检测硬盘为例讲解设置硬盘接口的方法。其具体操作如下：

资源文件 　实例演示 \ 第 1 章 \ 设置硬盘接口

STEP 01： 选择相应选项

启动电脑，在 BIOS 主界面中选择 "Standard CMOS Features" 选项后，按 Enter 键。按方向键选择 "IDE Primary Master" 选项，右侧将显示硬盘型号参数，按 Enter 键。

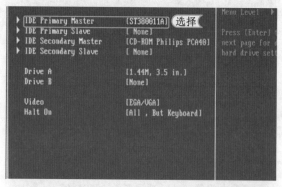

提个醒　硬盘接口分为 IDE、SATA、SCSI 和光纤通道 4 种，其中，IDE 和 SATA 硬盘接口主要用于家用产品；SCSI 接口的硬盘则主要应用于服务器市场；而光纤通道只用于高端服务器上。

STEP 02： 设置主硬盘参数

在打开的界面中通过按方向键选择硬盘相关参数值的检测方式为 "Auto"。按 Enter 键确认并返回上一级菜单。

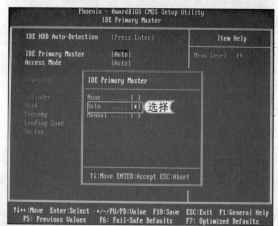

STEP 03： 设置从硬盘参数

若电脑上连接了多块硬盘则需在返回的上一级设置界面后选择 "IDE Primary Slave" 选项对从硬盘进行参数设置。

提个醒　"None" 值表示只有一块硬盘，因此，在设置从硬盘参数时，跳过该设置即可。

■ 经验一箩筐——IDE 接口

一般情况下，主流主板上都有两个 IDE 接口，分别称为 Primary（第一）和 Secondary（第二），而每个接口可以连接两个 IDE 设备，称为 Master（主）和 Slave（从）。通常将 "IDE Secondary Master（第二 IDE 主设备）" 设为 "光驱（CD-ROM）"，当然如果硬盘太多，也可以将第二 IDE 主设备设置为 "硬盘"，然后将第二 IDE 从设备设置为 "光驱"。如果电脑采用的是 SATA 硬盘则简单得多，因为 SATA 硬盘使用的是 SATA 接口，光驱可以直接设置为第一 IDE 的主设备。

1.3.5 防病毒设置

BIOS 中也有关于病毒的防治设置，它会阻止文件对系统引导扇区和硬盘分区表的删改，因此，安装系统前应将 BIOS 中的 "Virus Warning（病毒警告）" 选项设置为 "Disabled（不允许）"，否则将不能成功安装系统。其设置方法是：启动电脑进入 BIOS 主界面，选择 "Advanced BIOS Features" 选项，按 Enter 键，再按方向键选择 "Virus Warning" 选项，按 Enter 键，然后在打开的窗口中按方向键选择 "Disabled" 选项，按 Enter 键即可。

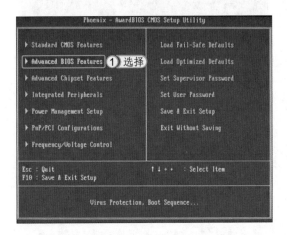 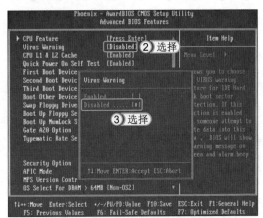

■ 经验一箩筐——防病毒设置的提醒方式

开启 BIOS 中的防病毒设置后，如果执行修改系统引导扇区或硬盘分区表操作，将会暂停所有操作并提醒进行病毒检查。

1.3.6 设置 BIOS 密码

在 BIOS 中设置密码可保证电脑安全，BIOS 可设置的密码分为用户密码和超级密码两类，设置用户密码后当系统启动时需要进行密码验证，这样才能开机进入系统；设置超级密码后在进入 BIOS 设置界面时需进行密码验证，这样才能进行 BIOS 设置。用户密码和超级密码的设置方法基本类似。

下面以设置 BIOS 超级密码为例讲解设置 BIOS 密码的方法。其具体操作如下：

资源文件　实例演示 \ 第1章 \ 设置 BIOS 密码

62
Hours
▲

52
Hours
▲

42
Hours
▲

32
Hours
▲

22
Hours
▲

12
Hours
▲

STEP 01： 选择"Security Option"选项

启动电脑进入 BIOS 主界面，选择"Advanced BIOS Features"选项，按 Enter 键。按方向键选择"Security Option"选项，按 Enter 键。选择"Setup"选项设置进入 BIOS 密码，按 Enter 键确认后按 Esc 键返回。

> **提个醒** 选择"Setup"选项，表示设置进入 BIOS 设置时的密码验证。而"System"选项则表示对用户密码进行设置。

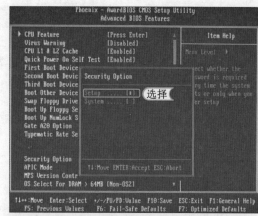

STEP 02： 选择相应选项

在 BIOS 主界面中按方向键选择"Set Supervisor Password"选项，按 Enter 键确定。

读书笔记

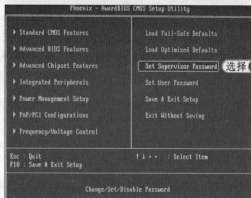

STEP 03： 设置密码

此时将打开一个密码输入框提示"Enter Password"。在该文本框中输入要设置的密码，按 Enter 键确认。

读书笔记

STEP 04： 输入并确认密码

此时将再次打开密码输入框，在该文本框中输入相同的密码。按 Enter 键确认并完成设置。

> **提个醒** 如果第一次输入的密码与第二次输入的密码不同，则不能设置成功。

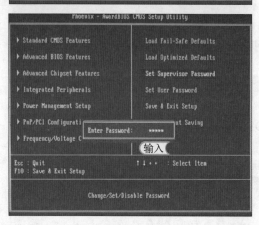

1.3.7 恢复默认 BIOS 设置

恢复默认BIOS设置功能是对BIOS进行设置后系统出现了问题，或需要取消前面的设置时，可以载入BIOS的默认设置，使其恢复到默认状态。其方法是：启动电脑进入BIOS主界面，选择"Load Fail-Safe Defaults"选项，按Enter键，此时将显示"Load Fail-Safe Defaults（Y/N）？N"的提示信息，输入"Y"并按Enter键确认即可。

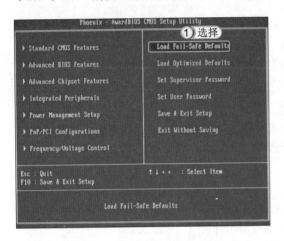 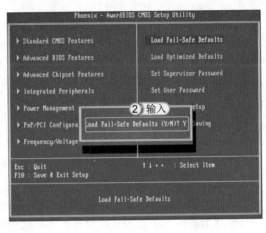

1.3.8 保存并退出 BIOS 设置

BIOS设置完成后需要对设定值进行保存，再退出BIOS，否则前面的设置将没有任何意义。保存并退出BIOS设置的方法是：启动电脑进入BIOS主界面，选择"Save & Exit Setup"选项，按Enter键，在打开的提示框中输入"Y"，按Enter键，保存并退出BIOS，然后电脑将自动重启。

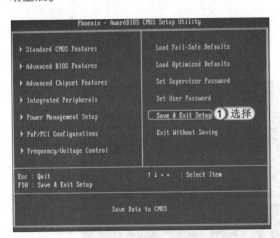 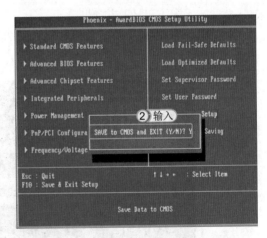

▌经验一箩筐——退出但不保存 BIOS 设置

启动电脑进入 BIOS 主界面中进行相应设置后，退出时不想保存设置的值，可在 BIOS 主界面中选择"Exit Without Saving"选项，按 Enter 键，在打开提示框中输入"Y"，再按 Enter 键，便可不保存设置并退出 BIOS。

62
Hours

52
Hours

42
Hours

32
Hours

22
Hours

12
Hours

1.3.9 全新体验 EFI BIOS

EFI BIOS 是由图形化界面组成的，与传统的 BIOS 作用基本相同，都是作为硬件和软件之间的衔接桥梁，但由于传统的 BIOS 界面显示的都是英文，对普通用户来说，操作起来较困难，而 EFI BIOS 中提供了多种语言，用户可根据需要进行选择，这样操作起来更加简单，其功能也更加强大。下面对 EFI BIOS 的相关知识进行讲解。

1. 了解 EFI BIOS 的主要特点

与传统的 BIOS 不同，EFI BIOS 不再采用汇编语言编写，而是采用属于高级语言体系的 C 语言，这就使它可以实现许多丰富的功能，下面对 EFI BIOS 的特点进行介绍。

🔑 **存储器不同**：由于数据量大了许多，加上扩展性的需要，EFI BIOS 不再是只写入到主板的只读存储器上，而是将硬盘隔离出一个专门的区域来存放 EFI BIOS 的主体。

🔑 **可支持鼠标操作**：图形界面是 EFI BIOS 的主要特点，EFI BIOS 内置图形驱动功能，可提供一个高分辨率的彩色图形环境，用户进入后可直接用鼠标单击进行配置的调整，如操作系统因设置问题无法进入，用户可通过 EFI 来修改配置或安装新的硬件驱动，将系统成功修复。

🔑 **强大的管理功能**：EFI BIOS 支持强大的磁盘管理和启动管理功能，具有脱离操作系统的管理工具，不必进入系统便可对电脑进行整机维护工作。

🔑 **自身存储功能**：EFI BIOS 以硬盘的某个区域作为存储空间，自身便能够直接执行一些常用的程序，如硬盘分区、多重操作系统引导等。

🔑 **强大的扩展功能**：进入 EFI BIOS 的图形操作界面后，可通过鼠标单击对系统进行镜像备份，一旦系统出现故障且彻底无法修复，用户则只需简单地单击鼠标便可快速恢复系统，这无疑将系统的使用安全性和易用性提高了数个等级。

2. 认识 EFI BIOS 主界面

EFI BIOS 主界面主要由当前系统信息、性能状态和启动顺序 3 部分组成，如下图所示为华硕 EFI BIOS 界面。

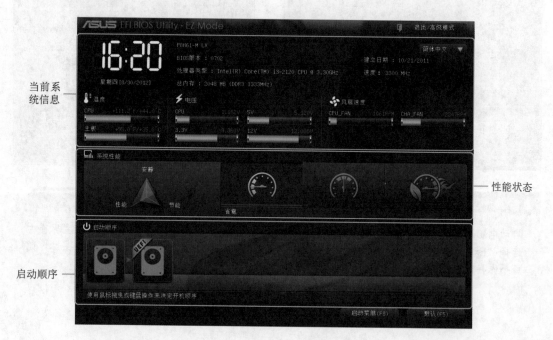

下面对华硕 EFI BIOS 界各组成部分的作用分别进行介绍。

🔑 **当前系统信息**：在华硕新一代主板的 EFI EZ 模式界面中，用户可在上半部分直观地以柱状图的方式监控到当前系统主要部件的温度、电压和风扇转速等信息。

🔑 **性能状态**：界面的中间是 3 种"傻瓜化"可供调节的档位，通过选择相应的状态，可以方便地获得不同的性能表现，通过它可以直接在性能、安静和节能之间选择。

🔑 **启动顺序**：界面的最下方则为启动顺序的选择，直接用鼠标单击对应的图标就可以选择系统启动的顺序。

3. 进入高级模式界面

在 EFI BIOS 主界面中只能对部分功能进行设置，要想对 BIOS 进行更多设置，还需要进入 EFI BIOS 高级模式，在该界面中提供了 6 个选项卡，在每个选项卡中提供了相应的功能，用户可根据需要进行设置。在 EFI BIOS 主界面中单击 <kbd>退出/高级模式</kbd> 按钮，在打开的提示对话框中单击 <kbd>高级模式</kbd> 按钮，即可进入高级模式界面。

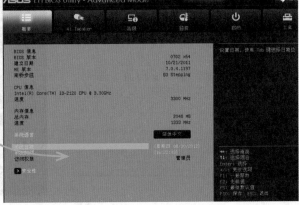

下面对高级模式界面中的 6 个选项卡的作用进行介绍。

🔑 **"概要"选项卡**：该选项卡主要用于对系统语言、系统日期和时间、访问权限和电脑安全性等进行设置。

🔑 **"AI Tweaker"选项卡**：该选项卡主要集成了电脑主要硬件的相关参数设置，其中包括内存频率、CPU 超频以及内存延时等设置。

🔑 **"高级"选项卡**：在该选项卡中主要对电脑 CPU 处理核心、北桥、南桥、SATA、USB、内存设备以及高级电源管理的参数进行设置。

🔑 **"监控"选项卡**：该选项卡的作用主要是对电脑的温度、电压及风扇转速等信息进行监控。

🔑 **"启动"选项卡**：该选项卡主要用于对电脑的启动小键盘功能、开机画面显示和启动选项属性等进行设置。

🔑 **"工具"选项卡**：在该选项卡中主要对 BIOS 进行升级和更新操作。

▌ **经验一箩筐——设置 EFI BIOS**

在 EFI BIOS 中与传统 BIOS 中可进行的设置基本相同，而且相对于传统 BIOS 的操作更加简单，用户可结合前面设置传统 BIOS 的方法，对 EFI BIOS 进行设置。

015

72☒
Hours

62
Hours

52
Hours

42
Hours

32
Hours

22
Hours

12
Hours

上机 1 小时 ▶ EFI BIOS 的设置

🔍 巩固设置系统性能和启动顺序的方法。

🔍 巩固设置系统日期和时间的方法。

🔍 巩固设置用户密码的方法。

🔍 进一步掌握 EFI BIOS 的设置方法。

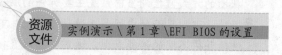

资源文件 实例演示 \ 第 1 章 \EFI BIOS 的设置

本例将对 EFI BIOS 进行设置。首先进入 EFI BIOS 主界面设置系统性能和启动顺序，然后进入 EFI BIOS 高级模式设置系统日期和时间，以及对电脑安全性进行设置。

STEP 01： 设置系统性能

1. 将 U 盘插入电脑并启动，当系统进入自检模式时按 Delete 键，进入 BIOS 界面，使用鼠标在"系统性能"栏中选择"省电"选项。

2. 单击 启动菜单(F8) 按钮。

读书笔记

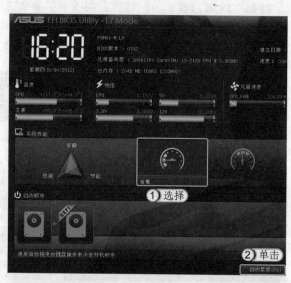

STEP 02： 设置启动顺序

打开"启动菜单"对话框，在其中显示了插入的 U 盘所对应的选项，选择"SATA:ST3500418AS"选项，按 Enter 键确认。

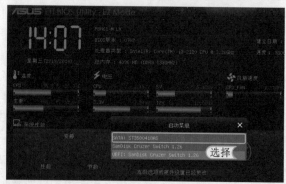

STEP 03： 进入高级模式

1. 返回 EFI BIOS 主界面，单击右上角的 退出/高级模式 按钮。

2. 在打开的提示对话框中单击 高级模式 按钮。

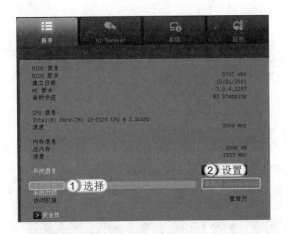

STEP 04： 设置系统日期

1. 进入高级模式，选择"概要"选项卡，选择"系统日期"选项。

2. 然后设置当前日期为"08/28/2014"。

提个醒　　在 EFI BIOS 中，系统通常会自动更正时间，不需用户进行设置，如果由于电脑病毒等造成时间和日期发生改变，则首先应对电脑进行杀毒，然后再使用该方法对电脑的系统时间进行设置。

STEP 05： 设置系统时间

1. 选择"系统时间"选项，设置当前时间为"16:22:24"。

2. 在"访问权限"栏中选择"安全性"选项。

读书笔记

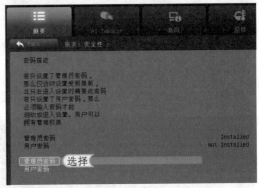

STEP 06： 设置管理员密码

进入"安全性"设置界面，在其中选择"管理员密码"选项，在其上方将显示该选项的说明，然后在打开的设置框中设置其密码即可，完成后管理员密码对应的选项信息将由"Not Installer"变为"Installer"。

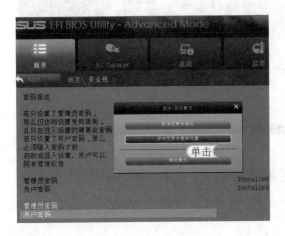

STEP 07： 设置用户密码

选择"用户密码"选项，使用相同的方法设置其密码，然后按 F10 键，在打开的"退出/高级模式"对话框中单击 ▨保存变更并重新设置▨ 按钮，保存设置并退出 BIOS。

提个醒　　在 BIOS 中设置了管理员密码并保存后，当再次进入 BIOS 则需输入此密码才能进入设置界面，如设置了用户密码，则进入电脑系统时需输入密码。

62
Hours

52
Hours

42
Hours

32
Hours

22
Hours

12
Hours

1.4　练习 1 小时

本章主要介绍了操作系统知识和 BIOS 的设置方法，用户若想熟练掌握和使用这些知识，还需要再进行巩固练习，下面以设置 AMI BIOS 引导盘和在 EFI BIOS 中开启 U 盘功能为例，进一步巩固这些知识的使用方法。

1.　设置 AMI BIOS 引导盘

本例将设置 AMI BIOS 的系统引导盘，首先启动电脑进入 AMI BIOS，设置光驱为第一引导盘，然后再设置硬盘为第二引导盘。其设置步骤如下图所示。

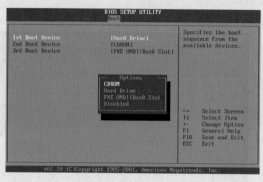 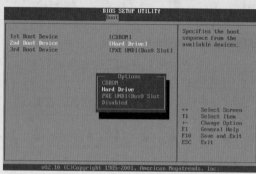

资源文件　实例演示 \ 第 1 章 \ 设置 AMI BIOS 引导盘

2.　在 EFI BIOS 中开启 U 盘功能

本例将开启 EFI BIOS 中的 U 盘功能，首先启动电脑进入 EFI BIOS 主界面，再进入高级模式，然后在"高级"选项卡中开启 U 盘功能即可。其设置步骤如下图所示。

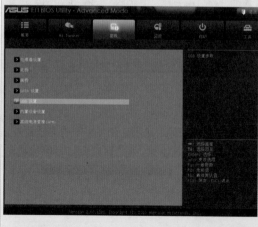 

资源文件　实例演示 \ 第 1 章 \ 在 EFI BIOS 中开启 U 盘功能

系统
72 HOURS

第 **2** 章

搭建虚拟机

学习 **2** 小时
- 安装虚拟机
- 使用虚拟机

　　为了避免出现由于误操作造成的损失，用户在对系统进行修改维护时，需要特别小心。若并不知道进行的操作是否会影响系统的正常运行，这时就可使用虚拟机进行模拟操作。

上机 **3** 小时

2.1 安装虚拟机

对于学习系统安装与重装的新手来说，系统安装与重装的过程中很多操作容易造成系统故障，尤其是在同一台电脑中安装两个以上的操作系统，针对这种情况，可以先在一个试验平台上进行练习，避免造成损失。下面将讲解如何构建一个系统安装试验平台——虚拟机的相关知识。

学习1小时

- 🔍 认识虚拟机。
- 🔍 熟练掌握安装虚拟机的方法。

2.1.1 认识虚拟机

虚拟机是用来模拟真实电脑环境的软件，但要想使用虚拟机，首先需要对虚拟机有一个基本的认识，这样使用起来才会更加得心应手。下面讲解虚拟机的相关知识。

1. 什么是虚拟机

虚拟机是指通过软件模拟的具有电脑系统功能且运行在一个完全隔离环境中的完整电脑系统。通过虚拟机软件，可以在一台物理计算机上模拟出一台或多台虚拟的电脑，这些虚拟的电脑（简称虚拟机）可以像真正的电脑那样进行工作，如可以安装操作系统和安装应用程序等。因此，对于用户而言，虚拟机只是运行在电脑上的一个应用程序，而对于虚拟机中运行的应用程序而言，可得到与在真正的电脑中进行操作相同的结果。在虚拟机中进行系统安装试验时，安装的只是虚拟机上的操作系统，而不是物理电脑上的操作系统，从而可确保学习系统安装与重装时电脑的安全性。如右图所示为使用 **VMware Workstation** 虚拟机虚拟出的 Windows 7 操作系统。

经验一箩筐——常用虚拟机介绍

目前主流的虚拟机包括 VMware Workstation 和 Microsoft Virtual PC，它们都能在 Windows 操作系统上虚拟出多台电脑。下面对这两种虚拟机分别进行介绍。

- 🔑 **VMware Workstation**：VMware Workstation 是一种比较专业的虚拟机软件，它能同时运行多个虚拟的操作系统，在软件测试等专业领域使用较多。

- 🔑 **Microsoft Virtual PC**：由 Microsoft 公司开发，支持 Windows 全系列的操作系统，以及 Linux、NetWare 和 OS/2 等特殊操作系统。该虚拟机软件功能强大、使用方便，主要应用于重装系统、安装多系统和 BIOS 升级等。

2. 虚拟机涉及的名称概念

虚拟机拥有一些专用名称，在使用时经常用到，所以，在使用虚拟机虚拟系统之前，还需要掌握这些专用名词的概念，其虚拟机常用专用名称介绍如下。

🔑 **主机**：也被称为"宿主机"，是指运行虚拟机软件的物理电脑，也就是用户所使用的电脑。

🔑 **客户机系统**：是指虚拟机中安装的操作系统，也称"客户操作系统"。

🔑 **虚拟机**：是指使用虚拟机软件模拟出来的一台电脑，包括虚拟的硬件，如硬盘、内存和光驱等。

🔑 **虚拟机内存**：虚拟机运行所需内存是由主机提供的一段物理内存，其容量大小不能超过主机的内存容量。

🔑 **虚拟机硬盘**：由虚拟机在主机上创建的一个文件，其容量大小不受主机硬盘的限制，但存放在虚拟机硬盘中的文件大小不能超过主机硬盘大小。

🔑 **虚拟机配置**：配置虚拟机的硬盘接口、硬盘大小、内存的大小、是否使用声卡以及网卡的连接方式等，就像为使用的电脑配置相应的硬件一样。

2.1.2　安装虚拟程序

VMware Workstation 和 Microsoft Virtual PC 都是一个虚拟软件，要想使用它们进行系统安装实验，必须先在安装有系统的电脑中进行安装。虚拟机软件的安装方法都大致相同。用户根据安装向导进行安装即可。

下面将在 Windows XP 操作系统中安装 Microsoft Virtual PC 2007，并对其进行汉化和语言安装。其具体操作如下：

资源文件　实例演示 \ 第 2 章 \ 安装虚拟程序

STEP 01：　运行安装文件

打开 Microsoft Virtual PC 2007 安装文件所在文件夹，双击"setup.exe"文件。在打开的向导对话框中单击 Next > 按钮。

提个醒　　Microsoft Virtual PC 2007 的安装程序可以从一些下载网站中进行下载，如天空下载网站（http://www.skycn.com）、微软官方网站（http://www.microsoft.com）等。

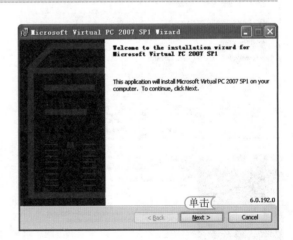

021

72 ☒
Hours

62
Hours

52
Hours

42
Hours

32
Hours

22
Hours

12
Hours

读书笔记

STEP 02: 接受许可协议

1. 在打开的对话框中选中 ⊙I accept the terms in the license agreement
   单选按钮接受许可协议。
2. 单击 Next > 按钮。

> **提个醒**　在安装虚拟机的过程中，若在许可协议对话框中选中 ⊙I do not accept the terms in the license agreement 单选按钮，将表示不同意接受许可协议，且将不能继续进行安装。

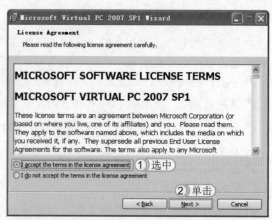

STEP 03: 输入用户信息和产品密钥

1. 在打开的对话框中相应的文本框中输入用户名称、单位和产品密钥，其他保持默认设置。
2. 单击 Next > 按钮。

> **提个醒**　在输入用户名称和单位时，用户可以随意输入，不会影响虚拟软件的使用。

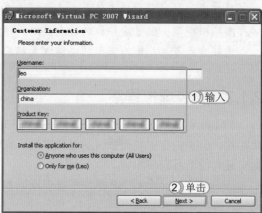

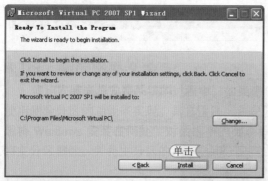

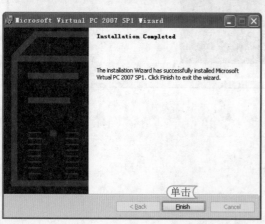

STEP 04: 设置安装路径

在打开的对话框中使用默认路径，单击 Install 按钮。

> **提个醒**　在安装路径设置对话框中可单击 Change... 按钮，在打开的对话框中可自定义设置虚拟软件的安装位置。

STEP 05: 完成安装

开始安装，并显示安装进度，安装完成后在打开的对话框中单击 Finish 按钮。

读书笔记

STEP 06: 设置汉化程序安装位置

1. 双击"Microsoft Virtual PC 汉化包",在打开对话框中的"目标文件夹"文本框中输入安装路径,这里输入"D:\Program Files\Microsoft Virtual PC"。

2. 单击 [安装] 按钮开始进行安装,安装完成后关闭对话框退出安装。

> **提个醒** 在设置汉化安装位置的对话框中单击 [浏览(B)...] 按钮,在打开的对话框中可自定义设置汉化程序的安装位置。

STEP 07: 执行 "Options" 命令

汉化完成后选择【开始】/【所有程序】/Microsoft Virtual PC 命令,便可运行 "Microsoft Virtual PC"。此时软件界面仍然是英文的,需要进行设置,选择 File/Options 命令。

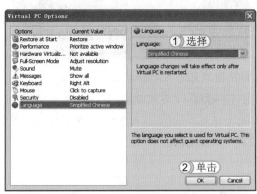

STEP 08: 选择安装语言

1. 在打开的对话框左侧列表框中选择 "Language" 选项,在右侧选择 "Simplified Chinese" 选项。

2. 单击 [OK] 按钮。

> **提个醒** 在 "Virtual PC Options" 对话框中选择左侧列表框中的各个选项后,在对话框右下角都将给出相应的提示信息,帮助用户进行配置。

STEP 09: 重启软件

关闭 "Microsoft Virtual PC" 窗口并重新启动 "Microsoft Virtual PC",可以发现此时的界面已变成中文显示。

读书笔记

023

72⊠
Hours

62
Hours

52
Hours

42
Hours

32
Hours

22
Hours

12
Hours

上机 1 小时 ▶ 安装 VMware Workstation 虚拟机

🔍 巩固安装虚拟机的方法。

🔍 进一步掌握自定义安装虚拟机的方法。

　　本例将根据电脑中保存的 VMware Workstation 虚拟机的安装程序，在 Windows 7 操作系统中进行安装，以巩固在电脑中安装虚拟机的方法。

资源文件　实例演示 \ 第 2 章 \ 安装 VMware Workstation 虚拟机

STEP 01： 准备安装文件

在电脑中找到 VMware Workstation 虚拟机的安装程序并双击，开始准备安装文件，并在打开的对话框中将显示准备的进度。

读书笔记

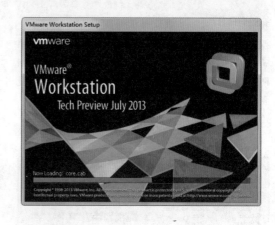

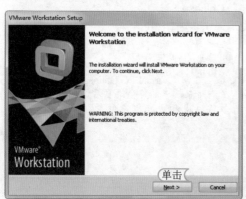

STEP 02： 安装向导对话框

安装文件准备完成后将自动打开安装向导对话框，在其中单击 Next > 按钮。

> **提个醒**　在安装虚拟机的过程中，在安装向导对话框中单击 Cancel 按钮，表示关闭对话框并退出安装。

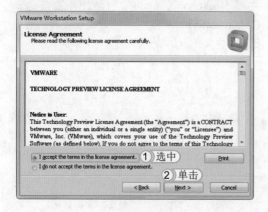

STEP 03： 接受许可协议

1. 打开许可协议对话框，阅读列表框中的内容，然后选中 I accept the terms in the license agreement. 单选按钮。
2. 单击 Next > 按钮。

> **提个醒**　在许可协议对话框中单击 Print 按钮，可将该对话框列表框中的许可协议打印出来。

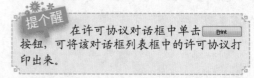

STEP 04： 选择安装方式

在打开的对话框中选择安装方式，这里选择
"Custom"选项。

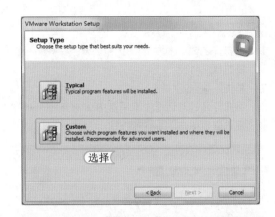

提个醒 在该对话框中提供了两种安装方式，
一种是"Typical（典型安装）"；另一种是"Custom
（自定义安装）"，用户可根据需要进行选择。

STEP 05： 自定义设置安装位置

1. 在打开的对话框中单击 Change... 按钮。
2. 打开"浏览文件夹"对话框，在其中的列表
   框中选择安装位置。
3. 单击 确定 按钮。

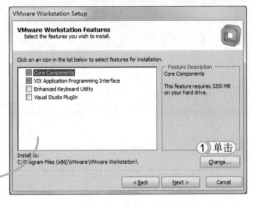

提个醒 在安装对话框中显示的都是英文，如
果用户英文不是很好，可直接保持默认选择进
行安装。

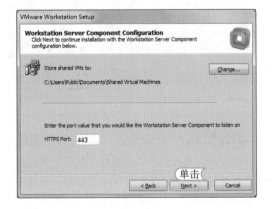

STEP 06： 继续下一步操作

在返回的对话框中单击 Next > 按钮，再在打开
的对话框中保持默认设置，单击 Next > 按钮。

提个醒 在对话框中的"HTTPS Port"数值框
用于设置端口，一般都是保持默认设置。

读书笔记

STEP 07： 取消更新和帮助

1. 在打开的对话框中取消选中 ☐ Check for product updates on startup 复选框。
2. 单击 Next > 按钮。
3. 再在打开的对话框中取消选中 ☐ Help improve VMware Workstation 复选框，单击 Next > 按钮。

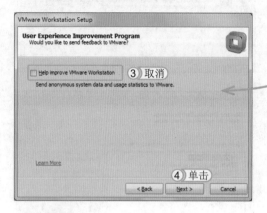

提个醒　在安装过程中取消选中 ☐ Check for product updates on startup 复选框和 ☐ Help improve VMware Workstation 复选框，表示不获取更新和帮助。

STEP 08： 设置快捷方式

1. 在打开的对话框中默认选中 ☑ Desktop 复选框和 ☑ Start Menu Programs folder 复选框，这里取消选中 ☐ Start Menu Programs folder 复选框。单击 Next > 按钮。
2. 再在打开的对话框中单击 Continue 按钮。

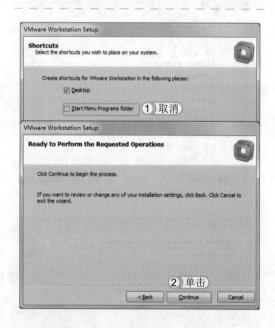

读书笔记

STEP 09： 开始安装

开始安装，并在打开的对话框中显示安装进度，在安装过程中会多次打开提示对话框，在其中单击 安装(I) 按钮。

提个醒　在安装过程中，若在打开的提示对话框中选中 ☑ 始终信任来自 "VMware, Inc." 的软件(A). 复选框，再单击 安装(I) 按钮，将只会打开一次提示对话框，后面将都信任安装。

STEP 10： 输入密匙完成安装

1. 打开输入密匙对话框，在其中的文本框中输入产品密匙。

2. 单击 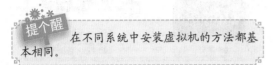 按钮完成安装，并在打开的完成安装对话框中单击 Finish 按钮。

提个醒 在不同系统中安装虚拟机的方法都基本相同。

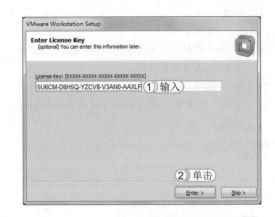

2.2 使用虚拟机

完成对虚拟机的安装后，就可以创建虚拟机，并根据需要对虚拟机进行配置，使其符合用户需要。下面将详细讲解新建和配置虚拟机的方法。

▌▌ 学习1小时 ▶

- 🔍 掌握新建虚拟机的方法。
- 🔍 学会对虚拟机进行配置。

2.2.1 新建虚拟机

在使用虚拟机安装操作系统之前，还需要新建虚拟机。下面将以在 VMware Workstation 中新建 Windows 8 虚拟机为例讲解新建虚拟机的方法。其具体操作如下：

资源文件 实例演示 \ 第 2 章 \ 新建虚拟机

STEP 01： 选择"新建虚拟机"命令

在桌面上双击"VMware Workstation"虚拟机快捷方式图标，打开其工作界面，选择【文件】/【新建虚拟机】命令。

提个醒 在 VMware Workstation 虚拟机工作界面的列表框中选择"创建新的虚拟机"选项，也可打开"新建虚拟机向导"对话框。

027

72回
Hours

62
Hours

52
Hours

42
Hours

32
Hours

22
Hours

12
Hours

STEP 02: 选择安装类型

1. 打开"新建虚拟机向导"对话框,选中 ◉自定义(高级)(C) 单选按钮。
2. 单击 下一步(N)> 按钮,打开"选择虚拟机硬件兼容性"对话框,保持默认设置并单击 下一步(N)> 按钮。

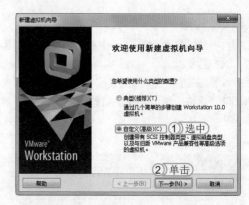

STEP 03: 选择安装来源

1. 打开"安装客户机操作系统"对话框,选中 ◉安装程序光盘映像文件(iso)(M): 单选按钮。
2. 单击下拉列表框后的 浏览(R)... 按钮。

提个醒　　若在"安装客户机操作系统"对话框中选中 ◉安装程序光盘(D): 单选按钮,将会从当前插入到光驱中的光盘中读取操作系统映像文件。

STEP 04: 选择操作系统映像文件

1. 打开"浏览 ISO 映像"对话框,在地址栏中选择操作系统映像文件保存的位置。
2. 在中间的列表中选择需要的映像文件,这里选择 Windows 8 操作系统映像文件。
3. 单击 打开(O) 按钮。

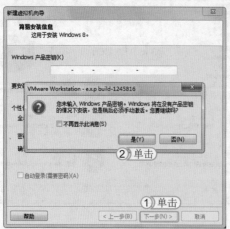

STEP 05: 填写简易安装信息

1. 返回"安装客户机操作系统"对话框,在对应的文本框中将显示选择的映像文件,单击 下一步(N)> 按钮,打开"简易安装信息"对话框,直接单击 下一步(N)> 按钮。
2. 在打开的提示对话框中单击 是(Y) 按钮。

提个醒　　在"简易安装信息"对话框中,用户也可填写产品密钥和个人信息后,再单击 下一步(N)> 按钮,这样将不会打开提示对话框。

STEP 06： 设置虚拟机名称和位置

1. 打开"命名虚拟机"对话框，在"虚拟机名称"文本框中输入创建的虚拟机名称，这里输入"Windows 8"。

2. 单击"位置"文本框后的 浏览(R)... 按钮。

3. 在打开的对话框中设置虚拟机的保存位置，设置完成后返回"命名虚拟机"对话框，在"位置"文本框中将显示设置的保存路径。单击 下一步(N) > 按钮。

STEP 07： 处理器配置

打开"处理器配置"对话框，在其中设置处理器数量、每个处理器的核心数量和总处理器核心数量，这里保持默认设置。单击 下一步(N) > 按钮。

029

72图
Hours

62
Hours

52
Hours

42
Hours

32
Hours

22
Hours

12
Hours

STEP 08： 设置虚拟机的内存

1. 打开"此虚拟机的内存"对话框，在其中的数值框中输入内存大小，这里输入"1024"。

2. 单击 下一步(N) > 按钮。

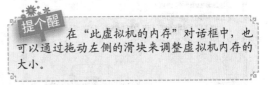

提个醒　　在"此虚拟机的内存"对话框中，也可以通过拖动左侧的滑块来调整虚拟机内存的大小。

STEP 09： 设置网络类型

1. 打开"网络类型"对话框，在"网络连接"栏中默认选中 ◉ 使用网络地址转换(NAT)(E) 单选按钮。

2. 单击 下一步(N) > 按钮。

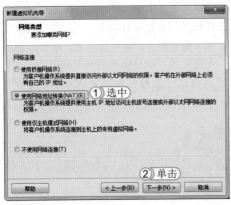

读书笔记

STEP 10: 设置控制器类型

打开"选择 I/O 控制器类型"对话框，在其中设置控制器类型，这里保持默认设置。单击 下一步(N) > 按钮。

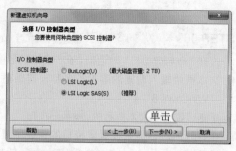

STEP 11: 设置磁盘类型和磁盘

1. 打开"选择磁盘类型"对话框，在其中保持默认设置，单击 下一步(N) 按钮。
2. 打开"选择磁盘"对话框，保持默认设置不变，再次单击 下一步(N) > 按钮。

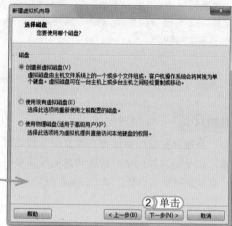

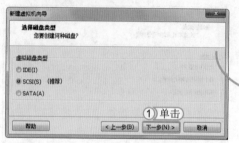

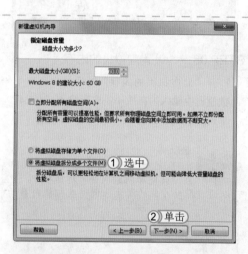

STEP 12: 设置磁盘大小

1. 打开"指定磁盘容量"对话框，在"最大磁盘大小"数值框中输入相应的数值设置磁盘大小，这里保持默认设置。在对话框下方选中 ◉ 将虚拟磁盘拆分成多个文件(M) 单选按钮。
2. 单击 下一步(N) > 按钮。

STEP 13: 完成虚拟机的创建

打开"指定磁盘文件"对话框，单击 下一步(N) > 按钮，打开"已准备好创建虚拟机"对话框，在其中的列表框可查看配置的虚拟机信息，单击 完成 按钮，在打开的对话框中将显示创建进度，创建完成后将自动在虚拟机中安装 Windows 8 操作系统。

提个醒   在 Microsoft Virtual PC 2007 中新建虚拟机的方法与在 VMware Workstation 中新建虚拟机的方法基本相同。

2.2.2 配置虚拟机

创建虚拟机后，为了能更好地使用虚拟机，还可以对创建的虚拟机进行配置。其方法是：在 VMware Workstation 界面中单击"编辑虚拟机设置"超级链接，打开"虚拟机设置"对话框，在其中提供了"硬件"和"选项"两个选项卡，在不同的选项卡中可对创建的虚拟机进行不同的设置。

下面将对"虚拟机设置"对话框中的"硬件"和"选项"选项卡的作用进行介绍。

🔑 **"硬件"选项卡**：在该选项卡中主要对虚拟机硬件设备进行设置，如内存大小、处理器数量、硬盘大小以及声卡和打印机等。单击 添加(A)... 按钮，在打开的对话框中可选择需要安装的硬件进行添加。

🔑 **"选项"选项卡**：在该选项卡中主要对虚拟机常规选项进行设置，如虚拟机名称、工作位置、虚拟机登录以及访问控制等。

上机 1 小时 ▶ 新建虚拟机并进行配置

🔍 巩固新建虚拟机和配置虚拟机的方法。

🔍 进一步掌握在 Microsoft Virtual PC 2007 中新建并配置虚拟机的方法。

本例将在 Microsoft Virtual PC 2007 中使用默认设置创建一台虚拟机，然后修改其配置使其适用于 Windows XP 操作系统。

资源
文件　实例演示 \ 第 2 章 \ 新建虚拟机并进行配置

STEP 01： 准备设置虚拟机

启动 Microsoft Virtual PC 2007，打开其工作界面，选择【文件】/【新建虚拟机向导】命令，打开"欢迎使用新建虚拟机向导"对话框，单击 下一步 >(N) 按钮。

读书笔记

STEP 02： 选择虚拟机类型

打开"选项"对话框，选择相应的虚拟机类型，这里保持选中 ⊙ 使用默认设置创建一台虚拟机(U) 单选按钮。单击 下一步 >(N) 按钮。

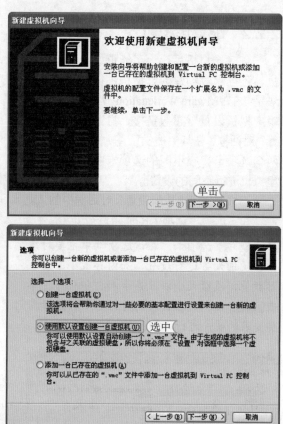

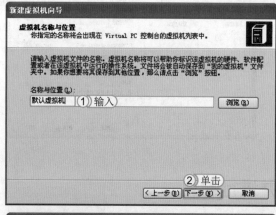

STEP 03： 设置虚拟机的名称

1. 打开"虚拟机名称与位置"对话框，在"名称与位置"文本框中输入虚拟机的名称，这里输入"默认虚拟机"。

2. 单击 下一步 >(N) 按钮。

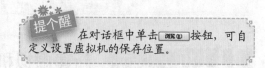

提个醒　在对话框中单击 浏览(B) 按钮，可自定义设置虚拟机的保存位置。

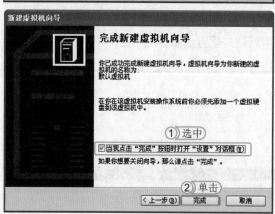

STEP 04： 完成新建虚拟机

1. 打开"完成新建虚拟机向导"对话框，选中 ☑ 当我点击"完成"按钮时打开"设置"对话框(W) 复选框。

2. 单击 完成 按钮。

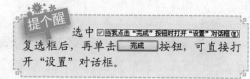

提个醒　选中 ☑ 当我点击"完成"按钮时打开"设置"对话框(W) 复选框后，再单击 完成 按钮，可直接打开"设置"对话框。

STEP 05： 设置虚拟机内存

1. 打开"设置 - 默认虚拟机"对话框，在左侧列表框中选择"内存"选项。
2. 将右侧"内存"文本框中的值更改为"256"。

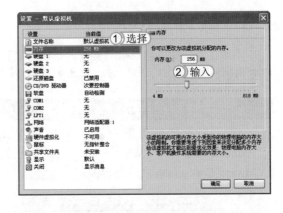

STEP 06： 添加 CD/DVD 驱动器

1. 在左侧列表框中选择"CD/DVD 驱动器"选项。
2. 在右侧选中□将 CD 或 DVD 驱动器附加到次要 IDE 控制器(A)复选框。

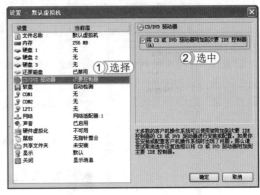

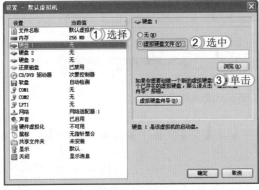

STEP 07： 设置硬盘

1. 在左侧列表框中选择"硬盘 1"选项。
2. 在右侧选中○ 虚拟硬盘文件(V)单选按钮。
3. 再单击其后的 浏览(R) 按钮。

提个醒 如果想创建一个新的虚拟机硬盘或者编辑一个已存在的虚拟硬盘，可单击 虚拟硬盘向导(D) 按钮，根据创建向导进行操作即可。

STEP 08： 选择虚拟硬盘文件

1. 在打开的"选择虚拟硬盘"对话框中选择合适的虚拟硬盘文件。
2. 单击 打开(O) 按钮。返回对话框，单击 确定 按钮完成设置。

62
Hours

52
Hours

42
Hours

32
Hours

22
Hours

12
Hours

2.3 练习 1 小时

本章主要介绍了虚拟机的安装、新建与配置方法，用户若想熟练掌握和使用这些知识，还需要再进行巩固练习。下面以安装并使用虚拟机为例，进一步巩固这些知识的使用方法。

安装并使用虚拟机

本例将首先在电脑中安装 VMware Workstation 虚拟机软件，然后新建一个名为 "Windows XP" 和 "Windows 7" 的虚拟机，并对其进行相应的配置。如下图所示为 VMware Workstation 的工作界面。

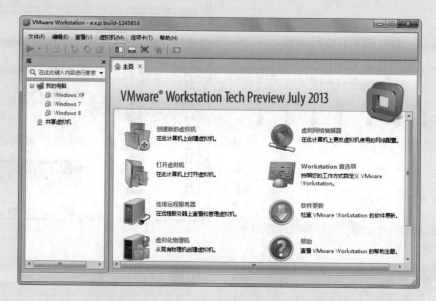

资源文件　实例演示\第2章\安装并使用虚拟机

读书笔记

系

统

72 HOURS

硬盘分区与格式化

第 **3** 章

学习 **3** 小时

　　在了解系统安装与重装的基础知识后，用户就可以开始安装系统了。但在安装系统前，用户还需要对硬盘进行分区，再对所分的分区依次进行格式化。下面就讲解对硬盘进行分区与格式化的方法。

- 使用安装盘进行分区与格式化硬盘
- 使用命令和磁盘管理工具分区与格式化硬盘
- 使用工具软件分区与格式化硬盘

上机 **4** 小时

3.1 使用安装盘进行分区与格式化硬盘

电脑中所有数据都是存放在硬盘中的，包括使用的操作系统。新的硬盘是没有存放任何内容的，在使用前需要先对其进行分区和格式化操作，然后再在硬盘中安装操作系统。而对硬盘进行分区和格式的方法很多，下面将介绍使用安装盘进行分区与格式化的知识。

学习 1 小时

🔍 了解分区与格式化的相关知识。
🔍 掌握创建硬盘分区的方法。
🔍 熟练掌握删除硬盘分区的方法。
🔍 快速掌握格式化硬盘分区的方法。

3.1.1 分区与格式化基础知识

分区是指将硬盘划分为几个独立的区域，这样可以更加方便地存储和管理数据，格式化可使分区划分成可以用来存储数据的单位，因此在安装系统时，需要进行相关设置。下面介绍硬盘分区和格式化的相关知识。

1. 硬盘分区类型

对硬盘分区的一般顺序为先划分主分区，再划分扩展分区，然后再在扩展分区的基础上划分逻辑分区，并设置活动分区。各分区类型的相关概念如下。

🔑 **主分区**：指包含操作系统启动时所需的文件和数据的硬盘分区。它是硬盘上最重要的分区，在一般情况下系统默认 C 盘为主分区，一个操作系统必须要有 1 个以上的主分区，且只能有 1 个激活的主分区。

🔑 **扩展分区**：指由主分区以外的空间创建的分区。扩展分区并不能直接进行使用，必须再创建才能被操作系统直接识别。

🔑 **逻辑分区**：逻辑分区是从扩展分区中分配的，即平时在操作系统中看到的 D 盘、E 盘等，一块硬盘可以划分为 1 个或多个逻辑分区。

🔑 **活动分区**：无论创建了多少个分区，都必须将硬盘上的主分区设置为活动分区，这样才能通过硬盘启动系统。

2. 硬盘分区的文件系统

简单地说，文件系统是操作系统在磁盘中组织文件的方式，它是一种控制文件存储属性的技术规范。硬盘中不同的分区可以采用不同的文件系统，而不同的操作系统所支持的文件系统也不同。Windows 系列操作系统主要支持 FAT16、FAT32 和 NTFS 这 3 种文件系统，其特点分别如下。

🔑 **FAT16**：简称 FAT，是较老的一种文件系统，采用 16 位文件分配表，最大支持分区容量为 2GB。几乎所有的操作系统都支持这种分区格式。由于其硬盘的实际利用效率较低，目前只适用于较小容量的 U 盘、MP3 播放器等。

🔑 **FAT32**：由 FAT 升级而来，是目前应用较为广泛的文件系统。它采用 32 位的文件分配表，最大支持分区容量为 32GB。同 FAT 相比，FAT32 可以更高效地使用磁盘空间，并且更加稳定可靠，减少了电脑系统崩溃的可能性。

🔑 **NTFS**：是目前较新也是主流的一种文件系统，它比 FAT32 文件系统功能更强大，这种分区支持的分区容量更大，而且没有文件大小限制。在 Windows XP 中使用 NTFS 文件系统的硬盘分区下存储的文件还具有一种安全设置功能，这在一定程度上保证了数据的安全。目前，该文件系统只能在 NT 内核的 Windows 操作系统中使用，并且主流的 Windows XP/7/8 都支持该文件系统。

3. 硬盘格式化

在对硬盘进行分区后，还需要将各个分区进行格式化才能正常使用。硬盘的格式化是一种初始化操作，如果将硬盘比喻成一张用来写字的白纸，那么格式化就是在白纸上打上格子，便于以后书写内容。硬盘的格式化可分为低级格式化和高级格式化两种，其特点分别如下。

🔑 低级格式化：简称低格，是一种专门为全新的硬盘划分存储区域的操作，硬盘生产厂商生产硬盘时都会进行一次低格操作。不过低格是一种损耗性操作，会在一定程度上缩短硬盘的寿命，建议用户不要轻易对硬盘进行低级格式化。

🔑 高级格式化：是用于重置某个硬盘分区表的操作，它只会清除硬盘中的数据，不会对硬盘造成不良影响。通常所说的对硬盘分区进行格式化其实就是指高级格式化。

3.1.2 创建硬盘分区

如果电脑硬盘没有进行分区，那么使用安装光盘安装系统的过程中会要求对硬盘进行分区，分区后才能继续对系统进行安装。

下面将在使用安装光盘安装 Windows 7 操作系统的过程中对硬盘进行分区（本例将只讲解分区的方法，而安装的过程将在第 4 章中进行详细讲解）。其具体操作如下：

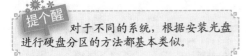

资源文件　实例演示 \ 第 3 章 \ 创建硬盘分区

STEP 01：　选择硬盘

1. 将 Windows 7 安装光盘放入光驱中，并运行安装程序进行安装，当打开"您想将 Windows 安装在何处"对话框，在其中的列表框中选择硬盘。
2. 单击"驱动器选项 (高级)(A)"超级链接。

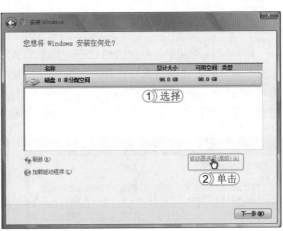

提个醒　对于不同的系统，根据安装光盘进行硬盘分区的方法都基本类似。

读书笔记

037

72 🕐
Hours

62
Hours

52
Hours

42
Hours

32
Hours

22
Hours

12
Hours

STEP 02： 设置分区大小

1. 展开该选项，单击"新建"超级链接。
2. 在展开的"大小"数值框中输入分区的硬盘大小，这里输入"30382"。单击 应用(@) 按钮。

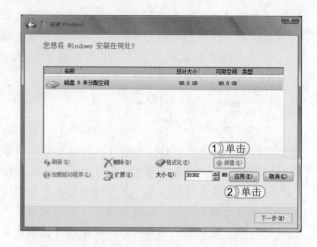

> **提个醒** 如果要创建多个分区，则可使用相同的方法创建多次即可。

STEP 03： 查看硬盘的分区

在打开的提示对话框中单击 确定 按钮，返回"您想将 Windows 安装在何处"对话框，在其中的列表框中可查看分区。

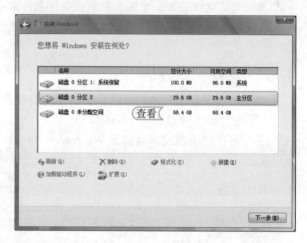

> **提个醒** 设置硬盘分区的大小时，不能随意设置，最大值为"100382MB"，否则将不能创建分区。创建分区后，将自动创建一个类型为系统分区，在该硬盘分区中不能安装系统。

3.1.3 删除硬盘分区

使用安装光盘安装系统的过程中，如果需要将多个硬盘的主分区合并为一个分区，这时可使用删除分区的功能来实现。其方法是：在安装 Windows 7 操作系统的过程中，在打开的"您想将 Windows 安装在何处"对话框中的列表框中选择主分区，单击"删除"超级链接，即可将主分区删除，并将主分区的可用空间分配到未分配的空间中，如下图所示。

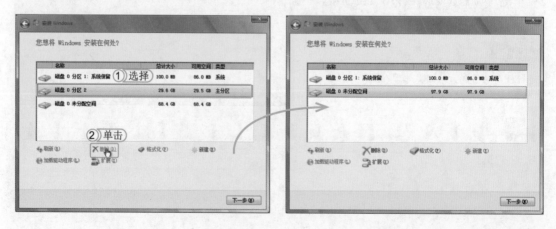

3.1.4 格式化硬盘分区

在安装操作系统的过程中，如果需要安装系统的硬盘分区中包含有数据，可先将其格式化后，再在其中安装操作系统。其方法是：在"您想将 Windows 安装在何处"对话框中的列表框中选择需要格式化的硬盘分区，单击"格式化"超级链接，即可将其格式化。

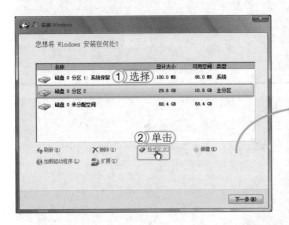 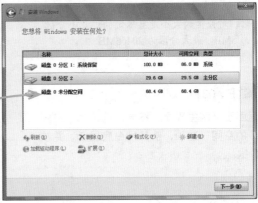

上机1小时 ▶ 使用安装光盘将硬盘划分为 4 个分区

🔍 巩固使用安装光盘进行分区的方法。

🔍 进一步掌握使用 Windows XP 安装光盘分区的方法。

本例将使用 Windows XP 系统光盘对硬盘进行分区，将一个完整的硬盘划分为 4 个分区，以巩固使用安装光盘进行分区的方法。

> **资源文件** 实例演示\第 3 章\使用安装光盘将硬盘划分为 4 个分区

STEP 01： 进入分区界面

在 BIOS 中将第一启动方式设置为从光驱启动，放入 Windows XP 的安装光盘，启动电脑，按安装提示操作进入如右图所示的界面（具体步骤可参考第 4 章安装 Windows XP 操作系统的开始部分），如硬盘未进行过分区，将默认选择"未划分的空间"选项，直接按C 键开始创建第一个分区。

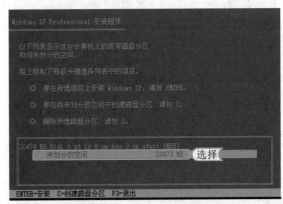

读书笔记

62
Hours

52
Hours

42
Hours

32
Hours

22
Hours

12
Hours

STEP 02： 创建第一个分区

在打开的界面中按 Backspace 键清除数值，然后输入第一个分区的容量大小，这里输入"5000"，然后按 Enter 键。

提个醒

　　使用安装光盘对硬盘进行分区时，对分区的大小是有限定的，最小分区为 8MB，最大分区为 20466MB。

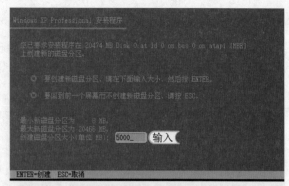

STEP 03： 返回分区界面

返回至分区主界面，按方向键选择"未划分的空间"选项，使其呈白底显示，并按 C 键。

提个醒

　　创建了主分区之后，硬盘中的剩余空间都应该分配给扩展分区，如果没有将全部剩余空间分配给扩展分区，则未分配的硬盘空间将无法使用。

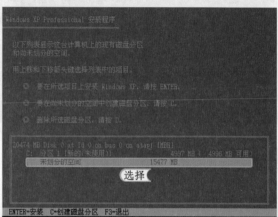

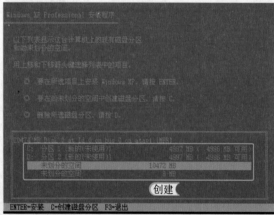

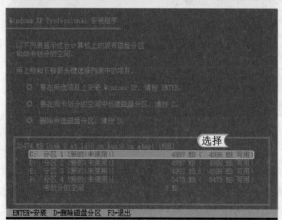

STEP 04： 创建第二个分区

使用相同的方法创建第二个分区，然后返回分区主界面。

读书笔记

STEP 05： 所有分区信息

继续进行分区操作，将其划分为 4 个分区，完成后，选择"C：分区 1"选项，并按 Enter 键。

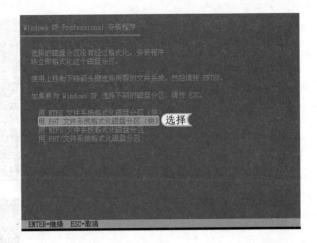

STEP 06： 选择文件系统

在打开的界面中选择文件系统并开始格式化即可。

提个醒 　使用 Windows XP 安装光盘划分硬盘空间时，系统会保留 8MB 的未划分空间，用于保存分区表和启动信息等。

3.2　使用命令和磁盘管理工具分区与格式化硬盘

除了使用安装光盘进行分区与格式化操作外，常用的还有使用 fdisk 命令进行硬盘分区、使用 format 命令格式化硬盘分区，以及使用磁盘管理工具对硬盘进行分区与格式化操作。下面分别对其操作方法进行讲解。

学习 1 小时

🔍 熟练掌握使用 fdisk 命令对硬盘进行分区的方法。

🔍 熟练掌握使用 format 命令对硬盘分区进行格式化的方法。

🔍 快速掌握使用磁盘管理工具分区与格式化硬盘的方法。

3.2.1　使用 fdisk 命令进行硬盘分区

fdisk 命令需要在 DOS 环境下进行分区，要在未安装操作系统的电脑上使用 DOS 命令对硬盘进行操作，需要借助系统安装光盘或 U 盘等外部设备启动 DOS 系统。由于目前主流的系统安装光盘中没有集成完善的 DOS 系统，所以，需要制作一个 U 盘启动盘来进行操作（制作 U 盘启动盘的方法将在第 5 章的 5.2 节中进行详细讲解）。制作好 U 盘启动进入 DOS 系统后，才能使用 fdisk 命令进行硬盘分区。

下面介绍使用 fdisk 命令创建主分区、创建扩展分区、创建逻辑分区和设置活动分区的操作方法。其具体操作如下：

资源文件 实例演示 \ 第 3 章 \ 使用 fdisk 命令进行硬盘分区

▌经验一箩筐——使用 fdisk 命令分区

在使用 fdisk 命令进行分区时，首先要创建主分区，然后创建扩展分区，再创建逻辑分区，最后还需要激活主分区。

62
Hours
▲

52
Hours
▲

42
Hours
▲

32
Hours
▲

22
Hours
▲

12
Hours

STEP 01: 输入命令

制作 U 盘启动工具后，将 U 盘插在需要操作的电脑上，启动电脑，进入 BIOS 设置界面将第一启动方式设置为 USB 设备，保存设置并启动电脑后进入 DOS 系统。在命令提示符后面输入 "fdisk" 命令并按 Enter 键。

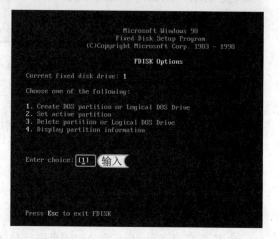

STEP 02: 进入 Fdisk 主界面

进入 fdisk 命令的主界面，输入 "1" 并按 Enter 键。

读书笔记

STEP 03: 创建主分区

进入创建分区界面，首先创建主分区，输入 "1" 并按 Enter 键。

提个醒
　　左侧图片中的 3 个选项的含义分别为创建主分区、创建扩展分区以及在扩展分区中创建逻辑分区，输入选项对应的数字，可创建相应的分区。

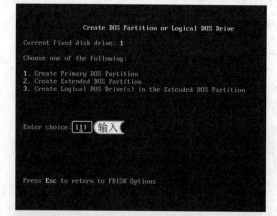

STEP 04: 选择创建多个分区

系统将对硬盘进行扫描，并在扫描结束后询问是否将整个硬盘创建为一个分区，这里输入 "N" 并按 Enter 键。

提个醒
　　输入 "N" 表示取消将整个硬盘划分为主分区，如果输入 "Y"，则表示同意将整个硬盘创建为一个分区。

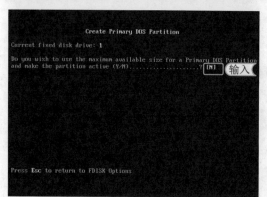

STEP 05： 创建主分区

在打开的界面中创建主分区，这里输入"5000"并按 Enter 键。

提个醒 对硬盘分区时一定要合理规划，分区数量不能太多，过多会影响系统的启动速度，总之，既要考虑使用需要，必须控制数量。

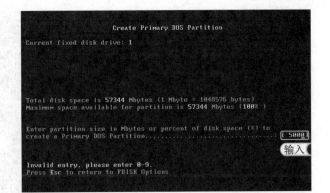

STEP 06： 创建分区界面

按 Esc 键返回至 fdisk 主界面，再进入创建分区界面，接着创建扩展分区，输入"2"并按 Enter 键。

读书笔记

STEP 07： 创建扩展分区

系统将再次扫描硬盘，在打开的界面中保持默认值不变，直接按 Enter 键即可将除主分区以外的所有剩余空间创建为扩展分区。

提个醒 选择创建扩展分区后，再次自动扫描硬盘中除主分区外的剩余空间，然后开始创建扩展分区。

STEP 08： 创建逻辑分区

创建完扩展分区之后，按 Esc 键将立即开始创建逻辑分区，系统将对扩展分区进行扫描，然后在打开的界面中要求用户输入第一个逻辑分区的容量，这里输入"10000"并按 Enter 键，创建第一个逻辑分区。

043

72☒
Hours

62
Hours

52
Hours

42
Hours

32
Hours

22
Hours

12
Hours

STEP 09： 创建多个分区

接着用同样的方法创建多个逻辑分区，然后按 Esc 键返回至 fdisk 主界面，在主界面中输入"2"并按 Enter 键。

提个醒   对硬盘进行分区后，往往显示的磁盘大小要比实际设置的大小要小一点，这是由换算公式产生的误差导致的。

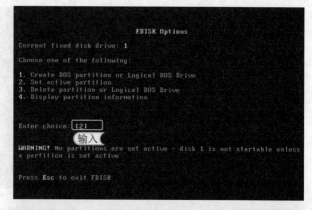

STEP 10： 激活主分区

在打开的界面中输入"1"并按 Enter 键即可激活主分区。

提个醒   创建主分区、扩展分区和逻辑分区后需要设置活动分区，也就是激活主分区，其作用是引导系统启动。

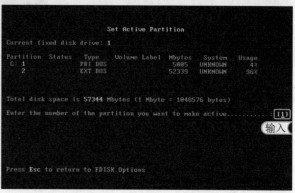

3.2.2 使用 format 命令格式化硬盘分区

在 DOS 系统中使用 fdisk 命令对硬盘进行分区后，还必须对分区进行硬盘格式化操作后才能使用分区。在 DOS 系统中使用 format 命令可对硬盘进行格式化操作。

下面介绍使用 format 命令对硬盘分区进行格式化的方法。其具体操作如下：

资源文件   实例演示 \ 第 3 章 \ 使用 format 命令格式化硬盘分区

STEP 01： 输入格式化命令

启动电脑并使用引导盘进入到 DOS 界面中，在命令提示符后输入"format c:"，表示对 C 盘进行格式化，按 Enter 键。

STEP 02： 确认格式化

此时屏幕上显示的英文表示警告用户该磁盘所有数据将丢失，是否继续格式化操作，这里输入"y"表示确认，然后再按 Enter 键开始格式化。

STEP 03： 输入卷标

格式化完成后提示用户是否输入卷标，其作用是区别其他磁盘的标识。这里直接按 Enter 键表示不输入卷标，也可以输入后再按 Enter 键。

读书笔记

STEP 04： 完成格式化

此时屏幕上将显示硬盘格式化后的信息，包括硬盘大小、可用空间等，根据需要可以继续格式化其他分区。

提个醒　　使用 format 命令对磁盘进行格式化时，输入参数加上 "/s"，表示将指定磁盘格式化为系统盘，如果加上参数 /q，则可将指定磁盘进行快速格式化。

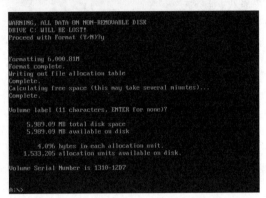

045

72
Hours

62
Hours

3.2.3 使用磁盘管理工具分区与格式化硬盘

如果需要对已安装操作系统的电脑进行分区，则可使用操作系统自带的磁盘管理工具对硬盘进行分区和格式化，该操作既快捷又简单，对电脑用户来说非常实用。下面分别讲解使用磁盘管理工具对硬盘进行分区和格式的方法。

1. 使用磁盘管理工具对硬盘分区

在 Windows 每个操作系统中，都自带有磁盘管理工具，使用它可以快速对硬盘进行分区操作。下面将在 Windows 8 操作系统中使用磁盘管理工具对硬盘进行分区。其具体操作如下：

52
Hours

42
Hours

资源文件　实例演示\第3章\使用磁盘管理工具对硬盘分区

32
Hours

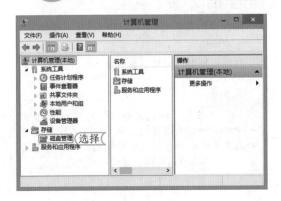

STEP 01： 打开"计算机管理"窗口

启动电脑进入 Windows 8 操作系统，在桌面的"计算机"图标 上单击鼠标右键，在弹出的快捷菜单中选择"管理"命令，打开"计算机管理"窗口，在左侧窗格中选择"磁盘管理"选项。

22
Hours

12
Hours

STEP 02： 选择"新建简单卷"命令

1. 在对话框中间的窗格中将显示电脑中的硬盘分区情况，选择未分区的硬盘。
2. 单击鼠标右键，在弹出的快捷菜单中选择"新建简单卷"命令。

提个醒 在对话框中间窗格的下方显示了当前电脑的硬盘，黑色代表未分配的硬盘大小，蓝色代表主分区。

STEP 03： 设置硬盘大小

1. 打开"新建简单卷向导"对话框，单击 下一步(N) > 按钮，打开"制定卷大小"对话框，在"简单卷大小"数值框中输入"10000"。
2. 单击 下一步(N) > 按钮。

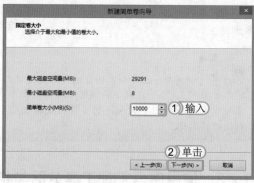

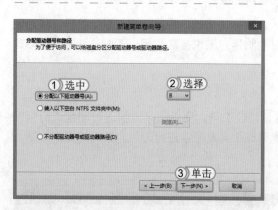

STEP 04： 设置硬盘盘符

1. 打开"分配驱动器号和路径"对话框，选中 ◉分配以下驱动器号(A): 单选按钮。
2. 在其后的下拉列表中选择需要的硬盘盘符，这里选择"B"选项。
3. 单击 下一步(N) > 按钮。

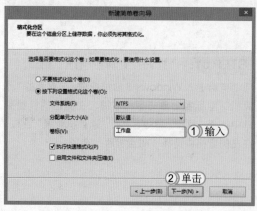

STEP 05： 设置卷标

1. 打开"格式化分区"对话框，在"卷标"文本框中输入"工作盘"。
2. 其他保持默认设置，单击 下一步(N) > 按钮。

提个醒 若在"格式化分区"对话框中选中 ◉不要格式化这个卷(D) 单选按钮，将不能对文件系统、分配单元大小和卷标等进行设置，并且新建该分区后，不会自动对该分区进行格式化。

STEP 06： 完成新建

打开"正在完成新建简单卷向导"对话框，在"已选择下列设置"列表框中可查看新建的简单卷设置，单击 完成 按钮。

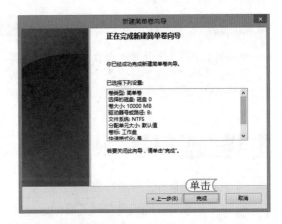

> **提个醒** 查看完新建的简单卷设置后，如果对该设置不满意，还可单击 < 上一步(B) 按钮，返回到前面设置的对话框中，再重新进行设置即可。

STEP 07： 查看新建的分区

返回"计算机管理"窗口，将立即自动对新建的分区进行格式化操作，并且在中间的窗格中可查看到新建的分区。

> **提个醒** 新建分区后自动对分区进行格式化，是因为在"格式化分区"对话框中选中了 ☑执行快速格式化(P) 复选框，若取消选中该复选框，新建分区后将不会自动对其进行格式化。

2. 使用磁盘管理工具格式化硬盘

使用磁盘管理工具不仅可对硬盘进行分区，还可对其进行格式化。其方法是：在磁盘管理窗口中间的窗格中选择需要进行格式化的硬盘分区（除当前系统盘外），单击鼠标右键，在弹出的快捷菜单中选择"格式化"命令，打开"格式化"对话框，保持默认设置，单击 确定 按钮，在打开的提示对话框中单击 确定 按钮即可快速格式化硬盘。

047

72☒
Hours

62
Hours

52
Hours

42
Hours

32
Hours

22
Hours

12
Hours

经验一箩筐——删除分区

使用磁盘管理工具还可将硬盘多余的分区删除。其方法是：打开"计算机管理"窗口，在左侧窗格中选择"磁盘管理"选项，在中间窗格的下方选择需要删除的硬盘分区，单击鼠标右键，在弹出的快捷菜单中选择"删除卷"命令，即可删除当前选择的硬盘分区。

上机 1 小时 ▶ 使用 Windows 7 中的磁盘管理工具管理硬盘

🔍 巩固使用管理工具删除硬盘的方法。

🔍 进一步掌握使用磁盘管理工具创建分区的方法。

本例将在 Windows 7 操作系统中使用磁盘管理工具删除 E 盘和 F 盘，然后创建一个新的逻辑分区。

> **资源文件**　实例演示 \ 第 3 章 \ 使用 Windows 7 中的磁盘管理工具管理硬盘

STEP 01： 选择"删除卷"命令

在桌面"计算机"图标 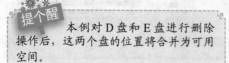 上单击鼠标右键，在弹出的快捷菜单中选择"管理"命令，打开"计算机管理"窗口，选择左侧窗格中的"磁盘管理"选项，中间窗格中将显示当前硬盘的分区信息，在"磁盘 D"选项上单击鼠标右键，在弹出的快捷菜单中选择"删除卷"命令。

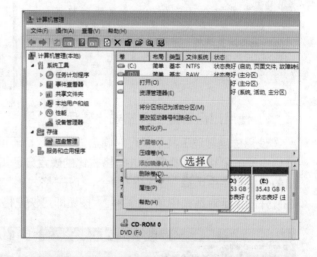

STEP 02： 选择"新建简单卷"命令

在打开的"删除 简单卷"对话框中单击 **是(Y)** 按钮即可将 D 盘删除，删除后该盘的位置将显示为可用空间，然后用同样的方法对磁盘 E 进行删除操作，并在可用空间上单击鼠标右键，在弹出的快捷菜单中选择"新建简单卷"命令。

提个醒　本例对 D 盘和 E 盘进行删除操作后，这两个盘的位置将合并为可用空间。

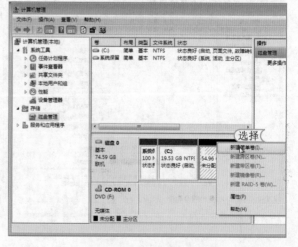

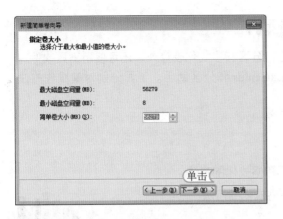

STEP 03：设置卷大小

打开"新建简单卷向导"对话框，直接单击 下一步(N) > 按钮，打开"指定卷大小"对话框，在"简单卷大小"数值框中输入创建的分区容量，这里保持可用空间的最大值，直接单击 下一步(N) > 按钮。

提个醒 在"指定卷大小"对话框中显示的最大磁盘空间量并不是固定的，而是根据硬盘所剩容量大小来决定的。

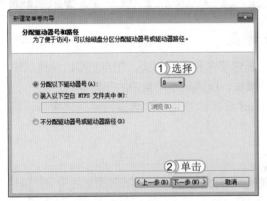

STEP 04：设置硬盘盘符

1. 在打开的"分配驱动器号和路径"对话框中默认选中 ⊙ 分配以下驱动器号(A): 单选按钮，在其后面的下拉列表框中选择分区的磁盘，这里选择"D"选项。
2. 单击 下一步(N) > 按钮。

62
Hours
▲

STEP 05：格式化分区

1. 在打开的"格式化分区"对话框中选中 ⊙ 按下列设置格式化这个卷(O): 单选按钮。
2. 在"文件系统"下拉列表框中选择分区格式，这里选择"NTFS"选项，其他保持默认不变。
3. 选中 ☑ 执行快速格式化(P) 复选框。
4. 单击 下一步(N) > 按钮。

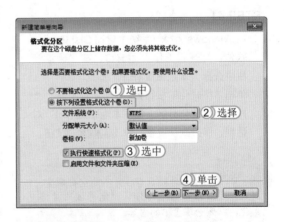

52
Hours
▲

42
Hours
▲

STEP 06：完成分区创建

在打开的"正在完成新建简单卷向导"对话框中显示了新建分区的详细信息，检查无误后，单击 完成 按钮完成分区的创建。

读书笔记

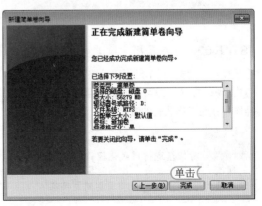

32
Hours
▲

22
Hours
▲

12
Hours
▲

3.3 使用工具软件分区与格式化硬盘

除了使用安装光盘、命令和磁盘管理工具进行分区和格式化硬盘外，还可使用工具软件对硬盘进行分区和格式化，常用的工具软件有 DiskGenius 和分区助手。下面分别对其操作方法进行讲解。

▌学习1小时▎ - - - - - - -

🔍 熟练掌握使用 DiskGenius 对硬盘进行分区和格式化的方法。

🔍 熟练掌握使用分区助手对硬盘进行分区和格式化的方法。

3.3.1 使用 DiskGenius 分区和格式化硬盘

DiskGenius 是一款硬盘分区及数据维护软件，提供了多种分区格式，使用它可以快速对硬盘进行分区。DiskGenius 提供简易和高级两种安装模式，以满足不同用户的不同需求。

下面将在 Windows 7 操作系统中使用 DiskGenius 分区软件先对 F 盘进行格式化操作，再从 F 盘中划分一个盘出来。其具体操作如下：

> 资源文件 实例演示\第3章\使用 DiskGenius 分区和格式化硬盘

STEP 01： 格式化磁盘

1. 在 Windows 7 操作系统中启动 DiskGenius 软件，打开其工作界面窗口，在"硬盘"栏中选择"本地磁盘 (F:)"选项。

2. 单击"格式化"按钮Ø。

3. 打开"格式化分区 (卷) 本地磁盘 (F:)"对话框，保持默认设置，单击 格式化 按钮。

> ❄提个醒 由于本地磁盘 (F:) 并不是空白磁盘，因此，要对该磁盘进行分区，先将该磁盘格式化，以删除磁盘中的内容。

STEP 02： 查看格式化进度

打开提示对话框，提示是否确认格式化该磁盘，单击 按钮，即可开始对磁盘进行格式化操作，并显示格式化的进度。

> ❄提个醒 对磁盘进行格式化操作后，磁盘中的所有文件都将丢失，且不能找回，所以，进行格式化操作前，可先将重要的文件备份。

STEP 03： 调整分区容量

1. 返回软件工作界面，选择格式化的磁盘，单击"新建分区"按钮，打开"调整分区容量"对话框，在"调整后容量"数值框中输入"18.83GB"。

2. 单击 开始 按钮。

提个醒 　在"调整后容量"文本框中输入相应的数值后，"分区后部的空间"文本框中的值也将发生相应的变化。

STEP 04： 调整分区

1. 在打开的提示对话框中单击 是 按钮，开始对磁盘进行进行调整，并在对话框中显示调整进度。

2. 调整完成后在对话框中单击 完成 按钮。

提个醒 　如果是对未使用的空间进行分区，那么将直接进行分区操作，不会要求调整分区容量。但若是对原先分出的盘进行分区操作，首先需要将该盘的空闲空间划分出来，然后再对其进行分区操作。

STEP 05： 查看分出的空闲分区

1. 返回软件工作界面窗口，在其中可查看到从 F 盘分出的空闲空间，选择该空闲磁盘。

2. 单击"新建分区"按钮。

提个醒 　选择需要分区的磁盘，选择【分区】/【建立新分区】命令，也可执行分区操作。

62
Hours

52
Hours

42
Hours

32
Hours

22
Hours

12
Hours

STEP 06： 建立新分区

打开"建立新分区"对话框，在其中对分区类型、文件系统类型、分区大小以及文件系统标识等进行设置，这里保持默认设置，单击 确定 按钮。

读书笔记

STEP 07： 保存更改

返回软件工作界面窗口，在其中即可查看到新建的分区，然后单击"保存更改"按钮 对设置进行保存，完成分区创建。

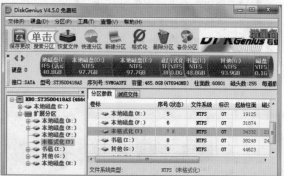

提个醒 如果要立即使用新建的分区，可对其保存后，再对该分区执行格式化操作即可使用。

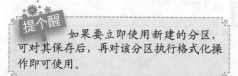

▌ 经验一箩筐——快速备份分区

如果要进行分区的磁盘中含有重要文件，最好先进行备份。DiskGenius 软件中提供了备份分区的功能，使用它可快速对磁盘进行备份。其方法是：在 DiskGenius 工作界面单击"备份分区"按钮 ，打开"将分区（卷）备份到镜像文件"对话框，在"备份类型"栏中选中相应的单选按钮设置备份类型，单击 选择文件路径 按钮，在打开的对话框中设置备份路径，完成后单击 开始 按钮，在打开的提示对话框中单击 确定 按钮，开始对磁盘进行备份。

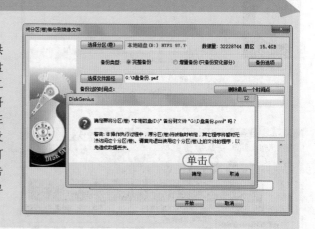

3.3.2 使用分区助手分区和格式化硬盘

分区助手是一款免费、专业级的磁盘分区工具软件，它兼容现有的全部 Windows 操作系统，包括 Windows XP/2000/2003/WinPE、Windows 7/Vista、Windows 2008/2011/2012 和最新的 Windows 8。使用它可以无损数据地执行调整分区大小、扩大分区、缩小分区、移动分区位置、复制分区、复制磁盘、合并分区、切割分区和划分自由空间等操作，是一个不可多得的分区工具。下面分别讲解使用分区助手分区和格式化硬盘的方法。

🔑 **创建分区**：在桌面上双击"分区助手"快捷方式图标🖳，启动并打开其工作界面，在右侧选择需要分区的磁盘，在左侧的"分区操作"窗格中选择"创建分区"选项，打开"创建分区"对话框，在其中设置所创建分区的盘符、大小等，完成后单击 确定(O) 按钮，返回工作界面，单击"提交"按钮✔确认。

🔑 **格式化分区**：在"分区助手"工作界面下方选择需要进行格式化的磁盘，再在左侧的"分区操作"窗格中选择"格式化分区"选项，在打开的对话框中设置分区卷标、文件系统等，也可保持默认设置直接单击 确定(O) 按钮，返回工作界面，再单击"提交"按钮✔进行保存设置即可。

053

72⊠
Hours

62
Hours

52
Hours

42
Hours

32
Hours

22
Hours

12
Hours

经验一箩筐——使用 PartitionMagic 软件进行硬盘分区和格式化

除了使用 DiskGenius 软件和分区助手软件对硬盘进行分区和格式化操作外，常用的还有使用 PartitionMagic 工具软件进行分区和格式化硬盘操作，它是一款优秀的硬盘分区管理工具，可以在不损失硬盘中已有数据的前提下对硬盘进行重新分区、格式化分区、复制分区、移动分区、隐藏/重现分区、从任意分区引导系统和转换分区（如 FAT<-->FAT32）结构属性等，但唯一美中不足的是不支持 Windows 8 操作系统。

上机1小时 ▶ **使用 PartitionMagic 软件分区和格式化硬盘**

🔍 巩固使用软件对硬盘进行分区和格式化的方法。

🔍 进一步掌握使用 PartitionMagic 软件进行硬盘分区和格式化的方法。

本例将在 Windows XP 操作系统中使用 PowerQuest PartitionMagic 8.0 对电脑中的 K 盘进行分区和格式化操作。

资源文件 实例演示\第3章\使用 PartitionMagic 软件分区和格式化硬盘

STEP 01: 选择菜单命令

1. 在 Windows XP 操作系统的桌面上双击
   "PowerQuest PartitionMagic 8.0" 的快捷
   方式图标█启动程序。在软件工作界面将显
   示当前操作系统中所有磁盘分区的信息，选
   择 K 磁盘。
2. 选择【任务】/【创建新的分区】命令。

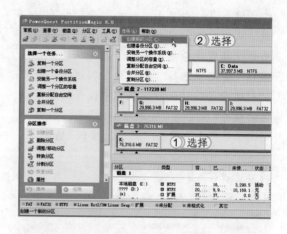

STEP 02: 新建新的分区对话框

在打开的"创建新的分区"对话框中将提示该向
导将帮助您在硬盘上创建一个新的分区，单击
下一步>按钮。

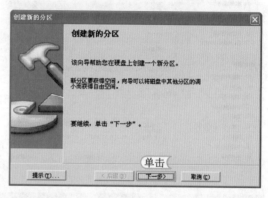

读书笔记

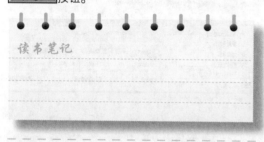

STEP 03: 选择磁盘

1. 此时将打开"选择磁盘"对话框，在下方的
   列表框中选择第 3 个选项。
2. 单击 下一步> 按钮。

提个醒 在进行分区的过程中，在对话框中单
击 <后退(B) 按钮，将返回到上一步操作中。

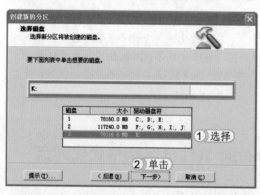

STEP 04: 选择创建位置

1. 在打开的"创建位置"对话框中的列表框中
   选择 "在 K: 之后（推荐）" 选项。
2. 单击 下一步> 按钮。

读书笔记

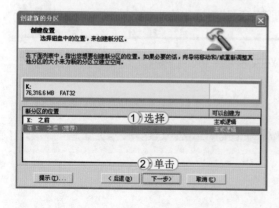

STEP 05： 设置分区属性

在打开的"分区属性"对话框中设置新分区的大小、卷标、类型及盘符等信息。完成后单击 下一步> 按钮。

提个醒 在设置分区属性时，卷标并未要求一定要进行设置，用户可以根据需要选择设置或不设置。

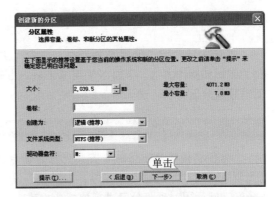

STEP 06： 确认选择

在打开的"确认选择"对话框中将显示分区后的磁盘效果。确认无误后单击 完成 按钮即可。

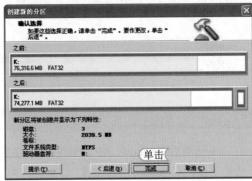

读书笔记

STEP 07： 格式化分区

分区完成后，选择要格式化的分区，选择【分区】/【格式化】命令开始进行格式化。

提个醒 选择要格式化的分区，选择【分区】/【格式化】命令，或按 Alt+P 组合键后再按 F 键，也可执行格式化操作。

STEP 08： 选择格式化分区类型

1. 在打开的"格式化分区 -K:（FAT32）"对话框中的"分区类型"下拉列表框中选择"NTFS"选项。
2. 其他保持默认设置，单击 确定 按钮即可完成设置。

读书笔记

055

72図
Hours

62
Hours

52
Hours

42
Hours

32
Hours

22
Hours

12
Hours

3.4 练习 1 小时

本章主要介绍了使用安装光盘、命令、磁盘管理工具和软件对硬盘进行分区和格式化的相关知识和操作方法。下面以使用 Windows 8 安装光盘分区和格式化磁盘以及使用 DiskGenius 管理硬盘分区为例，进一步巩固这些知识的使用方法。

1. 使用 Windows 8 安装光盘分区和格式化磁盘

本例将使用 Windows 8 安装光盘对硬盘进行分区和格式化操作。首先将安装光盘放入光驱中，启动并运行安装程序，当跳转到设置硬盘分区的步骤时，用户自定义对硬盘进行分区，然后再对硬盘分区进行格式化操作。

> **资源文件** 实例演示 \ 第 3 章 \ 使用 Windows 8 安装光盘分区和格式化磁盘

2. 使用 DiskGenius 管理硬盘分区

本例将在 Windows XP 操作系统中使用 DiskGenius 分区软件对磁盘进行分区管理。首先将不用的 G 盘进行格式化操作，然后再将其分为两个区，并对新建的分区进行格式化操作。

> **资源文件** 实例演示 \ 第 3 章 \ 使用 DiskGenius 管理硬盘分区

读书笔记

系统

72 HOURS

第

使用光盘安装
单个操作系统

4

章

学习 5 小时

为了满足不同用户的使用需求，现在市场上有多种操作系统。用户在不同的环境下可以使用不同的操作系统。此外，不同的系统对硬件的要求也有所不同。下面就对几种主流的操作系统的安装方法进行讲解。

- 安装 Windows XP 操作系统
- 安装 Windows 7 操作系统
- 安装 Windows 8 操作系统
- 安装 Windows Server 2008 R2 服务器系统
- 安装 Linux 操作系统

上机 6 小时

4.1 安装 Windows XP 操作系统

Windows XP 是 Microsoft 公司推出的一个具有重要意义的操作系统，也是当前使用最广泛的操作系统之一，目前，大部分用户选择安装的是 Windows XP Professional 版本。下面将以安装该版本为例进行讲解。

学习1小时

🔍 了解安装 Windows XP 对电脑硬件的要求。

🔍 掌握手动全新安装 Windows XP 的方法。

🔍 熟练掌握全新自动安装 Windows XP 的方法。

4.1.1 硬件要求

安装 Windows XP 操作系统之前一定要确定电脑是否已经满足了操作系统所需的硬件配置要求，其中包括最低配置和推荐配置两种，如下表所示。

Windows XP对电脑硬件的要求

硬件项目	最低配置	推荐配置
CPU	Pentium 233MHz 或更快的处理器	1GHz 的处理器
内存	至少 64MB 的内存	512MB 以上内存
硬盘	安装系统的分区剩余空间不少于 1.5GB	5GB 以上的可用磁盘空间
显示器	至少支持 800×600 分辨率和 16 位真彩色	目前的显示器都满足

问题小贴士

问：如何查看电脑的硬件配置呢？

答：必须要登录到操作系统后，在桌面的"我的电脑"图标上单击鼠标右键，在弹出的快捷菜单中选择"属性"命令，在打开的"系统"窗口中可查看 CPU 和内存的信息。

4.1.2 手动全新安装 Windows XP

当电脑中的硬件配置满足了安装 Windows XP 的最低配置，并设置 BIOS 从光驱启动后，就可在电脑中安装 Windows XP 操作系统了。

下面将在电脑中手动全新安装 Windows XP Professional。其具体操作如下：

资源
文件　实例演示 \ 第 4 章 \ 手动全新安装 Windows XP

STEP 01： 加载安装文件

在 BIOS 中将电脑的第一启动设备设置为 "CD-ROM"，保存 BIOS 设置并重启电脑，放入 Windows XP 安装光盘，这时将自动运行安装程序，并自动检测电脑设备。

提个醒 把安装光盘放入到光驱后，重启电脑，再按 F11 键（不同电脑的按键不同）直接选择从光驱启动，这样可避免进入 BOIS 进行设置，但此方法只适用于当前操作，不能使从光盘启动永远生效。

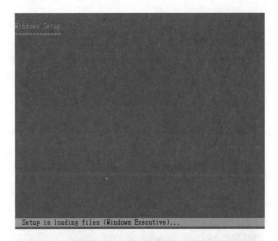

STEP 02： 选择安装 Windows XP

进入安装界面，其中有 3 个选项，按 Enter 键，选择安装 Windows XP。

读书笔记

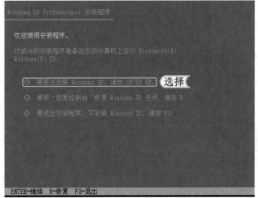

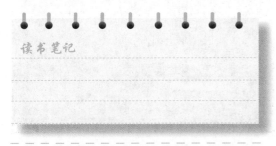

STEP 03： 同意许可协议

在打开的许可协议界面中，按 F8 键同意该协议，进入下一个安装界面。

提个醒 在许可协议界面中，如果按 Esc 键，则将会退出安装。

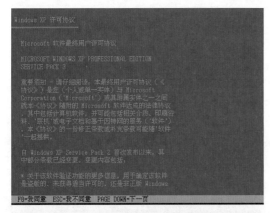

STEP 04： 选择安装分区

这时将提示选择安装分区，使用第 3 章讲解的安装光盘进行分区的方法对未分区的磁盘进行分区，然后选择创建的分区，按 Enter 键开始安装。

提个醒 在选择安装 Windows XP 时，如果按 F3 键将中止安装过程，并自动重启电脑。

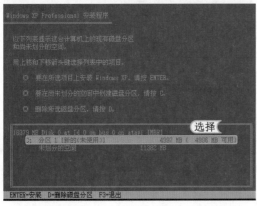

059

72 ☒
Hours

62
Hours

52
Hours

42
Hours

32
Hours

22
Hours

12
Hours

STEP 05： 选择文件系统

此时安装程序将提示磁盘分区还未格式化，利用
↑键和↓键在界面中列出的 4 种文件格式中进行
上下选择，这里选择"用 FAT 文件系统格式化磁
盘分区"选项。再按 Enter 键确认操作。

提个醒　　在该界面中按 Esc 键可返回磁盘分区
界面，对磁盘分区重新进行选择或创建。

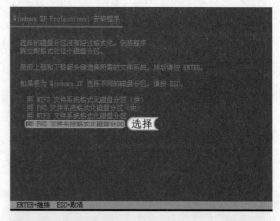

STEP 06： 复制安装文件

安装程序开始进行格式化磁盘的操作，并显示硬
盘总容量、分区的磁盘容量以及格式化的进度等
信息。格式化完成后紧接着自动进入文件复制的
界面。

提个醒　　复制安装文件的时间较长，此过程中
不可断电，否则有可能损坏硬盘。如果因为光
盘问题出现文件复制错误可以选择重试。

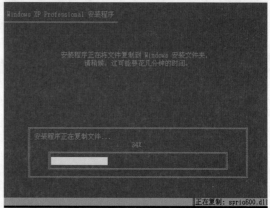

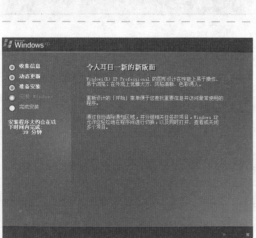

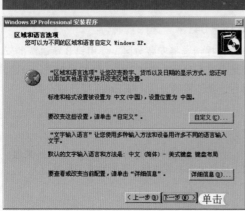

STEP 07： 开始安装系统

安装文件复制完成后系统将自动重启。重启电脑
后选择从硬盘启动。然后将出现 Windows XP 的
安装界面，并显示安装完成的剩余时间信息。

STEP 08： 设置区域和语言选项

稍后打开"区域和语言选项"对话框，通常保持
默认设置，单击 下一步(N)> 按钮。

STEP 09： 输入用户信息

1. 在打开的"自定义软件"对话框中输入要设置的姓名和单位名称。
2. 单击下一步(N)按钮。

读书笔记

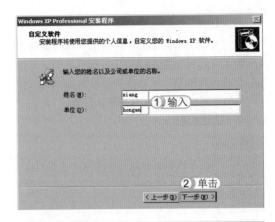

STEP 10： 输入产品密钥

1. 在打开的"您的产品密钥"对话框中输入光盘包装盒背面的产品密钥。
2. 单击下一步(N)按钮。

提个醒　　每一张系统光盘包装背面的产品密钥都是不相同的，这意味着每一个操作系统都有其特别的标识，产品密钥也是获得后续系统升级服务的证明。

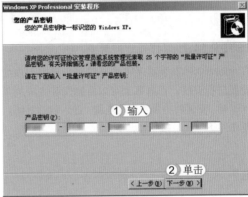

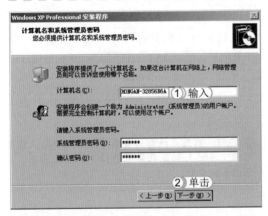

STEP 11： 输入计算机名和管理员密码

1. 在打开对话框的"计算机名"文本框中输入电脑在网络上的标识名称。
2. 单击下一步(N)按钮。

提个醒　　在"系统管理员密码"和"确认密码"文本框中输入密码后，它将作为该系统安装完成后唯一的管理员密码，如果丢失很有可能造成不能进入操作系统的情况，因此，用户可根据需要选择设置或不设置。

STEP 12： 设置日期和时间

1. 在打开的"日期和时间设置"对话框中设置时间、日期和时区。
2. 单击下一步(N)按钮。

读书笔记

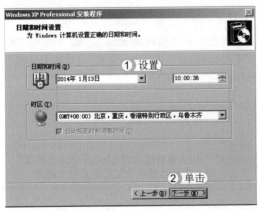

061

72
Hours

62
Hours

52
Hours

42
Hours

32
Hours

22
Hours

12
Hours

STEP 13： 设置域和工作组

1. 在打开的"网络设置"对话框中保持默认选项不变。单击 下一步(N)> 按钮。在打开的"工作组或计算机域"对话框中设置要加入的工作组或计算机域，这里保持默认设置。

2. 单击 下一步(N)> 按钮。

> **提个醒**
> 关于域和工作组，普通用户通常较少使用，因此只需了解设置的方法即可，其名称都可以自定义。

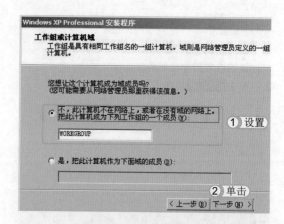

STEP 14： 打开欢迎界面

Windows XP 安装程序将根据前面步骤中用户的设置进行安装，在屏幕上可以看到安装完成的预计时间。安装后将重新启动电脑，进入欢迎界面。单击"下一步"按钮➡。

STEP 15： 设置自动更新

1. 在打开的"帮助保护您的电脑"界面中选中 现在通过启用自动更新帮助保护我的电脑(H) 单选按钮。

2. 单击"下一步"按钮➡。

> **提个醒**
> 启用系统自动更新是非常必要的，它可以使系统自动下载最新的补丁来修复漏洞，保证系统安全。

STEP 16： 设置连接到 Internet

此时电脑将开始检测 Internet 连接，如果检测到即可对 Internet 的连接进行设置，这里单击"跳过"按钮▶▶跳过该步骤。

> **提个醒**
> 因为目前连接到 Internet 的方式很多，因此，进入系统之后进行设置是最好的选择。

STEP 17： 建立用户账户

1. 在打开的界面中根据需要输入用户名，可根据需要建立个人用户。

2. 单击"下一步"按钮➡。

提个醒　在建立用户账户的界面中提供了多个用户的创建，用户可根据需要进行创建，但最少必须创建一个。

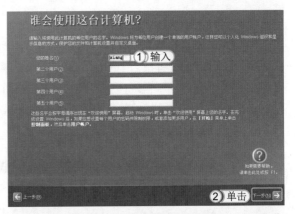

STEP 18： 完成安装

1. 根据提示继续对其他选项进行设置，直到打开"谢谢！"界面，表示 Windows XP 已经成功安装。

2. 单击"完成"按钮➡。

STEP 19： 登录 Windows XP

进入系统后将显示如图所示的 Windows XP 登录界面，其中的用户图标即为前面设置的用户账户名，单击该用户图标。

提个醒　建立用户账户时，如果建立了多个用户账户，在该界面中将显示创建的多个用户账户。

STEP 20： 进入 Windows XP 系统

此时将进入 Windows XP 的桌面，完成 Windows XP 的安装。

读书笔记

62
Hours
▲

52
Hours
▲

42
Hours
▲

32
Hours
▲

22
Hours
▲

12
Hours

4.1.3 全自动安装 Windows XP

全自动安装 Windows XP 是指利用其安装程序中提供的一种无人值守的全自动安装方式进行安装，这样可以节省用户的时间，不需要用户坐在电脑面前等待漫长的安装过程。全自动安装方式是通过创建一个自动应答文件来实现无人值守安装 Windows XP，下面详细讲解创建自动应答文件的方法以及如何使用自动应答文件来实现无人值守安装。其具体操作如下：

资源文件　　实例演示\第4章\全自动安装 Windows XP

STEP 01： 运行可执行文件

将 Windows XP 安装光盘中的 SUPPORT 目录下的 Tools 子目录下一个名为 "Deploy.CAB" 的文件复制到硬盘上，用解压缩工具将其解压。然后找到并双击 "setupmgr.exe" 可执行程序，打开安装管理器。

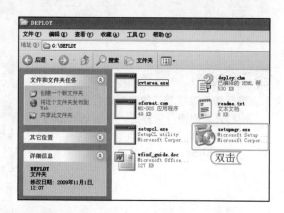

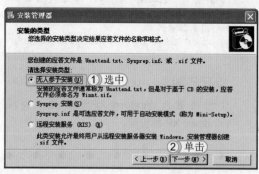

STEP 02： 选择创建应答文件

1. 在打开的 "欢迎使用 Windows 安装管理器向导" 对话框中单击 下一步(N) > 按钮。在打开的 "新的或现有的应答文件" 对话框，选中 ⊙ 创建新文件(C) 单选按钮。
2. 单击 下一步(N) > 按钮。

STEP 03： 选择要安装的产品

1. 在打开的 "安装的类型" 对话框中选中 ⊙ 无人参予安装(U) 单选按钮。
2. 单击 下一步(N) > 按钮。

读书笔记

STEP 04： 选择产品安装平台

1. 在"产品"对话框中选中 ⊙ Windows XP Professional(P) 单选按钮。
2. 单击 下一步(N) > 按钮。

STEP 05： 设置用户相互作用级别

1. 在打开的"用户交互"对话框中选中
   ⊙ 全部自动(F) 单选按钮。
2. 单击 下一步(N) > 按钮。

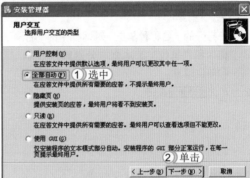

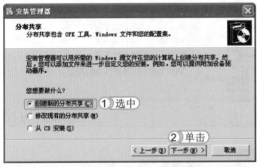

STEP 06： 设置分布共享

1. 在打开的"分布共享"对话框中选中
   ⊙ 创建新的分布共享(C) 单选按钮。
2. 单击 下一步(N) > 按钮。

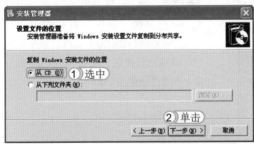

STEP 07： 设置文件位置

1. 在打开的"设置文件的位置"对话框中选
   中 ⊙ 从 CD(D) 单选按钮。
2. 单击 下一步(N) > 按钮。

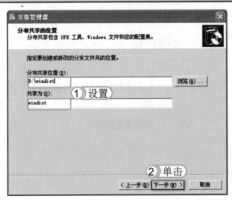

STEP 08： 设置分布文件夹的位置

1. 在打开的"分布共享的位置"对话框中的
   "分布共享位置"和"共享为"文本框中
   分别设置分布文件夹的位置和共享名称。
2. 单击 下一步(N) > 按钮。

提个醒　若单击 浏览(B)... 按钮，在打开的对话框
中可自定义设置分布共享位置。

065

72☒
Hours

62
Hours

52
Hours

42
Hours

32
Hours

22
Hours

12
Hours

STEP 09： 接受许可协议

1. 在打开的"许可协议"对话框中选中 ☑ 我接受许可协议(A) 复选框。
2. 单击 下一步(N) > 按钮。

STEP 10： 设置用户信息

1. 在打开的"名称和单位"对话框中的"名称"和"单位"文本框中分别输入名称和单位信息。
2. 单击 下一步(N) > 按钮。

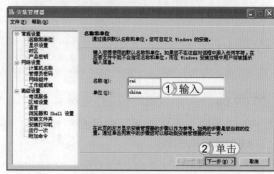

STEP 11： 设置显示效果

1. 在打开的"显示设置"对话框中设置显示器的颜色、屏幕区域和刷新频率等参数。
2. 单击 下一步(N) > 按钮。

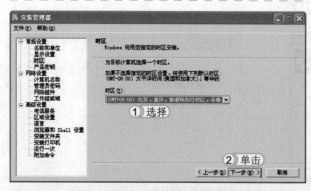

STEP 12： 设置时区

1. 在打开的"时区"对话框中选择"（GMT+08:00）北京，重庆，香港特别行政区，乌鲁木齐"选项。
2. 单击 下一步(N) > 按钮。

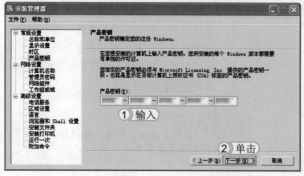

STEP 13： 输入产品密钥

1. 在打开的"产品密钥"对话框中输入安装 Windows XP 所需要的产品密钥。
2. 单击 下一步(N) > 按钮。

STEP 14： 设置计算机名称

1. 在打开的"计算机名称"对话框中的"计算机名"文本框中输入名称，并单击添加(A)...按钮将其添加到下面的列表框中。
2. 单击下一步(N) >按钮。

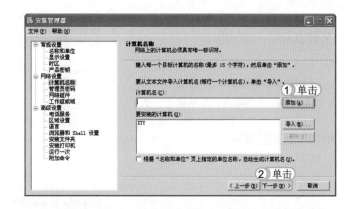

STEP 15： 设置管理员密码

1. 在打开的"管理员密码"对话框中设置系统管理员密码。
2. 选中☑ 在应答文件中加密 Administrator 密码(E)复选框。
3. 单击下一步(N) >按钮。

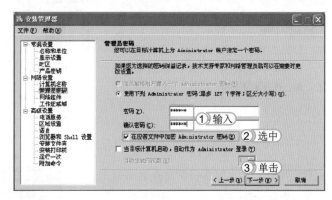

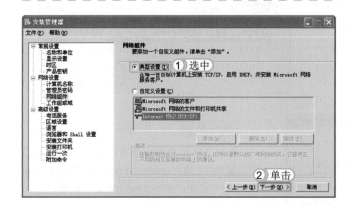

STEP 16： 设置网络组件

1. 在打开的"网络组件"对话框中添加网络组件，一般选中⊙ 典型设置(T)单选按钮。
2. 单击下一步(N) >按钮。

读书笔记

STEP 17： 设置工作组或域

1. 在打开的"工作组或域"对话框中设置电脑所在工作组或域的名称。
2. 单击下一步(N) >按钮。

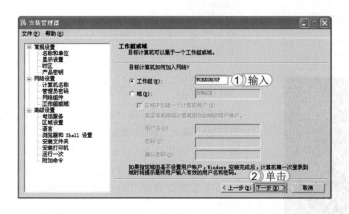

62
Hours

52
Hours

42
Hours

32
Hours

22
Hours

12
Hours

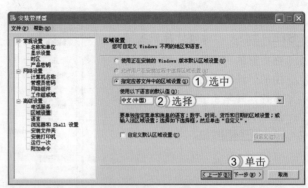

STEP 18： 设置区域

1. 打开"区域设置"对话框，选中 ⦿指定应答文件中的区域设置(S) 单选按钮。
2. 在"使用以下语言的默认值"下拉列表框中选择"中文（中国）"选项。
3. 单击 下一步(N)> 按钮。

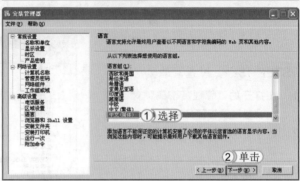

STEP 19： 设置语言

1. 打开"语言"对话框，在"语言组"列表框中选择"中文（简体）"选项。
2. 单击 下一步(N)> 按钮。

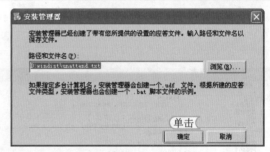

STEP 20： 设置路径和文件名

然后连续单击 下一步(N)> 按钮，当到达最后一项时，单击 完成 按钮完成应答设置。在打开的"安装管理器"对话框中输入自应答文件的保存位置与文件名，这里保持默认，单击 确定 按钮。

STEP 21： 完成设置

复制文件结束后安装管理器向导将提示已成功创建"unattend.txt"和"unattend.bat"文件，单击 取消 按钮关闭对话框。

提个醒 在设置的保存目录中可看到生成的自动应答文件，同时还生成了一个批处理文件"unattend.bat"。

STEP 22： 用应答文件全自动安装

启动电脑并进入 DOS 环境，当出现命令提示符后，输入"smartdrv"并按 Enter 键，输入"d:"转到 D 盘，按 Enter 键后输入"cd windist"，使用 cd 命令进入自动应答文件的保存目录 D 盘的"windist"文件夹，然后输入"unattend.bat"后，按 Enter 键，安装程序便会全自动安装 Windows XP。

上机 1 小时 ▶ 在虚拟机中安装 Windows XP

🔍 巩固安装 Windows XP 的方法。

🔍 进一步掌握在虚拟机中安装 Windows XP 的方法。

本例将根据新建的 Windows XP 虚拟机，在 Virtual PC Console 中安装 Windows XP 操作系统，掌握在虚拟机中安装操作系统的方法。

资源文件 ┃ 实例演示 \ 第 4 章 \ 在虚拟机中安装 Windows XP

STEP 01: 选择虚拟机

1. 启动 Virtual PC Console，在打开的工作界面中的列表框中选择创建的 Windows XP 虚拟机。

2. 单击 Start 按钮。

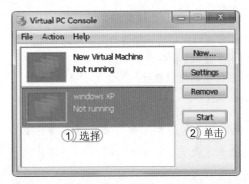

STEP 02: 选择菜单命令

将系统安装光盘放入光驱中，并在打开的窗口中选择 CD/Capture ISO Image…命令。

提个醒

"Capture ISO Image…" 命令的中文含义是 "使用物理驱动器" 命令。

STEP 03: 选择安装 Windows XP

在打开的界面中系统将自动加载安装所需要的文件，加载完成后，在打开的界面中按 Enter 键选择安装 Windows XP。

读书笔记

069

72⊠
Hours

62
Hours

52
Hours

42
Hours

32
Hours

22
Hours

12
Hours

STEP 04： 选择安装分区

在打开的许可协议界面中按 **F8** 键同意该协议，打开安装界面选择要安装系统的分区，这里选择分区 **2** 选项。

提个醒 由于已分好区，所以在安装界面中只需选择要安装系统的分区即可，不需要重新进行分区。

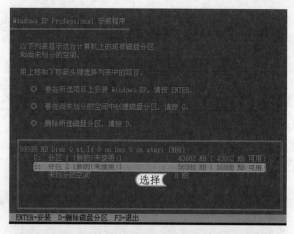

STEP 05： 选择文件系统

此时安装程序将提示磁盘分区还未格式化，利用↑键和↓键在界面中选择"用 NTFS 文件系统格式化磁盘分区"选项。再按 Enter 键确认操作。

读书笔记

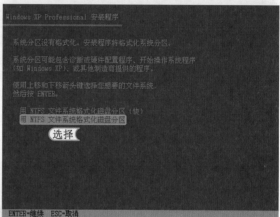

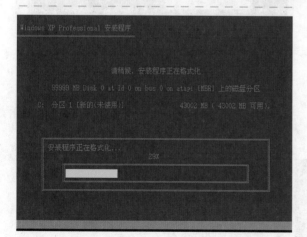

STEP 06： 复制安装文件

安装程序开始进行格式化磁盘的操作，并显示硬盘总容量、分区的磁盘容量以及格式化的进度等信息。格式化完成后紧接着自动进入文件复制的界面，复制完成后按照提示进行安装即可。

提个醒 在虚拟机中安装系统的步骤与使用光盘安装系统的步骤大致相同。

4.2 安装 Windows 7 操作系统

Windows 7 是目前主流的操作系统，在安装 Windows 7 操作系统之前，需要先了解 Windows 7 的版本以及 Windows 7 对电脑硬件的要求等方面的知识。下面对安装 Windows 7 操作系统的相关知识以及安装方法进行详细讲解。

🔍 了解 Windows 7 操作系统的版本和对电脑硬件的要求。

🔍 熟练掌握全新安装 Windows 7 操作系统的方法。

4.2.1 Windows 7 的版本

为了满足不同的用户，微软公司正式发行了 6 个版本的 Windows 7，每个版本包含的功能各有不同，分别介绍如下。

🔑 Windows 7 Starter（初级版）：只能最多同时运行 3 个应用程序，可以加入家庭组，但没有 Aero 效果。

🔑 Windows 7 Home Basic（家庭基础版）：仅用于新兴市场国家，主要新特性有无限应用程序、实时缩略图预览、增强视觉体验和移动中心等。

🔑 Windows 7 Home Premium（家庭高级版）：支持更多功能，包括 Aero 效果、高级窗口导航、改进的媒体格式支持、媒体中心和媒体流增强、多点触摸和更好的手写识别等。

🔑 Windows 7 Professional（专业版）：用于替代 Vista 下的商业版，支持加入管理网络、高级网络备份和加密文件系统等数据保护功能。

🔑 Windows 7 Enterprise（企业版）：提供一系列企业级增强功能，如内置和外置驱动器数据保护、锁定非授权软件运行和 Windows Server 2008 R2 网络缓存等，该版本只有批量授权。

🔑 Windows 7 Ultimate（旗舰版）：拥有新操作系统所有的消费级和企业级功能，当然消耗的硬件资源也是最大的。

4.2.2 硬件要求

相比 Windows XP 操作系统，Windows 7 操作系统对硬件的要求高出很多，其具体要求如下表所示。

Windows 7对电脑硬件的要求

硬件项目	最低配置	推荐配置
CPU	1GHz 及以上	2GHz 及以上
内存	512MB	2GB 以上（64 位系统 4GB 以上）
硬盘	12GB 以上可用空间	20GB 以上可用空间
显示器	支持 800×600 分辨率	1024×768 分辨率以上
显卡	集成显卡 64MB 以上	集成显卡 64MB 以上
光驱	DVD R/RW 驱动器	DVD R/RW 驱动器

4.2.3 全新安装 Windows 7

全新安装 Windows 7 相对安装 Windows XP 来说，操作更简单。先将安装光盘插入光驱，重新启动电脑，使用安装光盘作为启动盘，然后根据提示操作，即可顺利进行 Windows 7 的全新安装。

071

72☒
Hours

62
Hours

52
Hours

42
Hours

32
Hours

22
Hours

12
Hours

下面将在电脑中安装 Windows 7 操作系统的旗舰版本。其具体操作如下：

| 资源文件 | 实例演示\第 4 章\全新安装 Windows 7 |

STEP 01： 载入光盘文件

将电脑设置为光驱启动，再将 Windows 7 的安装光盘放入光驱，启动电脑后将对其进行检测，此时屏幕中将显示安装程序正在加载安装时需要的文件。

STEP 02： 设置安装选项

1. 文件复制完成后在打开的窗口中设置系统安装相关的选项，如语言及输入法等。
2. 设置完成后单击 下一步(N) 按钮。
3. 在打开的对话框中单击 现在安装(I) 按钮，继续安装 Windows 7 操作系统。

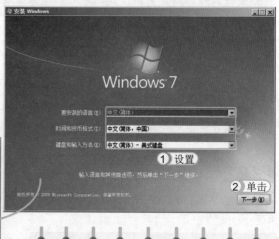

读书笔记

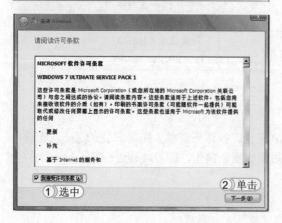

STEP 03： 接受许可协议

1. 在打开的界面中将显示安装程序正在启动。完成后在打开的"请阅读许可条款"对话框中选中 ☑ 我接受许可条款(A) 复选框。
2. 单击 下一步(N) 按钮。

STEP 04： 选择安装类型

在打开的"您想进行何种类型的安装？"对话框中选择"自定义（高级）"选项。

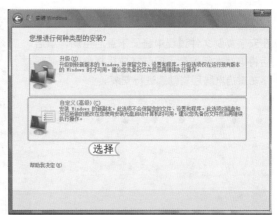

提个醒 如果电脑中已安装 Windows XP 操作系统，那么在该对话框中选择"升级"选项，将会进行升级安装，也就是将原有的 Windows XP 操作系统升级为 Windows 7 操作系统。

STEP 05： 选择要安装的分区

1. 在打开的"您想将 Windows 安装在何处？"对话框中选择"磁盘 0 分区 2"选项。
2. 单击 下一步(N) 按钮。

提个醒 在选择要安装 Windows 7 的磁盘分区时要注意，首先不能选择已经安装有操作系统的分区，其次要选择磁盘空间在 20GB 以上的分区。

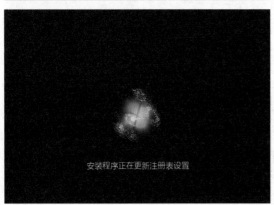

STEP 06： 开始安装 Windows 7

在打开的"正在安装 Windows…"对话框中显示了安装进度。

读书笔记

STEP 07： 显示安装信息

在安装过程中将显示一些安装信息，包括更新注册表设置、正在启动服务等，用户只需等待继续自动安装即可。

073

72区
Hours

62
Hours

52
Hours

42
Hours

32
Hours

22
Hours

12
Hours

STEP 08： 重启电脑继续安装

在安装复制文件过程中将要求重启电脑，重启后将继续进行安装，安装完成后将提示安装程序在重启电脑后将继续进行安装。

读书笔记

安装程序正在启动服务

STEP 09： 输入用户名和计算机名称

1. 在打开的对话框中的"键入用户名"文本框中输入用户名，在"键入计算机名称"文本框中输入该台电脑在网络中的标识名称。
2. 单击 下一步(N) 按钮。

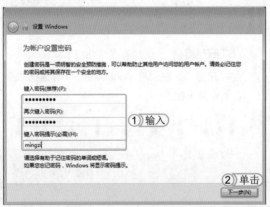

STEP 10： 输入用户密码

1. 在打开的"为账户设置密码"对话框中输入用户密码和密码提示。
2. 单击 下一步(N) 按钮。

提个醒
　　创建账户密码的目的是为了保障电脑安全，防止其他用户访问该用户账户，但并不要求用户必须设置。

STEP 11： 输入产品密匙

1. 在打开的对话框中输入产品密钥。
2. 选中 ☑ 当我联机时自动激活 Windows(A) 复选框。
3. 单击 下一步(N) 按钮。

提个醒
　　选中 ☑ 当我联机时自动激活 Windows(A) 复选框，当电脑连入 Internet 便可自动弹出激活向导，然后根据提示进行激活即可。

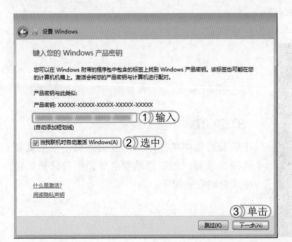

STEP 12: 设置自动更新

在打开的"帮助您自动保护计算机以及提高
Windows 的性能"对话框中设置系统保护与更
新，选择"使用推荐设置"选项。

提个醒 若选择"仅安装重要的更新"选项，
将只安装 Windows 的安全更新和其他一些重
要的更新，对于不重要的将不会进行更新。

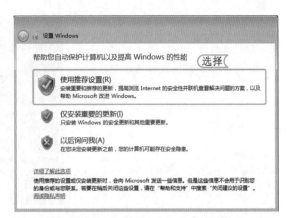

STEP 13: 设置日期和时间

1. 在打开的"查看时间和日期设置"对话框
   中设置正确的时区、日期和时间。
2. 单击 下一步(N) 按钮。

读书笔记

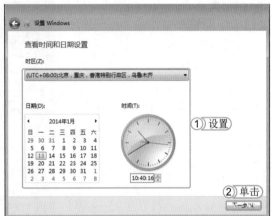

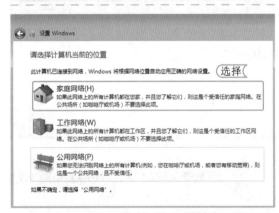

STEP 14: 设置网络位置

在打开的对话框中设置电脑当前所在的位置，
这里选择"家庭网络"选项。

提个醒 选择任意网络位置都会连接到网
络并应用设置，系统安装完成后就可以实现
上网。只是选择不同的网络位置其安全性不
一样。

STEP 15: 正在完成系统设置

系统开始进行设置，并在打开的对话框中显示
设置进度。

读书笔记

075

72
Hours

62
Hours

52
Hours

42
Hours

32
Hours

22
Hours

12
Hours

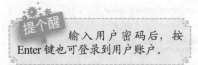

STEP 16: 输入登录密码

1. 此时将登录 Windows 7 并显示正在进行个性设置设置，完成后打开登录界面，在文本框中输入之前设置的用户密码。
2. 单击◎按钮。

提个醒　　输入用户密码后，按 Enter 键也可登录到用户账户。

STEP 17: 完成系统安装

成功进入系统，此时将显示出 Windows 7 的桌面，至此完成 Windows 7 的安装操作。

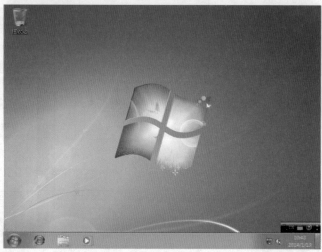

读书笔记

上机 1 小时　　**升级安装 Windows 7**

🔍 巩固安装系统的方法。

🔍 进一步掌握升级安装 Windows 7 的方法。

　　本例将在电脑的 Windows XP 操作系统下升级安装 Windows 7 操作系统，以掌握升级安装系统的方法。

资源文件　实例演示\第 4 章\升级安装 Windows 7

STEP 01: 开始准备升级安装

启动 Windows XP 操作系统，将 Windows 7 的安装光盘放入光驱，双击光驱盘符自动运行光盘，在打开的"安装 Windows"窗口中单击 现在安装(I) ◎按钮。

提个醒　　若单击 联机检查兼容性(C) ◎ 按钮，在联网的情况下，将打开 IE 网页窗口，其中显示了 Windows 7 升级顾问的相关信息，下载 Windows 7 升级顾问并进行安装，可对兼容性进行检测。

STEP 02： 选择是否获取更新

启动安装程序后在打开的对话框中设置是否联机获取更新，选择"不获取最新安装更新"选项。

提个醒 在连接网络的情况下，选择"联机以获取最新安装更新"选项，将从网上下载最新的安全更新和驱动程序。

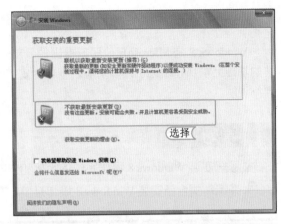

STEP 03： 选择安装方式

在打开的"请阅读许可条款"对话框中选中 ☑我接受许可条款(A) 复选框。单击 下一步(N) 按钮。打开"您想进行何种类型的安装"对话框，选择"升级"选项。

提个醒 如果不知道该选择哪种安装方式，可在对话框中单击"帮助我决定"超级链接，在打开的界面中将显示相关的信息。

STEP 04： 开始升级安装

在打开的"正在安装 Windows…"对话框中显示升级安装进度。

读书笔记

STEP 05： 升级完成

后面的安装步骤与前面介绍的全新安装相同。升级完成后，进入 Windows 7 的桌面，可以看到原先 Windows XP 中安装的应用程序都还可以正常使用。

62
Hours

52
Hours

42
Hours

32
Hours

22
Hours

12
Hours

4.3 安装 Windows 8 操作系统

Windows 8 是 Microsoft 公司新推出的最新一代 Windows 操作系统，在 Windows 7 操作系统的基础上增加和改进了许多功能。下面对安装 Windows 8 操作系统的相关知识以及方法进行详细讲解。

学习1小时

- 了解安装 Windows 8 操作系统的版本和对电脑硬件的要求。
- 熟练掌握全新安装 Windows 8 操作系统的方法。

4.3.1 Windows 8 的版本

Windows 8 针对不同的用户和应用，提供了 Windows RT、Windows 8 标准版、Windows 8 专业版和 Windows 8 企业版 4 种，分别介绍如下。

🔑 **Windows RT**：Windows RT 与其他 Windows 8 系统版本不同之处在于，Windows RT 是专为平板电脑和其他触控屏设备而设计的，并支持大部分应用。

🔑 **Windows 8（标准版）**：Windows 8 标准版提供中文版，是普通用户的最佳选择。它提供了 Windows 8 操作系统全新的 Windows 商店、Windows 资源管理器、任务管理器等，还将包含以前版本只在企业版或旗舰版中才提供的功能服务。

🔑 **Windows 8 Pro（专业版）**：Windows 8 专业版主要面向电脑系统技术爱好者和企业技术人员，内置了一系列 Windows 8 操作系统增强的技术，包括加密、虚拟化、PC 管理和域名连接等。

🔑 **Windows 8 Enterprise（企业版）**：Windows 8 企业版包括了 Windows 8 专业版的所有功能，同时为了满足企业的需求，还增加了 PC 管理和部署、先进的系统安全性等功能。

4.3.2 硬件要求

用户要想在电脑中正常运行 Windows 8 操作系统，电脑硬件的性能就必须要达到要求，与 Windows 7 操作系统相比，Windows 8 操作系统对电脑硬件的要求更高，其具体要求如下表所示。

Windows 8对电脑硬件的要求

硬件项目	最低配置	推荐配置
CPU	1.2GHz 或更高主频的处理器	2GHz 或更高主频的处理器
内存	1GB DDR2 代内存	4GB DDR3 代内存
硬盘	20GB 以上可用空间	25GB 以上可用空间
显示器	支持 800×600 分辨率	1024×768 分辨率以上
显卡	支持 WDDM 1.0 或更高版本的 DirectX 9 显卡	512MB 或以上独立显卡
光驱	DVD R/RW 驱动器	DVD R/RW 驱动器

4.3.3 全新安装 Windows 8

　　全新安装 Windows 8 与全新安装 Windows 7 的过程类似，只是设置界面发生了变化。下面将在电脑中全新安装 Windows 8 操作系统。其具体操作如下：

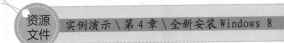
资源文件　　实例演示\第4章\全新安装 Windows 8

STEP 01： 设置安装项

1. 将电脑设置为从光盘启动，将 Windows 8 的安装光盘放入光驱，重启电脑，开始载入安装时需要的文件。文件复制完成后将运行 Windows 8 的安装程序，在打开的窗口中设置安装语言、时间和货币格式、键盘和输入方法。
2. 单击 下一步(N) 按钮继续安装。

079

72 ◻
Hours

STEP 02： 开始安装

在打开的窗口中单击 现在安装(1) 按钮。

读书笔记

62
Hours
▲

52
Hours
▲

42
Hours
▲

STEP 03： 加载安装文件

系统自动从光盘启动并加载安装所需文件。

安装程序正在启动

读书笔记

32
Hours
▲

22
Hours
▲

12
Hours
▲

STEP 04： 选择安装方式

打开"请阅读许可条款"对话框，选中
☑我接受许可条款(A) 复选框，单击 下一步(N) 按钮，
打开"你想执行哪种类型的安装？"对话框，
选择"自定义：仅安装 Windows（高级）"
选项。

提个醒 　　如果想将低版本的操作系统升
级到 Windows 8 操作系统，可在选择安装
方式对话框中选择"升级：安装 Windows
并保留文件、设置和应用程序"选项，然
后进行升级操作即可。

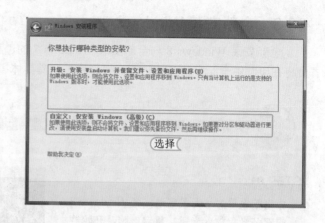

STEP 05： 选择安装分区

1. 打开"您想将 Windows 安装在何处？"
   对话框，在下面的列表中选择安装位置，
   这里选择"磁盘 0 分区 2"选项。
2. 然后单击 下一步(N) 按钮。

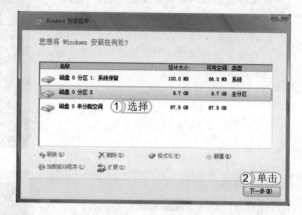

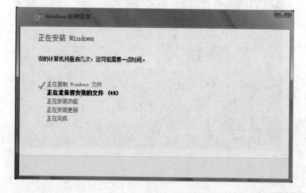

STEP 06： 查看安装进度

开始安装 Windows 8，打开"正在安装
Windows"对话框并显示安装进度。

读书笔记

STEP 07： 选择设置选项

安装过程中，要完成一些必备信息，如更新
注册表设置、正在启动服务等，等待安装完
成后，提示安装程序将在重启电脑后继续。
重启电脑后，在打开的界面中提示要求在电
脑中完成一些基本设置，选择"个性化"选项。

STEP 08： 个性化设置

1. 在打开的界面根据提示设置一种颜色，作为"开始"屏幕背景色彩，这里保持默认不变，然后在"电脑名称"文本框中输入电脑名称，这里输入"jan"。
2. 然后单击 下一步(N) 按钮。

STEP 09： 快速设置

打开"设置"界面，在上方显示了设置说明信息，这里直接单击 使用快速设置(E) 按钮进行快速设置。

提个醒

在"设置"界面中单击 自定义(C) 按钮，在打开的界面中可自定义电脑设置，但其操作步骤较多，相对较麻烦。

STEP 10： 设置用户账户

1. 打开"登录到电脑"界面，在"用户名"文本框中输入用户名，在"密码"和"重新输入密码"文本框中输入登录密码，在"密码提示"文本框中输入密码提示信息。
2. 然后单击 完成(F) 按钮。

STEP 11： 登录到系统

系统开始安装应用，完成后登录到 Windows 8 操作系统。

读书笔记

62
Hours

52
Hours

42
Hours

32
Hours

22
Hours

12
Hours

上机1小时 ▶ 升级安装 Windows 8

🔍 巩固安装 Windows 8 系统的方法。

🔍 进一步掌握升级安装 Windows 8 的方法。

本例将在电脑的 Windows 7 操作系统下升级安装 Windows 8 操作系统，以掌握升级安装系统的方法。

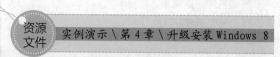

资源文件 ┃ 实例演示 \ 第 4 章 \ 升级安装 Windows 8

STEP 01： 运行安装程序

启动 Windows 7 操作系统，将 Windows 8 的安装光盘放入光驱，在打开的 "Windows 安装程序" 窗口中单击 现在安装(I) 按钮，开始运行安装程序。

读书笔记

STEP 02： 选择是否获取更新

1. 打开 "获取 Windows 安装程序的重要更新" 对话框，选中 ☑我希望帮助改进 Windows 安装(I) 复选框。

2. 然后选择 "立即在线安装更新（推荐）" 选项。

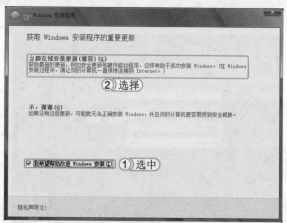

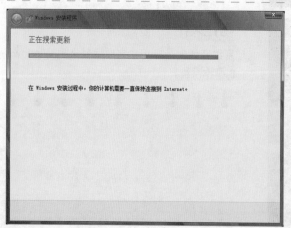

STEP 03： 搜索更新

打开 "正在搜索更新" 对话框，此时会自动搜索更新文件。

提个醒 ┃ 要进行搜索更新，则在安装 Windows 8 的过程中要保证电脑一直处于联网状态。

STEP 04: 选择安装方式

打开"请阅读许可条款"对话框，选中 ☑我接受许可条款(A) 复选框，单击 下一步(N) 按钮，打开"你想执行哪种类型的安装"对话框，选择"升级：安装 Windows 并保留文件、设置和应用程序"选项。

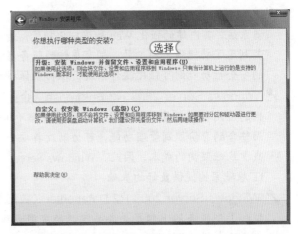

读书笔记

STEP 05: 升级安装

打开"正在升级 Windows"对话框，对计算机的兼容性进行检查。检查完成后便会开始安装 Windows 8，然后用户使用安装 Windows 8 操作系统的方法进行安装即可。

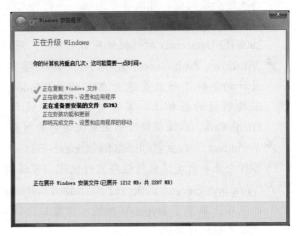

083

72☒
Hours

62
Hours

52
Hours

42
Hours

32
Hours

22
Hours

12
Hours

4.4 安装 Windows Server 2008 R2 服务器系统

　　Windows Server 2008 R2 是目前主流的服务器操作系统，因其绚丽的界面、较高的性能受到广大用户的青睐，但要使用 Windows Server 2008 R2，首先需要对其进行安装。下面对安装 Windows Server 2008 R2 服务器系统的相关知识以及安装方法进行详细讲解。

 学习1小时

　　🔍 了解安装 Windows Server 2008 R2 服务器系统的版本和对电脑硬件的要求。

　　🔍 熟练掌握全新安装 Windows Server 2008 R2 服务器系统的方法。

4.4.1 Windows Server 2008 R2 的版本

　　Windows Server 2008 R2 有 5 种不同版本，另外还有 3 个不支持 Windows Server Hyper-V 技术的版本，以支持各种规模企业对服务器不断变化的需求。因此共有 8 种版本，其特点分别介绍如下。

🔑 Windows Server 2008 R2 Standard（标准版）：是迄今最稳固的 Windows Server 服务器系统，其内建的强化 Web 和虚拟化功能，是专为增加服务器基础架构的可靠性而设计。其利用了功能强大的工具，拥有更佳的服务器控制能力，并简化设定和管理工作，而增强的安全性功能则可强化操作系统，以协助保护数据和网络。

🔑 Windows Server 2008 R2 Enterprise（企业版）：可提供企业级的平台，部署业务关键性的应用程序。其所具备的丛集和热新增（Hot-Add）处理器功能，可协助改善可用性，而整合的身份识别管理功能，可协助改善安全性，利用虚拟化授权权限整合应用程序，可减少基础架构的成本，因此，Windows Server 2008 R2 Enterprise 能为高度动态、可扩充的 IT 基础架构提供良好的基础。

🔑 Windows Server 2008 R2 Datacenter（数据中心版）：其所提供的企业级平台，可在小型和大型服务器上部署业务关键性的应用程序及大规模的虚拟化。其所具备的丛集和动态硬件分割功能，可改善可用性；而利用无限制的虚拟化授权权限整合而成的应用程序，则可减少基础架构的成本。此外，该版本可支持2~64个处理器，因此，Windows Server 2008 R2 Datacenter 能够提供良好的基础，用以建置企业级虚拟化以及扩充解决方案。

🔑 Windows Web Server 2008 R2（Web 服务器版）：是特别为单一用途 Web 服务器而设计的系统，而且是建立在次世代 Windows Server 2008 R2 中，坚若磐石之 Web 基础架构功能的基础上，其亦整合了重新设计架构的 IIS 7.0、ASP.NET 和 Microsoft .NET Framework，以便提供任何企业快速部署网页、网站、Web 应用程序和 Web 服务。

🔑 Windows Server 2008 R2 for Itanium-Based Systems（Itanium 系统版）：针对大型数据库、各种企业和自定义应用程序进行优化，可提供高可用性和多达64个处理器的可扩充性。

🔑 Windows Server 2008 R2 Standard without Hyper-V（标准版无 Hyper-V）：在标准版的基础上取消了 Hyper-V 功能（指虚拟化技术，内置 Hyper-V 可将系统资源实现从桌面到服务器的虚拟化）。

🔑 Windows Server 2008 R2 Enterprise without Hyper-V（企业版无 Hyper-V）：在企业版的基础上取消了 Hyper-V 功能。

🔑 Windows Server 2008 R2 Datacenter without Hyper-V（数据中心版无 Hyper-V）：在数据中心版的基础上取消了 Hyper-V 功能。

4.4.2 硬件要求

安装 Windows Server 2008 R2 服务器系统时，需要根据自己服务器的配置以及所需的功能选择相应的 Windows Server 2008 R2 版本。为了得到较满意的运行状态，首先要了解 Windows Server 2008 R2 所需的电脑硬件配置，其具体配置要求如下表所示。

Windows Server 2008 R2对电脑硬件的要求

硬件项目	最低配置	推荐配置
CPU	1GHz（x86 处理器）或 1.4GHz（x64 处理器）	2GHz 或以上
内存	512MB RAM	1GB RAM 或以上
硬盘	10GB 以上可用空间	40GB 以上可用空间
显示器	支持 800×600 分辨率	支持 800×600 分辨率
光驱	DVD R/RW 驱动器	DVD R/RW 驱动器

4.4.3 全新安装 Windows Server 2008 R2

Windows Server 2008 R2 服务器系统的安装过程与安装其他 Windows 操作系统的过程相似，首先要放入安装光盘，重新启动电脑，然后根据提示操作，即可顺利完成 Windows Server 2008 R2 的全新安装。下面将在电脑中全新安装 Windows Server 2008 R2 服务器系统。其具体操作如下：

 资源文件　实例演示 \ 第 4 章 \ 全新安装 Windows Server 2008 R2

STEP 01： 设置安装项

1. 将电脑设置为从光盘启动，将 Windows Server 2008 R2 的安装光盘放入光驱，重启电脑，屏幕中将显示安装程序正在加载安装时需要的文件，文件复制完成后将运行 Windows Server 2008 R2 的安装程序，在打开的窗口进行设置。

2. 单击 下一步(N) 按钮。

STEP 02： 开始安装

在打开的窗口中单击 现在安装(I) 按钮。

读书笔记

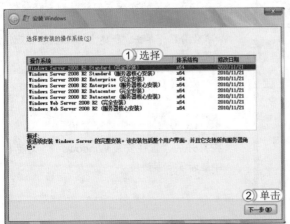

STEP 03： 选择安装的系统版本

1. 启动安装程序，开始进行系统安装操作。打开"选择要安装的操作系统"对话框，在其中选择要安装的系统版本，这里选择"Windows Server 2008 R2 Standard（完全安装）"选项。

2. 单击 下一步(N) 按钮继续安装。

提个醒　Windows Server 2008 R2 系统只有 64 位版本，没有 32 位版本。

085

72☒
Hours

62
Hours

52
Hours

42
Hours

32
Hours

22
Hours

12
Hours

STEP 04: 同意许可协议

1. 打开"请阅读许可条款"对话框，选中 ☑ 我接受许可条款(A) 复选框。
2. 单击 下一步(N) 按钮。

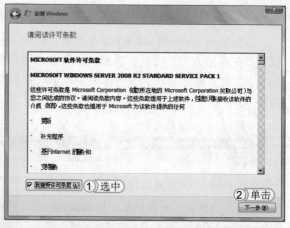

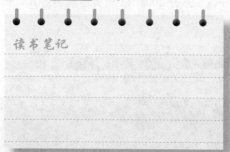

读书笔记

STEP 05: 选择安装方式

打开"您想进行何种类型的安装？"对话框，选择"自定义（高级）"选项。

提个醒　在"您想进行何种类型的安装"对话框中选择"升级"选项，可将当前的低版本升级到 Windows Server 2008 R2。

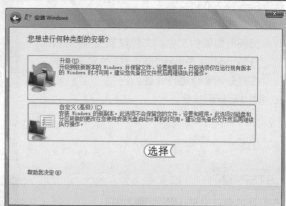

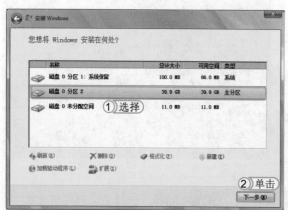

STEP 06: 选择安装分区

1. 在打开的"您想将 Windows 安装在何处？"对话框中选择"磁盘 0 分区 2"选项。
2. 单击 下一步(N) 按钮。

提个醒　在对话框中选择分区选项后，单击"删除"超级链接，可删除当前分区，并将该分区的可用空间转移到未分配空间中；若单击"格式化"超级链接，可格式化分区；单击"新建"超级链接，可新建分区。

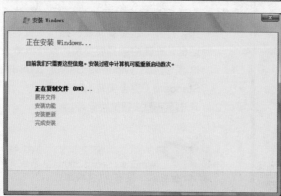

STEP 07: 查看安装进度

在打开的"正在安装 Windows…"对话框中显示了安装进度。

STEP 08： 提示修改密码

在安装的过程中将重启电脑，重启后将继续进行安装，安装完成后将提示用户首次登录前必须更改密码，单击 确定 按钮。

STEP 09： 修改密码

1. 在打开的登录界面的文本框中分别输入用户登录密码和验证密码。
2. 单击 按钮。

提个醒
Windows Server 2008 R2 加强了账户的安全性，如果用户输入了比较简单的密码，将打开一个对话框，建议用户按照对话框中的说明输入密码以加强账户安全性。

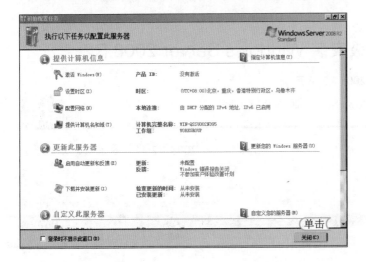

STEP 10： 登录系统

在打开的界面中提示密码已经修改，单击 确定 按钮。在打开的界面可创建其他用户，单击 按钮不创建。再在打开的界面中按 **Ctrl+Alt+Delete** 组合键，打开登录系统界面，输入设置的登录密码，然后单击 按钮。

STEP 11： 初始化设置

启动 Windows Server 2008 R2 桌面，并打开一个"初始配置任务"窗口，根据需要进行相应的设置即可，完成后单击 关闭(C) 按钮关闭该对话框。

087

72☑
Hours

62
Hours

52
Hours

42
Hours

32
Hours

22
Hours

12
Hours

STEP 12： 服务器配置

在打开的"服务器管理器"窗口中对服务器进行配置，完成后单击右上角的⊠按钮关闭对话框。

提个醒　在"初始配置任务"窗口和"服务器管理器"窗口中分别选中 ☑ **登录时不显示此窗口(D)** 和 ☑ **登录时不要显示此控制台(D)** 复选框，以后每次启动 Windows Server 2008 R2 不会再打开这两个窗口。

STEP 13： 完成安装

此时将看到 Windows Server 2008 R2 的桌面，完成 Windows Server 2008 R2 的安装。

读书笔记

▌ 经验一箩筐——选择安装版本

在选择安装版本时如果选择带有"服务器核心"文本的选项时将只安装服务器的核心程序，将有效降低对系统和硬盘的占用。

📂 上机 1 小时 ▶ **升级安装 Windows Server 2008 R2**

🔍 巩固安装 Windows Server 2008 R2 的方法。

🔍 进一步掌握升级安装 Windows Server 2008 R2 的方法。

　　本例将从 Windows Server 2008 升级安装 Windows Server 2008 R2 服务器系统，以掌握升级安装 Windows Server 的方法。

资源
文件　实例演示 \ 第 4 章 \ 升级安装 Windows Server 2008 R2

STEP 01： 运行安装程序

在 Windows Server 2008 操作系统中运行 Windows Servers 2008 R2 的安装程序，在打开的窗口中单击 现在安装(I) 按钮。

提个醒 如果电脑中已经安装了 Windows Server 2008 R2，且 Windows Server 2008 R2 不能正常运行时，在该窗口中单击"修复计算机"超级链接，可对该服务器系统进行修复。

STEP 02： 选择是否获取更新

在打开的"获取安装的重要更新"对话框中选择"不获取最新安装更新"选项。

读书笔记

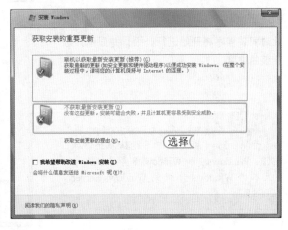

STEP 03： 选择安装版本

打开"选择要安装的操作系统"对话框，选择要安装的 Windows Server 2008 R2 版本，单击 下一步(N) 按钮。

提个醒 升级 Windows Server 2008 R2 服务器系统，既可从 Windows Server 2003 升级到 Windows Server 2008 R2，也可从 Windows Server 2008 升级到 Windows Server 2008 R2。

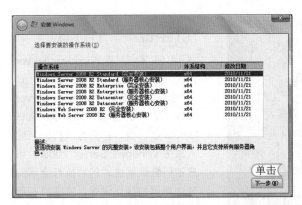

STEP 04： 选择安装方式

打开"请阅读许可条款"对话框，选中 ☑ 我接受许可条款(A) 复选框，单击 下一步(N) 按钮。打开"您想进行何种类型的安装？"对话框，选择"升级"选项。

62
Hours

52
Hours

42
Hours

32
Hours

22
Hours

12
Hours

STEP 05： 阅读兼容性报告

安装程序将对当前系统进行兼容性检测，
检测完成后将生成一个兼容性报告，以提
示用户升级前应做的准备工作以及升级后
可能出现的问题及解决方法，阅读完毕后
单击 下一步(N) 按钮。

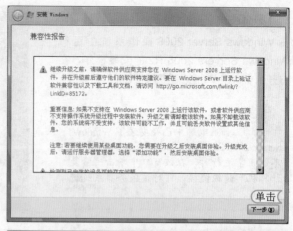

STEP 06： 查看升级进度

此时安装程序将开始进行升级，并显示升级
安装的进度。

提个醒　　虽然 Windows Server 2008 R2 也
属于 Windows 系统，但不能从 Windows
XP、Windows 7 和 Windows 8 等非数据库
版本的 Windows 升级到 Windows Server
2008 R2。

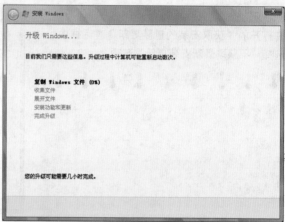

STEP 07： 完成升级

然后使用安装 Windows Server
2008 R2 的方法进行升级操作，升
级完成后将启动 Windows Server
2008 R2，根据提示按 Ctrl+Alt+
Delete 组合键，打开登录界面，输
入原先 Windows Server 2008 的用
户密码登录系统，然后执行全新安
装中相同的操作设置，完成后即可
进入升级安装后的 Windows Server
2008 R2 系统桌面。

读书笔记

4.5 安装 Linux 操作系统

Linux 是一套免费使用和自由传播的类 UNIX 操作系统，是一个性能稳定的多用户网络操作系统，它能运行主要的 UNIX 工具软件、应用程序和网络协议。与其他操作系统一样，要使用它，首先需要对其进行安装。下面对安装 Linux 操作系统的相关知识以及安装方法进行详细讲解。

学习1小时

- 了解安装 Linux 操作系统的版本和对电脑硬件的要求。
- 熟练掌握全新安装 Linux 操作系统的方法。

4.5.1 Linux 的版本

Linux 是一类 UNIX 计算机操作系统的统称，为了满足不同用户的需要，它提供了多个版本，其各版本的特点分别介绍如下。

- **Fedora Core**：是一套从 Red Hat Linux 发展出来的免费 Linux 系统，它允许任何人自由地使用、修改和重发布，由一个强大的社群开发，这个社群提供并维护自由、开放源码的软件和开放的标准。Fedora 是一个独立的操作系统，是 Linux 的一个发行版，可运行的体系结构包括 x86(即 i386-i686)、x86_64 和 PowerPC。

- **Debian**：它可以算是迄今为止，最遵循 GNU 规范的 Linux 系统。Debian 系统分为三个版本分支（branch）：stable、testing 和 unstable。截至 2005 年 5 月，这三个版本分支分别对应的具体版本为：Woody、Sarge 和 Sid。

- **Mandrake**：它主要通过邮件列表和 Mandrake 自己的 Web 论坛提供技术支持。Mandrake 的操作非常简单，而且还可作为一款优秀的服务器系统使用，对桌面用户和 Linux 新手来说是一个非常不错的选择。

- **Ubuntu**：是一个以桌面应用为主的 Linux 操作系统，是一个相对较新的发行版。它是一个拥有 Debian 所有的优点，以及自己所加强的优点的近乎完美的 Linux 操作系统，Ubuntu 的目标在于为一般用户提供一个最新的、同时又相当稳定的主要由自由软件构建而成的操作系统。

- **Red Hat Linux**：是最著名的 Linux 版本，且是公共环境中表现上佳的服务器，它拥有自己的公司，能向用户提供一套完整的服务，这使得它特别适合在公共网络中使用。

- **SuSE**：是创建一个连接数据库的最佳 Linux 版本，在 SuSE 操作系统下，可以非常方便地访问 Windows 磁盘，这使得两种平台之间的切换，以及使用双系统启动变得更容易。

- **Linux Mint**：是一个为 pc 和 X86 电脑设计的操作系统，是基于 Ubuntu 的发行版，其目标是提供一种更完整的即刻可用体验，这包括提供浏览器插件、多媒体编解码器、对 DVD 播放的支持、Java 和其他组件。

- **Gentoo**：Gentoo 是 Linux 世界最年轻的发行版本，由于开发者对 FreeBSD 的熟识，所以 Gentoo 拥有媲美 FreeBSD 的广受美誉的 ports 系统——portage。Gentoo 的首个稳定版本发布于 2002 年。Gentoo 的出名是因为其高度的自定制性，因为它是一个基于源代码的（source-based）发行版。

091

72 ☒
Hours

62
Hours

52
Hours

42
Hours

32
Hours

22
Hours

12
Hours

🔑 **centos**：是 Community Enterprise Operating System 的缩写，是一个基于 Red Hat Linux 提供的可自由使用源代码的企业级 Linux 发行版本，因此其安全性和稳定性相对较好。

4.5.2　硬件要求

由于 Linux 操作系统版本较多，不能一一说明，这里将以较为流行的一个版本——Ubuntu 为例进行说明，其具体配置要求如下表所示。

Ubuntu对电脑硬件的要求

硬件项目	最低配置	推荐配置
CPU	700 MHz	~1.2 GHz
内存	384 MB	512MB 以上
硬盘	8 GB 剩余空间	20GB 以上的可用磁盘空间
显卡	1024×768 以上分辨率	得到 Ubuntu 支持的显卡
光驱	DVD R/RW 驱动器	DVD R/RW 驱动器
网络	Internet 连接	宽带网络连接

4.5.3　全新安装 Linux

虽然 Linux 操作系统包含很多版本，不同版本的安装方法略有不同，但其安装操作都类似，将安装光盘放入光驱，并重启电脑后根据提示进行安装即可。

下面将以在电脑中全新安装 Linux 操作系统的 Ubuntu 版本为例，讲解安装 Linux 操作系统的方法。其具体操作如下：

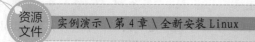
资源文件　实例演示 \ 第 4 章 \ 全新安装 Linux

STEP 01：　运行安装程序

将电脑设置为从光盘启动，将 Ubuntu 的安装光盘放入光驱，重启电脑后将开始运行安装程序。

STEP 02：　安装程序

1. 稍等片刻后将打开一个对话框，在左侧的列表框中默认选择 "English" 选项。
2. 在右侧单击 Install Ubuntu 按钮。

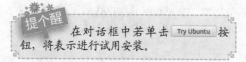
提个醒　在对话框中若单击 Try Ubuntu 按钮，将表示进行试用安装。

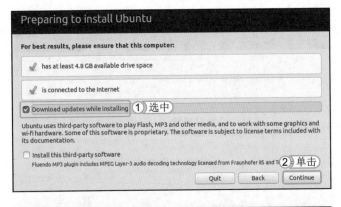

Preparing to install Ubuntu

For best results, please ensure that this computer:

✓ has at least 4.8 GB available drive space

✓ is connected to the Internet

☑ Download updates while installing ① 选中

Ubuntu uses third-party software to play Flash, MP3 and other media, and to work with some graphics and wi-fi hardware. Some of this software is proprietary. The software is subject to license terms included with its documentation.

☐ Install this third-party software
Fluendo MP3 plugin includes MPEG Layer-3 audio decoding technology licensed from Fraunhofer IIS and T ② 单击

Quit   Back   Continue

STEP 03： 是否获取更新

1. 在打开的对话框中选中"Download updates while instaling"选项前的复选框。

2. 单击 Continue 按钮。

读书笔记

Installation type

This computer currently has no detected operating systems. What would you like to do?

⦿ Erase disk and install Ubuntu
Warning: This will delete any files on the disk.

☐ Encrypt the new Ubuntu installation for security
You will choose a security key in the next step.

☐ Use LVM with the new Ubuntu installation
This will set up Logical Volume Management. It allows taking snapshots and easier partition resizing.

◯ Something else
You can create or resize partitions yourself, or choose multiple partitions for Ubuntu.

单击
Quit   Back   Continue

093

72☒
Hours

STEP 04： 清理磁盘

在打开的对话框中保持默认设置，单击 Continue 按钮。

62
Hours
▲

STEP 05： 设置所在位置

1. 打开"Where are you?"对话框，在下方文本框中将显示所在的位置。

2. 单击 Continue 按钮开始进行加载。

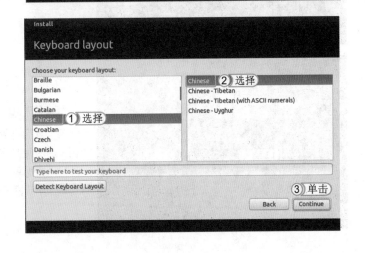

Where are you?

Chongqing ① 查看   ② 单击
Back   Continue

Copying files...

52
Hours
▲

42
Hours
▲

STEP 06： 设置区域语言

1. 在打开的对话框的左侧列表框中选择"Chinese"选项。

2. 在右侧文本框中也选择"Chinese"选项。

3. 单击 Continue 按钮。

Install

Keyboard layout

Choose your keyboard layout:

Braille
Bulgarian
Burmese
Catalan
Chinese ① 选择
Croatian
Czech
Danish
Dhivehi

Chinese ② 选择
Chinese - Tibetan
Chinese - Tibetan (with ASCII numerals)
Chinese - Uyghur

Type here to test your keyboard

Detect Keyboard Layout   ③ 单击
Back   Continue

32
Hours
▲

22
Hours
▲

12
Hours

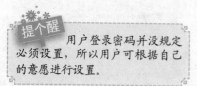

STEP 07： 设置用户信息

1. 打开 "Who are you" 对话框，在其中相应的文本框中输入名字、登录名、密码、计算机名称等信息。

2. 完成后单击 Continue 按钮。

提个醒　用户登录密码并没规定必须设置，所以用户可根据自己的意愿进行设置。

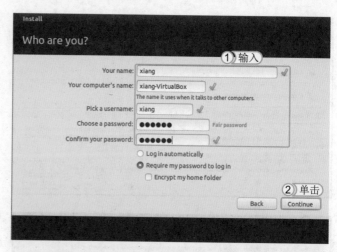

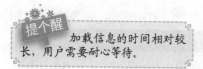

STEP 08： 加载信息

在打开的对话框中将自动加载一些信息，当一条信息加载完成后将自动切换到下一条信息进行加载。

提个醒　加载信息的时间相对较长，用户需要耐心等待。

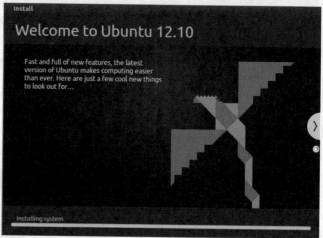

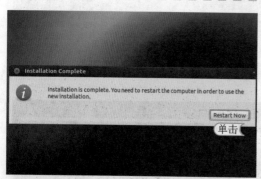

STEP 09： 提示对话框

完成所有信息的加载后，将打开一个提示对话框，在其中单击 Restart Now 按钮。

读书笔记

STEP 10： 输入用户密码

1. 重启电脑后进入登录界面，并显示前面设置的用户名，单击该用户名，在文本框中输入前面设置的用户登录密码。

2. 单击▶按钮。

STEP 11: 登录桌面

稍等片刻，完成 Ubuntu 系统的
安装，并自动进入 Ubuntu 系统
桌面。

读书笔记

上机1小时 ▶ **全新安装 Red Hat Linux 操作系统**

🔍 巩固全新安装操作系统的方法。

🔍 进一步掌握全新安装 Red Hat Linux 操作系统的方法。

本例将使用光盘全新安装 Red Hat Linux 操作系统，以掌握安装 Linux 操作系统的方法。

资源
文件 实例演示\第4章\全新安装 Red Hat Linux 操作系统

STEP 01: 进入加载页面

将 Red Hat Linux 安装光盘放入电脑光驱中，
启动电脑进入 BIOS 界面，将第一启动项设
置为光驱启动，然后重启电脑，运行安装程
序，在打开的界面中按 Backspace 键。

STEP 02: 检验光盘

在打开的界面中提示是否测试安装 CD 的内
容的完整性，选择 "OK" 选项，按 Enter
键检测光盘。

提个醒 　若选择 "Skip" 选项，表示不
测试安装 CD，直接开始安装。但若是第
一次安装，最好先测试安装 CD。

095

72☒
Hours

62
Hours

52
Hours

42
Hours

32
Hours

22
Hours

12
Hours

STEP 03： 测试安装光盘的文件

在打开的界面中选择"Test"选项，然后按 Enter
键开始测试安装光盘的文本，并在打开的界面中
将显示测试的进度。

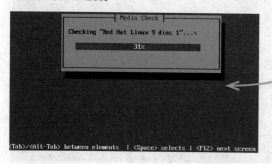

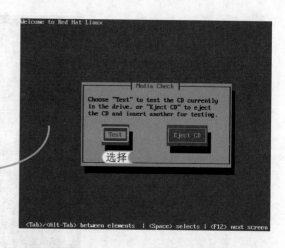

选择

STEP 04： 开始安装

在打开的界面中提示了测试的结果，选择"OK"
选项，按 Enter 键，再在打开的界面中选择
"Continue"选项，再按 Enter 键。

提个醒
　　选择"Continue"选项表示开始安装；
选择"Test"选项表示测试下一张安装 CD。

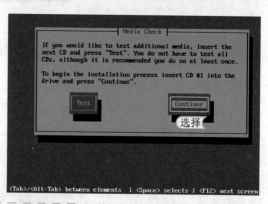

选择

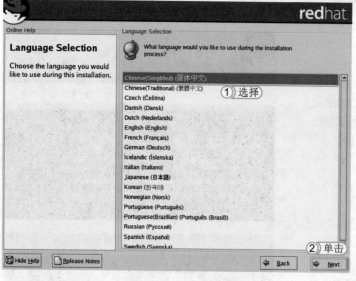

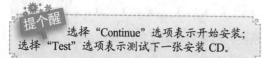

① 选择

② 单击

STEP 05： 设置语言

1. 打开帮助对话框，单击
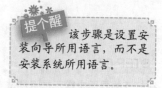 按钮，打开对应
的语言设置对话框，在
右侧的列表框中选择
"Chinese(Simplified)
（简体中文）"选项。

2. 单击 Next 按钮。

提个醒
　　该步骤是设置安
装向导所用语言，而不是
安装系统所用语言。

读书笔记

STEP 06： 设置键盘和鼠标

1. 打开"键盘配置"对话框，保持默认设置，单击 下一步(N) 按钮，打开"鼠标配置"对话框，根据当前使用的鼠标选择类型，这里选择"带滑轮鼠标[PS/2]"选项。

2. 单击 下一步(N) 按钮。

STEP 07： 设置安装类型

1. 打开"安装类型"对话框，选择系统安装的类型，这里在"安装类型"栏中选中"个人桌面"前面的单选按钮。

2. 单击 下一步(N) 按钮。

> **提个醒** 选择安装类型时，需要根据个人需要来进行选择，因为不同的安装类型，其提供的功能会有所不同。

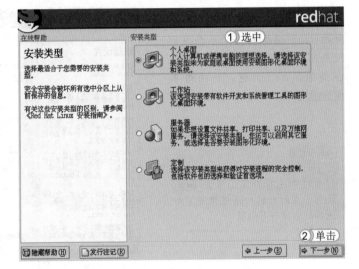

STEP 08： 磁盘分区设置

1. 打开"磁盘分区设置"对话框，在其中设置磁盘分区，这里选中 ⊙ 自动分区(A) 单选按钮。

2. 单击 下一步(N) 按钮。

读书笔记

097

72図
Hours

62
Hours

52
Hours

42
Hours

32
Hours

22
Hours

12
Hours

STEP 09： 自动分区

1. 打开"自动分区"对话框，在"自动分区"栏中选中
   ⊙删除系统内的所有分区 单选按钮。
2. 再选中 ☑评审(并按需要修改)创建的分区(V) 复选框。
3. 单击 ➡下一步(N) 按钮。

提个醒　　在安装操作系统的过程中，磁盘分区是最关键的一步，设置不当容易丢失磁盘中的所有数据。

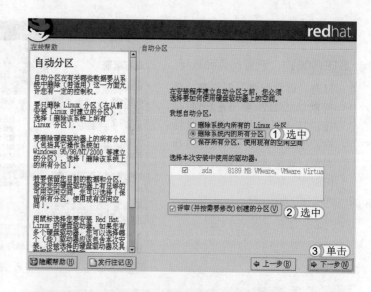

STEP 10： 完成分区

开始自动对磁盘进行分区，分区完成后打开"磁盘设置"对话框，在其中显示了分区，然后单击 ➡下一步(N) 按钮。

提个醒　　在"正在分区"栏中的列表框中选择分区，单击 编辑(E) 按钮，在打开的对话框中还可对选择的分区进行编辑。

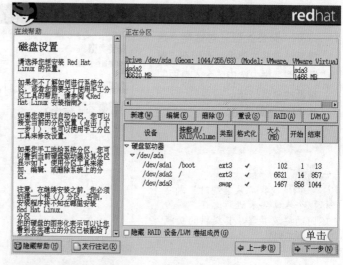

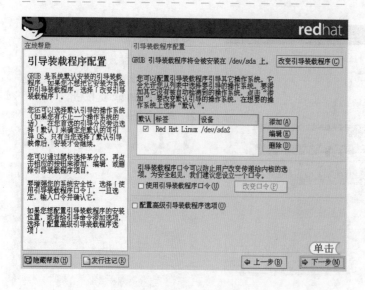

STEP 11： 引导装载配置

打开"引导装载程序配置"对话框，默认将系统引导信息写到硬盘主引导扇区，这里保持默认设置，单击 ➡下一步(N) 按钮。

提个醒　　若要改变引导装载程序，可在"引导装载程序配置"对话框中单击 改变引导装载程序(C) 按钮进行设置。

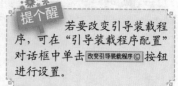

STEP 12: 防火墙配置

打开"防火墙配置"对话框，在右侧选中 ⊙中级(M) 单选按钮。单击 ➡下一步(N) 按钮。

提个醒 一般情况下，将防火墙的安全级别设置为中级就可以了。

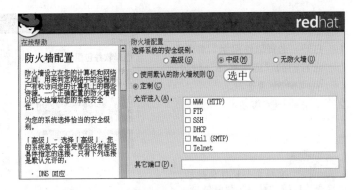

STEP 13: 设置附加语言

打开"附加语言支持"对话框，保持默认设置，单击 ➡下一步(N) 按钮。

提个醒 选择系统默认语言必须选择"Chinese(P.R.of China)"简体中文选项，否则可能进入系统后不能显示简体中文，还需另外安装语言支持包。

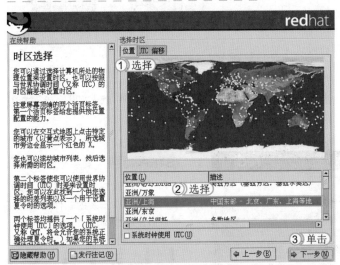

STEP 14: 设置地理位置

1. 打开"时区选择"对话框，默认选择"位置"选项卡。
2. 在下方的列表框中选择所处地理位置，这里选择"亚洲/上海"选项。
3. 单击 ➡下一步(N) 按钮。

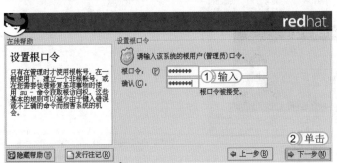

STEP 15: 设置根口令

1. 打开"设置根口令"对话框，在"根口令"和"确认"文本框中输入相应的口令，也就是用户密码。
2. 单击 ➡下一步(N) 按钮。

STEP 16： 选择软件包组

1. 打开"选择软件包组"对话框，在右侧的"应用程序"栏中选中 ☑工程和科学 复选框。

2. 单击 ◆下一步(N) 按钮。

提个醒　　选择某个软件包组后，单击其后的"细节"超级链接，在打开的对话框中可查看默认安装的软件包，还可在该组中添加和删除软件包。

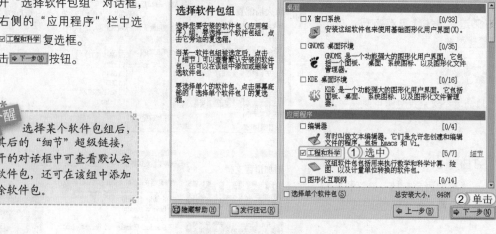

STEP 17： 即将安装

打开"即将安装"对话框，单击 ◆下一步(N) 按钮。

提个醒　　在"即将安装"对话框中单击 ◆下一步(N) 按钮后，将不能对其设置再进行更改，如果前面设置不对，要进行更改，可单击 ◆上一步(B) 按钮，返回到上一步操作中进行更改。

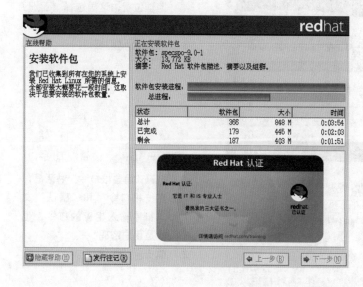

STEP 18： 安装软件包

打开"安装软件包"对话框，在其中将显示正在安装的软件包的详细信息以及完成进度。

读书笔记

创建引导盘

1. 软件包安装完成后单击  按钮，在打开的"创建引导盘"对话框中选中 否，我不想创建引导盘(O) 单选按钮。

2. 单击 下一步(N) 按钮。

提个醒
　　引导盘用于引导系统，如果要使用引导盘来引导系统，首先需要创建引导盘。创建引导盘的方法很简单，根据提示进行操作即可。

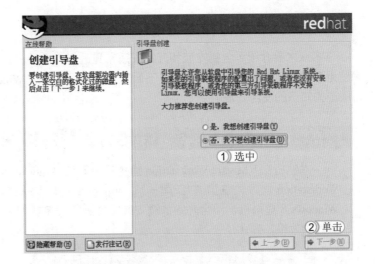

STEP 20： 完成安装

在打开的对话框中将提示完成安装，单击 退出(B) 按钮。

读书笔记

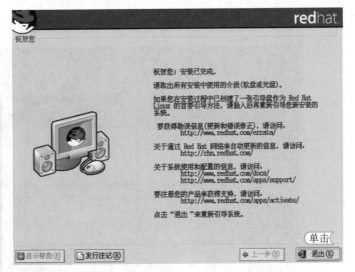

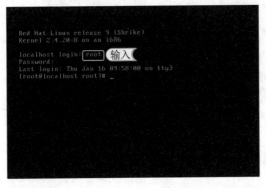

STEP 21： 输入命令

重启电脑，稍等片刻，在打开界面的"localhost login："文本后输入默认的管理员账号名"root"，在"Pass word"文本后输入前面设置的根口令，按 Enter 键即可进入图形化界面。

提个醒
　　在该界面中输入"init 5"，再按 Enter 键，即可进入图形化系统工作界面。

读书笔记

101

72☒
Hours

62
Hours

52
Hours

42
Hours

32
Hours

22
Hours

12
Hours

4.6 练习 1 小时

本章主要介绍了全新安装和升级安装常见的操作系统的方法，用户要想在日常工作中熟练使用它们，还需再进行巩固练习。下面以在虚拟机中安装 Windows 8 操作系统为例，进一步巩固这些知识的使用方法。

在虚拟机中安装 Windows 8 操作系统

本例将在 VMware Workstation 虚拟机中安装 Windows 8 操作系统。首先启动 VMware Workstation 软件，在其中新建一个 Windows 8 操作系统的虚拟机，新建好后，开启 Windows 8 虚拟机，即可开始加载安装文件进行安装。如下图所示为登录 Windows 8 操作系统的效果。

资源文件　实例演示 \ 第 4 章 \ 在虚拟机中安装 Windows 8 操作系统

读书笔记

系统

72 HOURS

使用其他方法
安装操作系统

第

5

章

学习 2 小时

- 通过映像文件安装操作系统
- 通过 U 盘安装操作系统

由于硬件环境等客观因素影响，安装操作系统时可能并不会使用安装光盘进行安装。在实际安装中，用户还可以通过映像文件、U 盘等安装操作系统。

上机 3 小时

5.1 通过映像文件安装操作系统

映像文件也被称为镜像文件，可以将其视为光盘的"提取物"，这是一种光盘文件的完整复制文件，其中包含了光盘的所有信息。当电脑中没有光驱，有操作系统的映像文件时，可以直接通过映像文件将系统安装到电脑中，并且这种安装方法相比使用光盘安装，其效率更高。下面讲解使用映像文件安装操作系统的方法。

学习1小时

- 掌握使用虚拟光驱安装操作系统的方法。
- 掌握解压映像文件直接安装操作系统的方法。

5.1.1 使用虚拟光驱安装操作系统

映像文件是光盘的"提取物"，所以通过专业的虚拟光驱软件，可以将其像光盘一样进行使用，这就为直接通过映像文件安装操作系统带来了便利。下面将分别介绍虚拟光驱的含义以及使用虚拟光驱安装操作系统的方法。

1. 认识虚拟光驱

虚拟光驱是通过专业技术在电脑中模拟出的一个光驱，让电脑认为其拥有一个硬件光驱。虚拟出的光驱虽然不能直接读取光盘文件，但因为映像文件是光盘的"提取物"，所以可以直接载入映像文件。在使用映像文件时，将其载入到虚拟光驱中后，其使用方法便与一般的光驱的使用方法相同了。现在在市面上有很多软件都能虚拟出光驱，常用的有 DAEMON Tools Lite、UltraISO 软碟通和 DVDFab 虚拟光驱等。分别介绍如下。

🔑 DAEMON Tools Lite：其中文名为"精灵虚拟光驱"，是一款免费、稳定、方便且使用率较高的虚拟光驱软件，它支持多种格式的映像文件，并能同时加载几个映像，并可以把从网上下载的映像文件 Mount 成光盘直接使用，无需解压，是一款广受好评的虚拟光驱软件。如下图所示为其工作界面。

🔑 UltraISO 软碟通：是一款功能强大而又方便实用的光盘映像文件制作/编辑/转换工具，它可以直接编辑 ISO 文件和从 ISO 中提取文件和目录，也可以从 CD-ROM 制作光盘映像或者将硬盘上的文件制作成 ISO 文件，操作简单且实用。如下图所示为其工作界面。

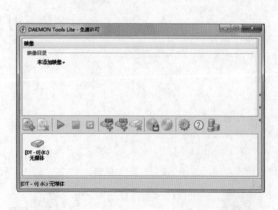

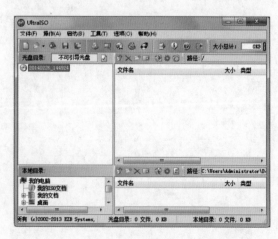

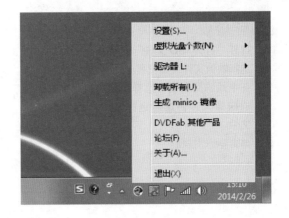

🔑 **DVDFab 虚拟光驱**：是一款小巧且操作简单的虚拟光驱软件，它最多可创建 18 个虚拟光驱，而且安装后，不会以窗口形式显示工作界面，而是以图标形式显示在任务栏，使用该软件时，在任务栏的图标上单击鼠标右键，在弹出的快捷菜单中选择相应的命令进行操作即可，如右图所示。

2. 通过虚拟光驱安装操作系统

通过虚拟光驱安装映像方式安装操作系统，首先需要设置虚拟光驱的软件，然后再通过虚拟光驱软件来运行映像，最后达到安装操作系统的目的。

下面将通过安装在电脑中的 UltraISO 软件，将 Windows 8 映像文件加载到虚拟光驱，然后使用它安装 Windows 8 操作系统。其具体操作如下：

资源文件 实例演示＼第 5 章＼通过虚拟光驱安装操作系统

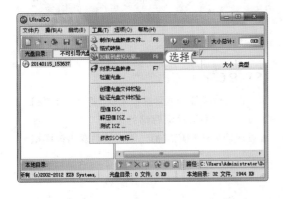

STEP 01： 选择命令

在桌面上双击"UltraISO"快捷方式图标📀，启动 UltraISO，打开其工作界面，选择【工具】/【加载到虚拟光驱】命令。

提个醒 在 UltraISO 工作界面中的工具栏中单击📀按钮，也可打开"虚拟光驱"对话框。

STEP 02： "虚拟光驱"对话框

打开"虚拟光驱"对话框，单击"映像文件"文本框后的按钮。

读书笔记

105

72⊠
Hours

62
Hours

52
Hours

42
Hours

32
Hours

22
Hours

12
Hours

STEP 03： 选择映像文件

1. 打开"打开 ISO 文件"对话框，在地址栏中选择映像文件所在位置。
2. 在中间的列表框中选择需要加载到虚拟光驱的映像文件，这里选择 Windows 8 的映像文件。
3. 单击 打开(O) 按钮。

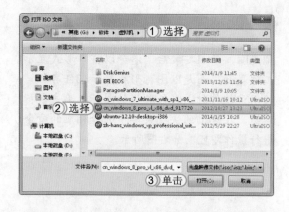

STEP 04： 加载到虚拟光驱

1. 返回到"虚拟光驱"对话框，在"映像文件"文本框中将显示映像文件的保存路径以及名称。
2. 单击 加载 按钮。

提个醒 如果以前加载有映像文件到虚拟光驱，可在"虚拟光驱"对话框中单击 卸载 按钮将其卸载掉。

STEP 05： 双击虚拟光驱

即可将映像文件加载到虚拟光驱，打开"计算机"窗口，在"有可移动存储的设备"栏中可查看到设置成功后的相应虚拟光驱，然后双击该虚拟光驱。

提个醒 在虚拟光驱选项上单击鼠标右键，在弹出的快捷菜单中选择"打开"命令，也可将其打开。

读书笔记

STEP 06: 双击安装程序

打开虚拟光驱窗口，在其中双击系统的安装程序
"setup.exe"。

提个醒　　比较常用的虚拟光驱软件还有 Alcohol
120％ 和 WinMont 等，通过虚拟光驱软件虚拟出
光驱的操作大都相似。

STEP 07: 安装操作系统

开始运行安装程序，打开 Windows 8 系统的安装
界面，然后根据安装向导进行安装即可。

读书笔记

5.1.2 解压映像文件直接安装

　　映像文件也可以通过压缩 / 解压软件进行解压，然后再手动运行解压得到的文件，也可以
安装操作系统，使用该方式安装操作系统的方法比使用虚拟光驱安装的方法更简单。

　　下面将通过 WinRAR 压缩 / 解压软件解压 Windows 7 操作系统的映像文件，然后直接进
行安装。其具体操作如下：

资源
文件　　实例演示 \ 第 5 章 \ 解压映像文件直接安装

STEP 01: 选择需要解压的文件

1. 启动安装在电脑中的 **WinRAR** 压缩 / 解压软
   件，打开其工作界面，在地址栏中选择解压
   文件所在的位置。

2. 在下方的列表框中选择需要解压的文件，这
   里选择 Windows 7 映像文件。

3. 单击"解压到"按钮📂。

提个醒　　若电脑中已安装压缩 / 解压软件，在
映像文件上单击鼠标右键，在弹出的快捷菜单
中选择所需解压命令也可进行解压操作。

62
Hours

52
Hours

42
Hours

32
Hours

22
Hours

12
Hours

STEP 02： 设置目标路径

打开"解压路径和选项"对话框，在其中设置目标路径，这里保持默认不变，单击 确定 按钮。

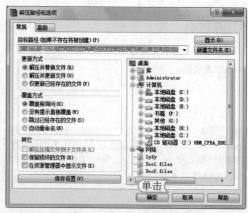

提个醒

在"解压路径和选项"对话框中不仅可设置解压后文件的保存位置，还可设置解压文件的更新方式、覆盖方式以及其他一些设置等。

STEP 03： 查看解压进度

在打开的对话框中将显示解压的进度和时间。

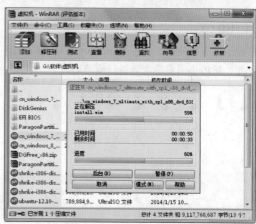

读书笔记

STEP 04： 双击解压的文件

返回到压缩解压软件，在工作界面下方的列表框中显示了一个新增的"cn_windows_7_ultimate_with_sp1_x86_dvd_618537"文件，双击该文件夹，在列表框中将显示解压得到的文件，双击"setup.exe"文件。

STEP 05： 开始安装 Windows 7

打开"安装 Windows"窗口，单击 现在安装(I) 按钮，开始安装 Windows 7 操作系统。

读书笔记

上机 1 小时 ▶ 使用 Windows XP 映像文件安装操作系统

🔍 巩固安装操作系统的方法。

🔍 熟练掌握使用 DAEMON Tools Lite 将映像文件加载到虚拟光驱。

🔍 进一步掌握使用 Windows XP 映像文件安装 Windows XP 操作系统的方法。

　　本例将根据 Windows XP 映像文件安装 Windows XP 操作系统。首先使用安装在电脑中的 DAEMON Tools Lite 虚拟光驱软件将 Windows XP 映像文件加载到虚拟光驱，然后再通过运行安装程序来安装 Windows XP 操作系统。

资源文件　实例演示 \ 第 5 章 \ 使用 Windows XP 映像文件安装操作系统

STEP 01：　　加载虚拟光驱

1. 在桌面上双击"DAEMON Tools Lite"快捷方式图标 ⚡。

2. 启动 DAEMON Tools Lite，打开其工作界面，单击"加载 DT 虚拟光驱"按钮 🔲，开始加载虚拟设备。

3. 加载完成后在桌面任务栏中将提示成功加载的设备驱动器。

STEP 02：　单击"添加映像"按钮

1. 此时，在 DAEMON Tools Lite 工作界面下方的列表框中选择加载的虚拟光驱。

2. 单击"添加映像"按钮 🔲。

读书笔记

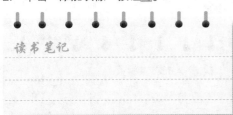

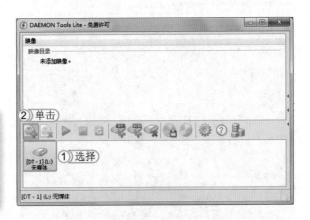

62 Hours

52 Hours

42 Hours

32 Hours

22 Hours

12 Hours

STEP 03: 选择映像文件

1. 打开"打开"对话框，在地址栏中选择映像文件所在位置。
2. 在中间的列表框中选择需要加载到虚拟光驱的映像文件，这里选择 Windows XP 的映像文件。
3. 单击 打开(O) 按钮。

STEP 04: 加载到映像目录中

返回到 DAEMON Tools Lite 工作界面，在"映像项目"列表中双击该列表中的映像文件。

> 提个醒   添加到"映像项目"列表中的映像文件，不仅显示了映像文件的名称，还显示了映像文件的保存路径。

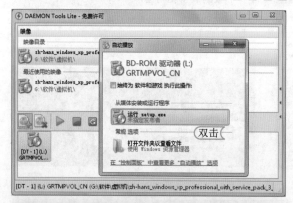

STEP 05: 运行安装程序

此时，映像文件将自动添加到新建的虚拟光驱中，并自动打开"自动播放"窗口，双击"从媒体安装或运行程序"栏中的"运行 setup.exe"选项。

> 提个醒   将映像文件添加到虚拟光驱后，双击"虚拟光驱"，也可运行安装程序。

STEP 06: 开始安装 Windows XP

启动 Windows XP 的安装程序，然后按照之前讲解的安装 Windows XP 的方法进行安装。

读书笔记

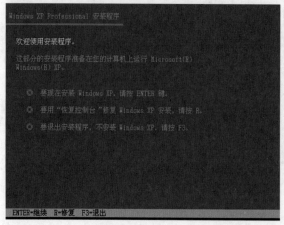

5.2 使用 U 盘安装操作系统

除了使用映像文件安装系统外，还可使用 U 盘来实现。但使用 U 盘安装操作系统，首先需要对 U 盘进行一些特殊的处理，使其具备安装操作系统的功能后，才能用于对操作系统的安装。下面分别对制作 U 盘启动、设置 U 盘为第一启动项和使用 U 盘安装操作系统的方法进行详细讲解。

学习 1 小时

🔍 掌握制作 U 盘启动盘的方法。　　　　🔍 掌握设置 U 盘为第一启动项的方法。

🔍 熟练掌握使用 U 盘安装操作系统的方法。

5.2.1 制作 U 盘启动盘

要想在电脑中使用 U 盘安装操作系统，首先需要使用软件制作 U 盘启动盘。制作 U 盘启动盘需要一个 U 盘、操作系统映像文件和 U 盘启动工具。常用的 U 盘启动工具有大白菜、老毛桃和 UltraISO（软碟通）软件。

下面将启动 UltraISO 软件，在电脑上插入 U 盘后，在其中写入 Windows XP 的映像文件，制作 Windows XP 操作系统的 U 盘启动盘。其具体操作如下：

资源文件 实例演示 \ 第 5 章 \ 制作 U 盘启动盘

STEP 01： 选择"打开"命令

在桌面上双击"UltraISO"快捷方式图标🔳，启动 UltraISO，打开其工作界面，选择【文件】/【打开】命令。

提个醒 在 UltraISO 工作界面中单击🔲按钮，或按 Ctrl+O 组合键，都可打开"打开 ISO 文件"对话框。

111

72图
Hours

62
Hours

52
Hours

42
Hours

32
Hours

22
Hours

12
Hours

读书笔记

STEP 02： 选择映像文件

1. 打开"打开 ISO 文件"对话框，在地址栏中选择映像文件所在位置。
2. 在中间的列表框中选择需要加载到虚拟光驱的映像文件，这里选择 Windows XP 的映像文件。
3. 单击 打开(O) 按钮。

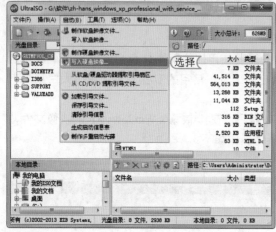

STEP 03： 选择写入硬盘命令

此时将选择的映像文件添加到 UltraISO 工作界面的列表框中，然后将准备的 U 盘插入电脑，并在 UltraISO 工作界面中选择【启动】/【写入硬盘映像】命令。

提个醒　　U 盘中的资源最好提前备份到电脑中，因为制作 U 盘启动盘时会丢失 U 盘中的数据。

STEP 04： 执行写入操作

1. 打开"写入硬盘映像"对话框，在"硬盘驱动器"列表框中默认添加 U 盘对应选项，在"写入方式"下列表框中选择"USB-HDD+"选项。
2. 然后单击 写入 按钮。

提个醒　　在使用 U 盘写入映像文件前，可先在系统中将 U 盘进行格式化处理，也可在"写入硬盘映像"对话框中单击 格式化 按钮进行格式化操作。

读书笔记

STEP 05: 确认写入操作

打开提示对话框，提示进行操作将丢失 U 盘中的所有数据，单击 是(Y) 按钮确认操作。

STEP 06: 完成写入

软件开始写入系统的映像文件，并在上方显示写入进程的消息，同时显示完成比例。写入完成后，将提示刻录成功，然后关闭对话框，并拔出 U 盘即可。

提个醒 在写入映像文件的过程中，如果想取消写入，单击 终止[A] 按钮即可。

经验一箩筐——使用其他软件安装的注意事项

使用大白菜、老毛桃软件制作 U 盘启动盘的方法与使用 UltraISO 软件的方法类似，但通过它们制作好 U 盘启动盘后，需要将 gho 文件（系统文件）复制到 U 盘 gho 目录（新建）下并命名为"dnd.gho"，然后才能正常安装。

5.2.2 设置 U 盘为第一启动项

制作好 U 盘启动盘后，还不能直接进行安装，还需要进入 BIOS 将第一启动项设置为 U 盘后才能使用。其方法是：将制作好的 U 盘插入需要安装操作系统的电脑上，然后启动电脑，按 Delete 键，进入 BIOS 设置界面，按方向键选择 "Advanced BIOS Features（高级 BIOS 特性）" 选项，然后按 Enter 键，根据 U 盘启动盘类型将 "USB Flash Disk Type" 设为 "HDD"，再将 "First Boot Device" 设为 "USB-FDD"，再按 F10 键对 BIOS 设置进行保存，完成后退出 BIOS 界面即可。

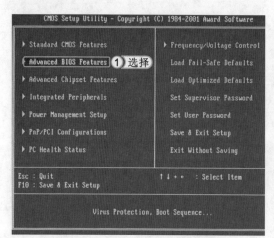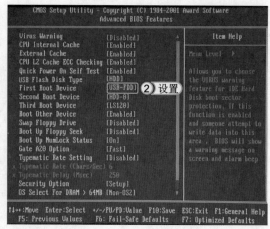

5.2.3 使用 U 盘安装操作系统

制作好 U 盘启动盘并设置 U 盘为第一启动项后,将 U 盘插入电脑,重启电脑后,就可使用前面讲解的安装 Windows XP 操作系统的方法对其进行安装了,安装完成后即可进入到 Windows XP 操作系统桌面。

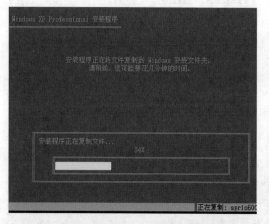

经验一箩筐——使用移动硬盘安装操作系统

使用移动硬盘也可安装操作系统,其方法与使用 U 盘安装操作系统的方法类似,首先使用启动盘制作工具制作移动硬盘启动盘,然后进入 BIOS 界面,将第一启动项设置为移动硬盘,然后再使用第 4 章讲解的安装操作系统的方法进行安装。

上机 1 小时 使用 U 盘安装 Windows 8 操作系统

🔍 巩固制作 U 盘启动盘的方法。

🔍 巩固设置第一启动项的方法。

🔍 进一步掌握使用 U 盘安装 Windows 8 操作系统的方法。

本例将使用 U 盘安装 Windows 8 操作系统。首先启动 UltraISO 软件，将 Windows 8 操作系统的映像文件写入到电脑的 U 盘，以制作 U 盘启动盘，制作完成后设置 U 盘为第一启动项，最后再使用 U 盘安装 Windows 8 操作系统。

资源文件　实例演示 \ 第 5 章 \ 使用 U 盘安装 Windows 8 操作系统

STEP 01： 选择映像文件

1. 启动 UltraISO，打开其工作界面，选择【文件】/【打开】命令，打开"打开 ISO 文件"对话框，在地址栏中选择映像文件所在位置。
2. 在中间的列表框中选择需要加载到虚拟光驱的映像文件，这里选择 Windows 8 的映像文件。
3. 单击 打开(O) 按钮。

STEP 02： 选择写入硬盘命令

此时将选择的映像文件添加到 UltraISO 工作界面的列表框中，然后将准备的 U 盘插入电脑，并在 UltraISO 工作界面中选择【启动】/【写入硬盘映像】命令。

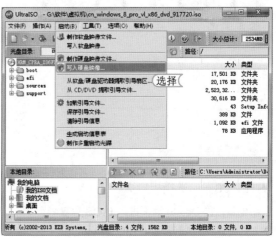

读书笔记

STEP 03： 执行写入操作

1. 打开"写入硬盘映像"对话框，在"硬盘驱动器"列表框中默认添加 U 盘对应选项，在"写入方式"下拉列表框中选择"USB-HDD+"选项。
2. 然后单击 写入 按钮。

提个醒　当 U 盘还未插入电脑时，"写入方式"呈不可设置状态，只有当 U 盘插入电脑后，才能对写入方式进行设置。

62
Hours

52
Hours

42
Hours

32
Hours

22
Hours

12
Hours

STEP 04： 写入映像文件

打开提示对话框，提示进行操作将丢失 U 盘中的所有数据，单击 是(Y) 按钮确认操作，软件开始写入系统的映像文件，并在上方显示写入进程的消息，同时显示完成写入。

> 提个醒 　将 U 盘插入电脑后，在"写入硬盘映像"对话框的"硬盘驱动器"下拉列表框中默认选择的是插入的 U 盘驱动器。

STEP 05： 查看写入的文件

写入完成后，将提示刻录成功，然后关闭对话框，打开 U 盘窗口，在其中可查看到写入的文件。

读书笔记

STEP 06： 选择相应选项

启动电脑，按 Delete 键，进入 BIOS 设置界面，按方向键选择"Advanced BIOS Features（高级 BIOS 特性）"选项，然后按 Enter 键。

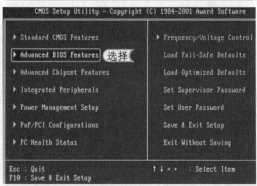

STEP 07： 设置启动顺序

在打开的界面中将"USB Flash Disk Type"设置为"HDD"，并将"First Boot Device"设置为"USB-FDD"，然后按 F10 键保存并退出 BIOS 设置。

STEP 08： 安装 Windows 8

重启电脑即可运行 Windows 8 安装程序，在打开的"Windows 安装程序"窗口中单击 现在安装(I) 按钮，即可开始进行安装。

读书笔记

5.3　练习 1 小时

　　本章主要介绍了使用映像文件和 U 盘安装操作系统的方法，用户要想在日常工作中熟练使用它们，还需再进行巩固练习。下面以使用映像文件升级安装 Windows 8 操作系统和使用移动硬盘安装 Windows 7 操作系统为例，进一步巩固这些知识的使用方法。

1. 使用映像文件升级安装 Windows 8 操作系统

　　本例将使用映像文件升级安装 Windows 8 操作系统。首先进入 Windows 7 操作系统，使用压缩软件将保存在电脑中的 Windows 8 映像文件进行解压操作，然后运行 Windows 8 的安装程序，使用第 4 章讲解的升级安装 Windows 8 操作系统的方法进行升级安装。

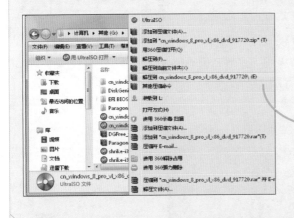

资源文件　实例演示 \ 第 5 章 \ 使用映像文件升级安装 Windows 8 操作系统

读书笔记

62
Hours

52
Hours

42
Hours

32
Hours

22
Hours

12
Hours

2. 用移动硬盘安装 Windows 7 操作系统

本例将使用移动硬盘安装 Windows 7 操作系统。首先使用 UltraISO 软件将 Windows 7 的映像文件写入移动硬盘中，然后进入 BIOS 界面，将第一启动项设置为移动硬盘，然后重启电脑运行安装程序，开始安装 Windows 7 操作系统。

资源文件 实例演示\第 5 章\使用移动硬盘安装 Windows 7 操作系统

读书笔记

系统
72 HOURS

第 **6** 章

多操作系统的安装、管理与资源共享

学习 3 小时

在一些特殊的环境，用户可能需要使用多种系统。如果一台电脑只安装一个操作系统，可能会增加设备成本。此时，为电脑安装多个操作系统就能解决这一问题。

● 安装多操作系统
● 多操作系统的引导管理
● 多操作系统资源共享

上机 4 小时

6.1 安装多操作系统

如果电脑硬盘容量够大，用户可安装多个操作系统，安装多操作系统后，可根据它们不同的特点或工作需要选择使用，多系统之间可以扬长避短，充分发挥每个操作系统的优点。下面将详细讲解安装多操作系统的相关知识和操作。

学习1小时

🔍 了解安装多操作系统的相关知识。　　🔍 掌握从低版本到高版本安装双系统的方法。

🔍 掌握从高版本到低版本安装双系统的方法。

🔍 掌握安装3个或3个以上操作系统的方法。

6.1.1 安装多操作系统的相关知识

安装多操作系统是指在一台电脑上安装两个或两个以上的操作系统，安装后可以分别进入不同的操作系统，完成相应的操作任务，且不会影响到其他操作系统的正常运行。安装多操作系统可以满足不同用户的需求，但在安装多操作系统之前，还需要掌握安装的注意事项以及安装的流程，下面分别进行介绍。

1. 多操作系统安装的注意事项

如果安装多操作系统的方法不当，容易造成其中某个操作系统无法正常启动。因此，在安装操作系统前应该注意以下几个方面。

🔑 **多操作系统必须安装在不同的分区中**：Windows 系列操作系统的目录结构有许多是重复的，后安装的操作系统会覆盖同名的文件和文件夹，导致先安装的操作系统无法正常运行，并且引导管理程序也无法判断应该启动哪个操作系统，因此多操作系统必须安装在不同的分区中。

🔑 **注意分区的文件格式**：Windows 7、Windows 8 操作系统要求安装在 NTFS 文件格式下，在 FAT32 格式下就不能进行安装；而对于 Windows XP 操作系统，则支持 FAT32 和 NTFS 两种文件格式。

🔑 **最好按先低后高的版本顺序安装**：安装多操作系统时尽量遵循先安装低版本，再安装高版本的顺序，如 Windows XP 与 Windows 7 共存时，应先安装 Windows XP，再安装 Windows 7，否则 Windows XP 的引导文件会覆盖 Windows 7 的引导文件，造成 Windows 7 无法启动的故障。

🔑 **先安装 Windows 操作系统再安装其他操作系统**：由于 Windows 操作系统不对其他操作系统提供支持，所以后安装 Windows 操作系统将会造成先安装的其他操作系统无法正常启动。

2. 多操作系统安装的流程

安装多操作系统可分为全新安装和在原操作系统基础上安装两种，全新安装多操作系统需要从低版本到高版本进行安装，而在原操作系统基础上安装需要在安装完成后修复系统启动菜单。下图左侧为全新安装的流程，右侧为在原操作系统基础上安装的流程。

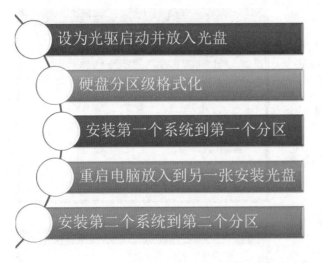

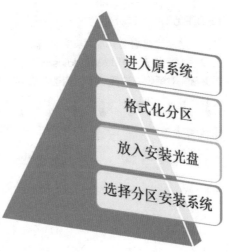

6.1.2　从低版本到高版本安装双操作系统

　　在电脑中安装多操作系统与安装单个操作系统并无太大差别。在安装时，若采用从低版本到高版本安装的方式在电脑中安装双操作系统或多操作系统，只需按照全新安装某个单操作系统的方法分别安装不同的操作系统即可，只是安装时要选择不同的安装分区。

　　下面安装 Windows 7 和 Windows 8 双操作系统，首先将 Windows 7 安装到 C 盘中，然后在 Windows 7 基础上安装 Windows 8 到另一个 NTFS 格式的分区中。其具体操作如下：

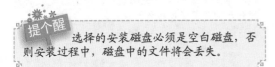

资源
文件　实例演示＼第 6 章＼从低版本到高版本安装双操作系统

STEP 01：　选择安装磁盘

安装并进入 Windows 7 操作系统，在"计算机"窗口中选择相应的磁盘，在状态栏中查看磁盘的文件格式和可用空间大小，这里选择将 Windows 8 安装到"本地磁盘（F:）"中。

提个醒　选择的安装磁盘必须是空白磁盘，否则安装过程中，磁盘中的文件将会丢失。

STEP 02：　开始安装

将 Windows 8 的安装光盘放入光驱，运行安装程序，在打开的对话框中单击 现在安装(I) 按钮。

STEP 03： 选择是否安装更新

系统自动从光盘启动并加载安装所需文件，完成加载后，将打开"获取 Windows 安装程序的重要更新"对话框，选择"不，谢谢"选项。

读书笔记

STEP 04： 选择安装方式

打开"请阅读许可条款"对话框，选中 ☑ 我接受许可条款(A) 复选框，单击 下一步(N) 按钮，打开"你想执行哪种类型的安装？"对话框，选择"自定义：仅安装 Windows（高级）"选项。

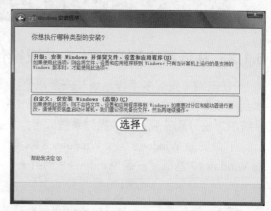

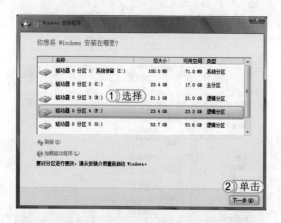

STEP 05： 选择安装分区

1. 打开"你想将 Windows 安装在哪里？"对话框，在下面的列表中选择安装位置，这里选择"磁盘 0 分区 4(F:)"选项
2. 然后单击 下一步(N) 按钮。

提个醒　　在安装多操作系统时，一定要注意不能将系统安装到原系统磁盘中，否则新安装的操作系统将覆盖原操作系统。

STEP 06： 完成双操作系统安装

开始安装 Windows 8，并在打开的"正在安装 Windows"对话框中显示安装进度，然后使用第 4 章讲解的安装方法进行安装，安装完成后重启电脑进入启动菜单，其中显示了安装的系统选项，选择不同的选项，将进入相应的操作系统。

6.1.3 从高版本到低版本安装双操作系统

如果电脑中已安装了高版本的 Windows 操作系统，在原系统基础上再安装低版本的 Windows 操作系统，将低版本的系统安装到另一个磁盘分区后，启动时不会出现启动菜单，启动菜单项将被覆盖，直接进入低版本操作系统，原操作系统将无法启动，此时就需要使用启动菜单修复工具来修复高版本的启动菜单。

下面将在安装有 Windows 7 操作系统的电脑中安装低版本 Windows XP 操作系统，并使用启动菜单修复工具 NTBootAutofix 修复 Windows 7 启动项。其具体操作如下：

资源文件　实例演示 \ 第 6 章 \ 从高版本到低版本安装双操作系统

STEP 01： 查看磁盘分区

启动 Windows 7 操作系统，打开"计算机"窗口，在其中查看磁盘的分区，并确认 Windows XP 操作系统安装在哪个分区。

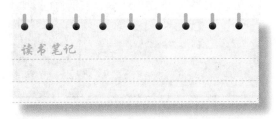

读书笔记

STEP 02： 选择启动顺序选项

重启电脑，进入 BIOS 设置界面，按方向键移动鼠标光标选择"Advanced BIOS Features"选项，按 Enter 键。然后在打开的界面中按 ↓ 键选择"First Boot Device"选项，按 Enter 键。

62
Hours

52
Hours

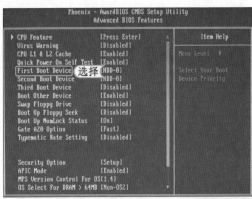

STEP 03： 设置光驱为第一启动项

在打开的"First Boot Device"窗口中按方向键将鼠标光标移到"CDROM"选项上，按 Enter 键确认，然后保存并退出 BIOS。

42
Hours

32
Hours

22
Hours

12
Hours

STEP 04： 选择安装选项

放入 Windows XP 安装光盘，这时将自动运行安装程序，并自动检测电脑设备。自检完成后进入安装界面，按 Enter 键选择安装 Windows XP 操作系统。

提个醒　如果不想继续安装 Windows XP 操作系统，在选择安装选项界面中按 F3 键，即可退出安装。

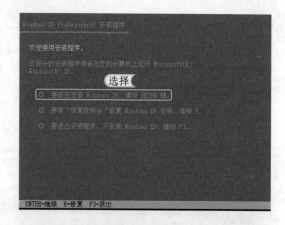

STEP 05： 开始安装操作系统

在打开的界面中按 F8 键同意该协议，然后在打开的界面中选择安装分区，按 Enter 键确认，即可自动进入文件复制的界面复制文件，并进行安装。

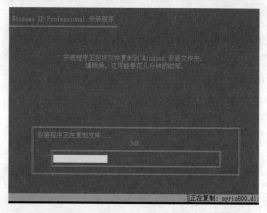

STEP 06： 完成安装

在安装操作系统的过程中需要进行一些设置，按提示进行操作即可，完成操作系统的安装后，将自动进入到安装的操作系统的桌面。

提个醒　安装的操作系统桌面默认的只有一个"回收站"图标，其他图标是需要用户自行添加的。

读书笔记

STEP 07: 启动修复工具

打开保存修复工具的文件夹窗口，双击修复工具
图标 。

> **提个醒** NTBootAutofix 的使用非常方便，可
> 通过在网上搜索下载。除了可修复 Windows 7，
> 还可以修复 Windows Server 2008 的启动菜单。

STEP 08: 开始修复

此时将打开自动修复工具的操作界面，查看说明
及注意文档后，按任意键继续开始进行修复。

读书笔记

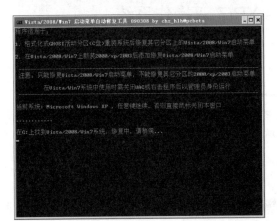

STEP 09: 修复启动项

此时将自动搜索电脑中安装的操作系统，并提示
找到安装的 Windows 7 操作系统。

▌经验一箩筐——安装多操作系统注意事项

在安装多操作系统时，一定要注意不能将当前操作系统安装在已安装操作系统的磁盘分区中。
否则，新安装的操作系统将会覆盖原有操作系统。

62
Hours
▲

52
Hours
▲

42
Hours
▲

32
Hours
▲

22
Hours
▲

12
Hours

STEP 10： 启动菜单管理界面

自动修复启动菜单，完成后将提示按任意键退出。重新启动系统即可看到丢失的 Windows 7 启动项将出现在启动菜单中，选择即可进入该操作系统。

提个醒 若是从低版本到高版本安装双操作系统，安装完成后，则需要对启动项进行修复。

6.1.4 安装 3 个或 3 个以上的操作系统

在电脑中除了可以安装双操作系统外，还可以根据需要安装多操作系统，即同时安装 3 个或 3 个以上的操作系统。其安装方法和安装双操作系统类似，只是需注意不同的安装顺序需采取相应的方法修复启动菜单。如右图所示为安装 Windows XP/7/8 3 个操作系统后出现的启动菜单管理界面。

上机 1 小时 ▶ 安装 Windows XP/7 双操作系统

🔍 巩固从低版本到高版本安装操作系统的方法。

🔍 巩固安装双操作系统的方法。

本例将在已安装有 Windows XP 操作系统的电脑中安装 Windows 7 双操作系统，由于是在低版本中安装高版本操作系统，因此，在 Windows XP 中直接安装或进入 DOS 环境下安装都是可行的。

资源文件 实例演示 \ 第 6 章 \ 安装 Windows XP/7 双操作系统

读书笔记

STEP 01： 选择安装磁盘

登录到 Windows XP 操作系统，在桌面上双击"我的电脑"图标，打开"我的电脑"窗口，选择适合安装 Windows 7 的系统分区，这里选择"本地磁盘 (K:)"选项。

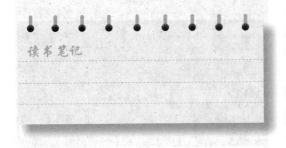

读书笔记

STEP 02： 设置安装选项

1. 将 Windows 7 的安装光盘放入光驱，安装程序将自动运行，此时系统自动加载安装所需的文件，加载完成后在打开的对话框中设置安装选项。
2. 设置完成后单击 下一步(N) 按钮。

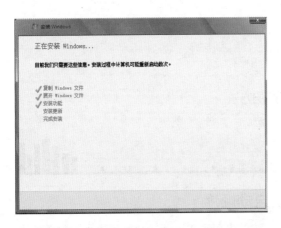

STEP 03： 开始安装

在打开的对话框中单击 现在安装(I) 按钮，使用前面安装双系统的方法继续安装 Windows 7 操作系统，并在"正在安装 Windows…"对话框中显示安装进度。

> **提个醒** 因为多系统的安装方法都大同小异，所以本例不详细讲解，只将重要步骤列出来。

STEP 04： 查看安装设置进度

安装完成后将提示安装程序在重启电脑将继续进行安装，并依次在打开的对话框中进行相应的安装设置，并显示安装设置进度。

> **提个醒** 安装双操作系统或多操作系统也可在虚拟机中实现，只要虚拟机支持，其安装方法与在电脑中安装一样。

127

72☒
Hours

62
Hours

52
Hours

42
Hours

32
Hours

22
Hours

12
Hours

STEP 05： 进入 Windows 7

系统设置完成后重启电脑，将进入系统启动菜单界面，选择"Windows 7"选项，此时将进入 Windows 7 操作系统桌面。

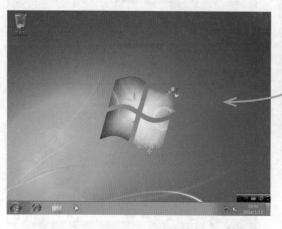

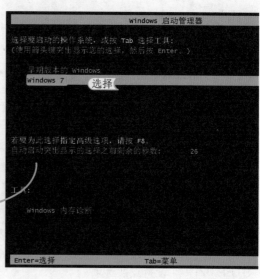

6.2 多操作系统的引导管理

安装多操作系统虽然方便了用户的使用，但其启动菜单容易因受损而失效，因此，了解如何使用多操作系统引导工具管理多操作系统是非常必要的。下面介绍在不同系统中引导管理的知识。

▎▎**学习 1 小时** ▶ - - - - - - -

🔍 掌握在 Windows 7 中管理系统默认启动顺序的方法。

🔍 快速掌握在 Windows 8 中管理启动菜单的方法。

🔍 熟练掌握修改系统启动项名称的方法。

6.2.1 在 Windows 7 中管理系统默认启动顺序

安装双操作系统或多操作系统后，每次启动电脑首先会进入启动菜单管理界面，如果不进行选择，超过默认显示的时间将自动进入默认的操作系统。Windows 操作系统都提供了设置默认启动顺序的功能，因此，通过该功能可以改变系统启动顺序。

下面将在 Windows 7 中通过"系统属性"对话框设置默认启动系统为 Windows 8，并将进入系统的默认时间修改为"30"秒。其具体操作如下：

资源文件 实例演示\第 6 章\在 Windows 7 中管理系统默认启动顺序

STEP 01: 选择"属性"命令

在 Windows 7 操作系统桌面的"计算机"图标 上单击鼠标右键，在弹出的快捷菜单中选择"属性"命令。

提个醒 在 Windows 7/8 操作系统中是在"计算机"图标 上单击鼠标右键，而在 Windows XP 操作系统中是在"我的电脑"图标 上单击。

STEP 02: 单击超级链接

打开"系统"窗口，在左侧单击"高级系统设置"超级链接。

提个醒 在"控制面板"窗口的大图标显示模式下单击"系统"超级链接，也可打开"系统"窗口，在该窗口右侧显示了与计算机相关的基本信息。

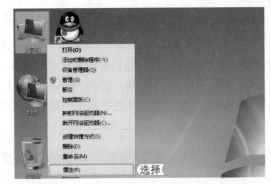

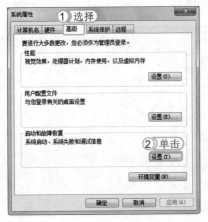

STEP 03: 单击"设置"按钮

1. 打开"系统属性"对话框，默认选择"高级"选项卡。
2. 在"启动和故障恢复"栏中单击 设置(T)... 按钮。

提个醒 在"性能"和"用户配置文件"栏中单击 设置(T)... 按钮，可在打开的对话框中对电脑性能和用户文件等进行设置。

STEP 04: 设置系统启动

1. 打开"启动和故障恢复"对话框，在"默认操作系统"下拉列表框中选择设置为第一启动顺序的操作系统，这里选择"Windows 8 Pro x86"选项。
2. 默认选中 ☑ 显示操作系统列表的时间(T): 复选框，在其后的数值框中输入"30"。
3. 单击 确定 按钮，再在返回的对话框中单击 确定 按钮即可。

6.2.2 在 Windows 8 中管理启动菜单

除了可使用与 Windows 7 相同的方法设置启动顺序外，在 Windows 8 操作系统中还可使用提供的启动菜单管理的功能，对默认启动系统或其他选项进行设置。

下面首先启动电脑，进入 Windows 8 的启动菜单管理界面后，将默认启动项设置为 Windows 7 操作系统，将进入系统的默认时间设置为"5 秒"。其具体操作如下：

> **资源文件** 实例演示 \ 第 6 章 \ 在 Windows 8 中管理启动菜单

STEP 01： 进入启动菜单管理界面

启动电脑，进入 Windows 8 的启动菜单管理界面，通过键盘方向键选择"更改默认值或选择其他选项"选项，按 Enter 键。

STEP 02： 选择所需选项

进入"选项"界面，选择"更改计时器"选项，按 Enter 键。

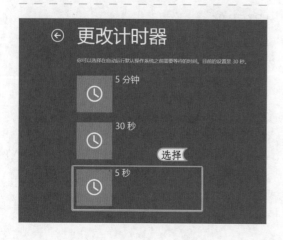

STEP 03： 设置进入系统的等待时间

进入"更改计时器"界面，选择"5 秒"选项，按 Enter 键。

> **提个醒** 该界面中提供的进入系统的等待时间选项较少，如果没有需要的选项，可通过"系统属性"对话框来实现。

STEP 04： 选择默认启动系统

返回"选项"界面，选择"选择默认操作系统"选项，按Enter键，进入"选择默认操作系统"界面后选择"Windows 7"选项，按Enter键。

读书笔记

■ 经验一箩筐——使用魔方电脑大师管理启动菜单

除了可使用系统自带的功能对系统默认启动顺序和等待时间进行设置外，还可使用一些软件来实现，如魔方电脑大师，它是一款强大的优化软件，不仅提供了各种优化功能，还提供了系统设置功能，在其中可对多系统的默认启动顺序、等待时间以及系统启动项名称等进行设置，非常方便。

6.2.3 修改系统启动项名称

在电脑中安装多操作系统后，启动菜单管理界面中的系统名称有些显示的并不是操作系统本身的名称，如"Windows XP"显示为"早期版本的Windows"，此时，为了方便区分，可通过命令提示符功能修改启动菜单管理界面中显示的系统项名称。

下面将在Windows 7中运行"命令提示符"，利用Bcdedit命令行工具将Windows XP原本的名称"早期版本的Windows"修改为"Windows XP"。其具体操作如下：

资源
文件　　实例演示 \ 第6章 \ 修改系统启动项名称

STEP 01： 选择相应命令

在系统桌面左下角单击"开始"按钮，在弹出的菜单中选择【开始】/【所有程序】/【附件】/【命令提示符】命令。

提个醒
　　如果用户登录的账户不是管理员账户，需要在"命令提示符"选项上单击鼠标右键，在弹出的快捷菜单中选择"以管理员身份运行"命令，才能进行相应的操作。

62
Hours

52
Hours

42
Hours

32
Hours

22
Hours

12
Hours

STEP 02： 输入 "bcdedit" 命令

在打开的 "管理员：命令提示符" 窗口中输入 "bcdedit"。

提个醒 bcdedit 是 Windows 7 操作系统中的一个命令行工具，bcdedit/set 命令用于在 Windows 启动配置数据存储中设置启动项选项值。

STEP 03： 查看标识符

按 Enter 键显示系统相关加载项的信息及其标识符。

STEP 04： 修改启动标识符

在窗口末尾输入 "bcdedit/set {ntlar} description 'Windows XP'"，然后再按 Enter 键确认即可。

提个醒 早期版本的 Windows 所对应的标识符为 "{ntlar}"。

STEP 05： 修改后的启动菜单

重启电脑，即可在启动菜单管理界面中查看修改后的效果。

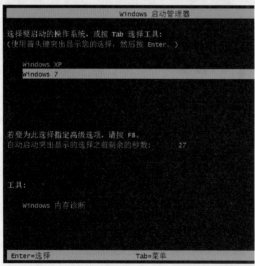

读书笔记

上机1小时 使用魔方电脑大师管理启动菜单

🔍 巩固设置系统默认启动顺序和修改启动项名称的方法。

🔍 进一步掌握使用魔方电脑大师管理启动菜单的方法。

　　本例将使用安装在电脑中的魔方电脑大师管理系统启动菜单。首先使用魔方电脑大师对系统默认启动顺序和等待时间进行设置，然后对启动项名称进行修改。

资源文件　实例演示 \ 第 6 章 \ 使用魔方电脑大师管理启动菜单

STEP 01： 选择所需选项

在电脑系统桌面上双击"软媒 - 魔方电脑大师"快捷方式图标，打开其主界面，在主界面下方的"设置大师"选项上单击。

> **提个醒**　　在魔方电脑大师工作界面中还提供了魔方虚拟光驱功能，使用它可将系统安装映像文件发送到该虚拟光驱中。

STEP 02： 设置等待时间

1. 打开"魔方设置大师"窗口，在左侧选择"多系统设置"选项卡。

2. 在右侧的"操作系统选择等待时间"数值框中设置等待的时间，这里设置为"10"。

3. 单击 修改 按钮。

4. 在打开的"成功"提示对话框中提示修改成功，单击 确定 按钮。

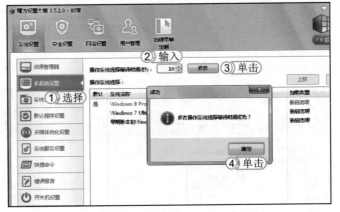

133

72図
Hours

62
Hours

52
Hours

42
Hours

32
Hours

22
Hours

12
Hours

读书笔记

STEP 03: 设置启动项

1. 返回"魔方设置大师"窗口，在"操作系统选择"列表框中选择 Windows 7 选项，单击 设为默认启动项 按钮。
2. 再在列表框中选择"早期版本的 Windows"选项。
3. 单击 修改 按钮。

提个醒   在"操作系统选择"列表框中的选项前出现"是"字样，表示该操作系统为默认启动的操作系统。

STEP 04: 修改名称

1. 打开"编辑操作系统启动项"对话框，在"系统名称"文本框中将名称修改为"Windows XP"。
2. 单击 确定 按钮。

提个醒   如果"操作系统选择"列表框中有无用的启动项，可选择相应的选项，单击 删除 按钮，即可将其从启动菜单管理界面中删除。

STEP 05: 查看效果

返回"魔方设置大师"窗口，在其中的列表框中可查看到设置后的效果。

提个醒   如果有安装的操作系统的启动项未在"操作系统选择"列表框中显示，可单击 添加 按钮，在打开的对话框中设置新建的系统类型、系统名称和系统位置，设置完成后单击 确定 按钮即可。

6.3 多操作系统资源共享

多操作系统安装完毕之后还需要对其进行管理，使其能够更方便地进行使用，其中包括对多操作系统资源的共享、网络资源的共享以及工具软件的共享等，下面分别对这些内容进行详细讲解。

学习1小时

🔍 掌握共享系统资源的方法。　　🔍 掌握共享网络资源的方法。

🔍 快速掌握共享软件的方法。

6.3.1 共享系统资源

安装了多操作系统后，可以共享系统资源以节省硬盘空间，这些系统资源包括"我的文档"文件夹、临时文件、字体文件和虚拟内存等，下面对其操作方法分别进行介绍。

1. 共享"我的文档"文件夹

每个 Windows 操作系统中都有一个"我的文档"文件夹，用于放置用户的文档等资料，它们在不同操作系统中的存放位置是不一样的，通过设置可以将"我的文档"设置到同一磁盘位置，这样在不同操作系统中编辑的文档都可以存放在该磁盘位置下，这样切换操作系统后也可以方便地共享文档。

下面以将 Windows XP 和 Windows 7 操作系统中"我的文档"文件夹都指向 D 盘的"共享资源"文件夹中为例，讲解共享"我的文档"文件夹的方法。其具体操作如下：

资源文件 实例演示\第6章\共享"我的文档"文件夹

STEP 01： 选择"属性"命令

1. 启动电脑并进入 Windows XP 操作系统，单击 开始 按钮。
2. 在弹出的菜单中的"我的文档"命令上单击鼠标右键，在弹出的快捷菜单中选择"属性"命令。

读书笔记

135

72区
Hours

62
Hours

52
Hours

42
Hours

32
Hours

22
Hours

12
Hours

STEP 02: 选择目标位置

1. 在打开的"我的文档 属性"对话框中的"目标文件夹"栏中单击 移动(M)... 按钮。
2. 在打开的"选择一个目标"对话框中的列表框中选择"本地磁盘(D:)"/"共享资源"选项。
3. 单击 确定 按钮。

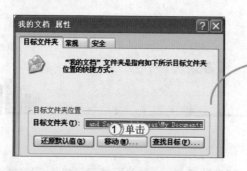

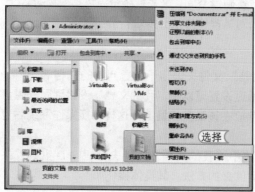

STEP 03: 选择"属性"命令

启动电脑进入 Windows 7 操作系统,在桌面上的用户账户图标上单击鼠标右键,在弹出的快捷菜单中选择"打开"命令,在打开的窗口中的"我的文档"选项上单击鼠标右键,在弹出的快捷菜单中选择"属性"命令。

STEP 04: 设置 Windows 7 目标位置

1. 打开"我的文档 属性"对话框,选择"位置"选项卡。
2. 在其中的文本框中输入相同路径"D:\ 共享资源"。
3. 单击 确定 按钮。

提个醒　也可单击 移动(M)... 按钮,在打开的对话框中设置保存的目标位置。

2. 共享临时文件

　　Windows 操作系统在运行过程中会产生大量临时文件,这些临时文件存放在一个系统文件夹中,通过设置可以将不同操作系统的临时文件都存放在非系统盘的其他磁盘中,不仅便于清理,还可以减少系统盘产生的磁盘碎片。

下面将以 Windows XP 和 Windows 7 用于存放临时文件的文件夹都指向 F 盘中的 "临时文件" 文件夹中。其具体操作如下：

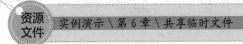
资源文件　实例演示 \ 第 6 章 \ 共享临时文件

STEP 01： 打开 "环境变量" 对话框

1. 启动电脑并进入到 Windows XP 操作系统，在 "我的电脑" 图标上单击鼠标右键，在弹出的快捷菜单中选择 "属性" 命令，在打开的 "系统属性" 对话框中选择 "高级" 选项卡。
2. 然后单击 环境变量(N) 按钮。

提个醒　在 Windows XP 中按 Win+ Pause Break 组合键，也可以打开 "系统属性" 对话框。

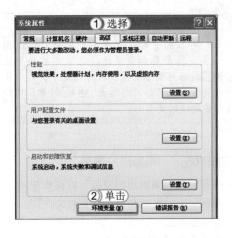

STEP 02： 选择 "TEMP" 选项进行编辑

1. 在打开的 "环境变量" 对话框上方的列表框中选择 "TEMP" 选项。
2. 单击 编辑(E) 按钮。

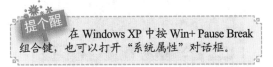

提个醒　在 "环境变量" 对话框中还可以设置系统其他的变量，通过设置可让产生的磁盘碎片易于管理，同时减少系统盘中的垃圾文件。

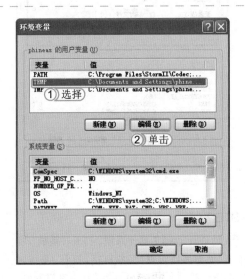

STEP 03： 编辑用户变量

1. 此时将打开 "编辑用户变量" 对话框，在 "变量值" 文本框中输入 "F:\临时文件"。
2. 单击 确定 按钮。

读书笔记

62
Hours

52
Hours

42
Hours

32
Hours

22
Hours

12
Hours

STEP 04： 选择"TMP"变量进行编辑

1. 返回"环境变量"对话框，再在列表框中选择"TMP"选项。
2. 单击下方的 编辑(E) 按钮。

提个醒　　　在"环境变量"对话框中单击 新建(N) 按钮，可在打开的"新建用户变量"对话框中设置变量名称和变量值，设置完成后单击 确定 按钮可新建变量。在对话框中的列表框中选择变量选项后，若单击 删除(D) 按钮，可删除当前选择的变量。

STEP 05： 编辑用户变量

1. 在打开的"编辑用户变量"对话框中的"变量值"文本框中输入"F:\临时文件"。
2. 单击 确定 按钮返回"环境变量"对话框后单击 确定 按钮确认设置即可。

读书笔记

STEP 06： 在 Windows 7 中设置

登录到 Windows 7 操作系统，打开"系统"窗口，单击"高级系统设置"超级链接，打开"系统属性"对话框，单击 环境变量(N)... 按钮，在打开的"环境变量"对话框中使用设置 Windows XP 环境变量的方法进行设置即可。

提个醒　　　在 Windows 8 操作系统中设置环境变量的方法与在 Windows XP 中设置环境变量的方法类似。

3. 共享字体文件

通常字体文件会占用较多的磁盘空间，尤其是在多操作系统中都需要使用各种字体，会添加多个相同的字体到不同的系统盘中，从而占用了大量磁盘空间。解决的办法是在其他非系统盘建立一个文件夹来存放所有的字体文件，然后在不同的操作系统中分别创建快捷方式，达到共享字体文件资源的目的。

下面将在 F 盘新建一个"字体"文件夹，并将需要安装的字体复制到新建的文件夹中，然后将其共享到 Windows 7 中。其具体操作如下：

 资源文件 实例演示 \ 第 6 章 \ 共享字体文件

STEP 01： 复制字体

进入 Windows XP，在非系统分区建立一个存放字体的文件夹，如"F:\字体"，将要安装的新字体复制到该文件夹中。

提个醒 在非系统分区建立字体文件夹的目的是防止因为要卸载某个系统而误删掉所有系统共享的字体文件。

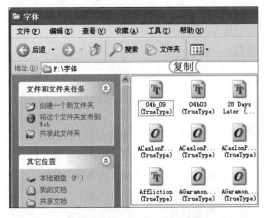

STEP 02： 选择"安装新字体"命令

进入安装 Windows XP 的系统盘。打开 Windows 下的 Fonts 文件夹，选择【文件】/【安装新字体】命令。

提个醒 安装新字体时也可以直接将字体文件复制到 Windows 下的 Fonts 文件夹下，其效果与选择命令是一样的。

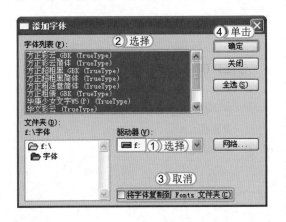

STEP 03： 添加字体

1. 在打开的"添加字体"对话框中的"驱动器"下拉列表框中选择字体所在的分区，在左侧列表框中双击打开"字体"文件夹。
2. 在"字体列表"列表框中选择需要安装的字体。
3. 取消选中下方的 将字体复制到 Fonts 文件夹(C) 复选框。
4. 单击 确定 按钮，便可安装字体的快捷方式。

139

72☒
Hours

62
Hours
▲

52
Hours
▲

42
Hours
▲

32
Hours
▲

22
Hours
▲

12
Hours

STEP 04： 完成字体的安装

字体安装完成后，在 Fonts 文件夹中将显示安装的字体快捷方式。

STEP 05： 打开"控制面板"窗口

进入 Windows 7 操作系统，单击"开始"按钮 ▓，在弹出的"开始"菜单中选择"控制面板"命令，打开"控制面板"窗口，单击"外观和个性化"超级链接。

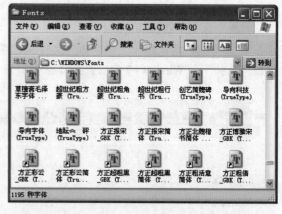

STEP 06： 单击超级链接

在打开的"外观和个性化"窗口中单击"更改字体设置"超级链接。

提个醒 在"外观和个性化"窗口中单击"预览、删除或者显示和隐藏字体"超级链接，在打开的窗口中可预览电脑中安装的字体。

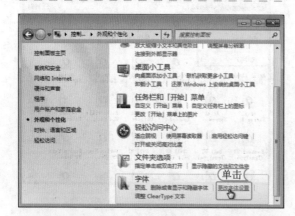

STEP 07： 字体设置

1. 打开"字体设置"窗口，在"安装设置"栏中选中 ☑允许使用快捷方式安装字体(高级)(A) 复选框。
2. 单击 确定 按钮。

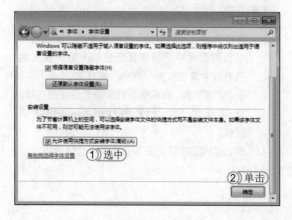

STEP 08: 安装字体

打开保存有字体文件的"F:\字体"目录，选择要共享的字体文件，然后单击鼠标右键，在弹出的快捷菜单中选择"作为快捷方式安装"命令，便可安装字体。

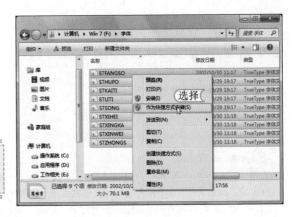

提个醒 在 Windows 7 操作系统中，单击"开始"按钮 💮，在弹出的菜单"搜索"框中输入"字体"，可直接搜索到"字体"文件夹，单击即可打开。

4. 共享虚拟内存

虚拟内存是系统中占用空间较多的一项，特别是当电脑中安装了多个操作系统后，每个操作系统都有虚拟内存文件（位于该系统所在分区的隐藏文件夹 pagefile.sys），这些文件浪费了大量的磁盘空间。为了减少磁盘的占用空间，用户在多操作系统中可以通过设置让多个系统共享一个虚拟内存文件。

下面将 Windows XP 和 Windows 7 用于存放临时文件的文件夹都指向 F 盘中。其具体操作如下：

资源文件 实例演示 \ 第 6 章 \ 共享虚拟内存

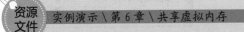

STEP 01: "系统属性"对话框

在 Windows XP 操作系统桌面"我的电脑"图标 💮 上单击鼠标右键，在弹出的快捷菜单中选择"属性"命令。在打开的"系统属性"对话框中单击"性能"栏下的 **设置(S)** 按钮。

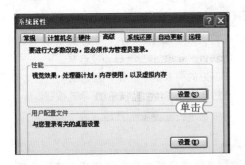

STEP 02: "性能选项"对话框

1. 在打开的"性能选项"对话框中选择"高级"选项卡。
2. 单击下方的 **更改(C)** 按钮。

读书笔记

141

72 图
Hours

62
Hours

52
Hours

42
Hours

32
Hours

22
Hours

12
Hours

STEP 03： 设置虚拟文件位置

1. 打开"虚拟内存"对话框,在列表框中选择非系统分区,这里选择"F"选项。
2. 选中 ⊙系统管理的大小(Y) 单选按钮。
3. 单击 确定 按钮确认设置。

> **提个醒** 在"虚拟内存"对话框中选中 ⊙自定义大小(C) 单选按钮,在"初始大小"和"最大值"文本框中设置相应的值,可自定义设置虚拟内存的大小。

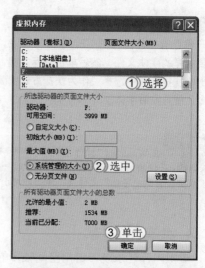

STEP 04： 更改虚拟内存

1. 进入 Windows 7 操作系统,打开"系统属性"对话框,选择"高级"选项卡,单击"性能"栏中的 设置(S) 按钮。在打开的"性能选项"对话框中选择"高级"选项卡。
2. 单击 更改(C)... 按钮。

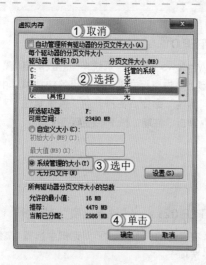

STEP 05： 设置虚拟内存

1. 在打开的"虚拟内存"对话框中取消选中 ☐自动管理所有驱动器的分页文件大小(A) 复选框。
2. 在下方的列表框中选择 F 盘选项。
3. 然后选中 ⊙ 系统管理的大小(Y) 单选按钮。
4. 再依次单击 确定 按钮。

> **提个醒** 通常可设置虚拟内存的最小值为物理内存的 1.5 倍左右,最大值为 2.5~3 倍左右。如电脑的内存为 1GB(1024MB),其虚拟内存应设置为"1536~3072MB"。

6.3.2 共享网络资源

在多操作系统中,还可以对网络资源进行共享,其中包括共享 IE 收藏夹以及 Cookies 文件,下面分别进行讲解。

1. 共享IE收藏夹

各个操作系统中的 IE 浏览器位于各自系统目录下,因此,在一个系统的 IE 中访问过的网站资源,如收藏夹中的内容,无法在另一个系统的 IE 中使用,可以用下面的方法让多操作系统共享 IE 收藏夹。

下面将在 Windows 7 操作系统中共享 Windows 8 操作系统中的 IE 收藏夹。其具体操作如下：

资源文件 实例演示 \ 第 6 章 \ 共享 IE 收藏夹

STEP 01： 双击 Windows 8 操作系统盘

进入 Windows 7 操作系统，打开"计算机"窗口，双击 Windows 8 操作系统盘图标，这里双击"本地磁盘（H）"选项。

读书笔记

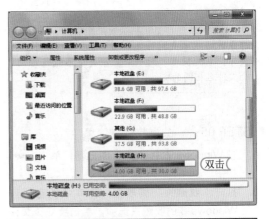

STEP 02： 复制 Windows 8 的收藏夹

1. 在打开的 H 盘窗口中依次双击"用户 \ Administrator（用户名）"文件夹，打开 Windows 8 操作系统的用户窗口，选择"收藏夹"选项。
2. 单击鼠标右键，在弹出的快捷菜单中选择"复制"命令。

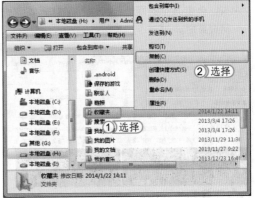

STEP 03： 打开 Windows 7 收藏夹

返回"计算机"窗口，双击 Windows 7 操作系统盘磁盘 C 选项，打开 C 盘窗口后，依次双击"用户 /Administrator"文件夹，在打开的窗口中双击"收藏夹"选项。

读书笔记

143

72图
Hours

62
Hours

52
Hours

42
Hours

32
Hours

22
Hours

12
Hours

STEP 04： 粘贴 "Favorites" 文件夹

在打开的窗口空白区域单击鼠标右键，在弹出的快捷菜单中选择 "粘贴" 命令，将 Windows 8 操作系统的收藏夹粘贴到 Windows 7 操作系统的收藏夹中。

> **提个醒** 不能将 Windows XP 或 Windows 8 操作系统的收藏夹同时复制到 Windows 7 的收藏夹中，系统提示，同一个文件夹中不能包含两个文件名相同的文件。

STEP 05： 共享收藏夹信息

1. 在 Windows 7 中启动 IE 浏览器，单击 收藏夹 按钮。
2. 打开 "收藏夹" 列表框，在其中便可看到 Windows 8 的收藏夹选项，单击展开该文件夹。单击其中的网址链接，即可打开收藏的网页页面。

▌ 经验一箩筐——快速打开 Windows XP 收藏夹保存位置

在 "计算机" 窗口的地址栏中输入 "D:\Documents and Settings\Administrator"，可直接打开 Windows XP 收藏夹的保存位置。

---

2. 共享cookies文件夹

在 Windows 操作系统中浏览网页之后会自动生成 cookies 文件来记录有关网页信息，而这些文件也是可以共享的，可以起到辅助上网的效果。其共享方法都是大同小异，只需将每个操作系统的 cookies 文件夹指向相同的位置即可。

下面在 Windows 7 操作系统中将 cookies 文件夹指定到 I 盘的 "cookies 文件" 文件夹中，利用类似方法，将 Windows XP 或 Windows 8 操作系统的 cookies 文件夹指定到相同的位置。其具体操作如下：

STEP 01： 选择 "Internet 选项" 命令

进入 Windows 7 操作系统，在桌面上双击 IE 浏览器快捷图标 ，启动 IE 浏览器，选择【工具】/【Internet 选项】命令。

提个醒　　Windows XP 中默认的 IE 浏览器版本为 6.0；Windows 7 默认的 IE 浏览器版本为 8.0；而 Windows 8 默认的 IE 浏览器版本为 10.0。每个版本的工作界面和自带的功能会有所不同，但其操作大同小异。

STEP 02： 单击 "设置" 按钮

打开 "Internet 选项" 对话框，在 "浏览历史记录" 栏中单击 设置(S) 按钮。

提个醒　　在 "Internet 选项" 对话框的 "浏览历史记录" 栏中选中 ☑ 退出时删除浏览历史记录(W) 复选框，再单击 确定 按钮，可在退出 IE 浏览器的同时，删除网页浏览历史记录。

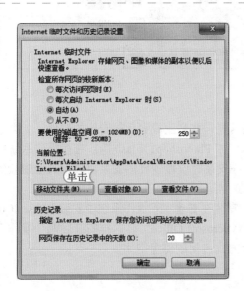

STEP 03： 单击 "移动文件夹" 按钮

在打开的 "Internet 临时文件和历史记录设置" 对话框中的 "当前位置" 栏中可以看到 IE 缓存文件的保存位置，单击 移动文件夹(M)... 按钮。

提个醒　　使用 IE 浏览器浏览网页后，默认将浏览的网页保存在历史记录中，且默认保存的天数一般为 20 天，如果用户想保存更久，可在 "Internet 临时文件和历史记录设置" 对话框中的 "网页保存在历史记录中的天数" 数值框中输入要保存的天数，再单击 确定 按钮即可。

62
Hours

52
Hours

42
Hours

32
Hours

22
Hours

12
Hours

STEP 04： 指定目标文件夹

1. 在打开的"浏览文件夹"对话框中指定到其他共享位置，单击 **确定** 按钮。

2. 返回上一级对话框单击 **确定** 按钮应用设置，然后利用相同的设置方法，将其他操作系统的 cookies 文件夹指定到新的共享位置，实现多系统共享 cookies 文件。

读书笔记

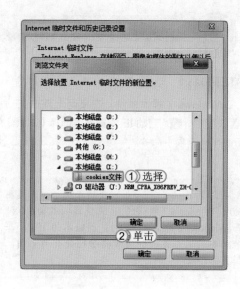

6.3.3 共享软件

通常在安装了双操作系统后还需要在每个操作系统中安装相应的软件，这样会造成大量的磁盘空间浪费。在双操作系统中，为了使软件占用的磁盘空间降到最低，可以共享应用软件，使其在每个操作系统中都能正常运行。软件分为绿色软件和非绿色软件两种，下面分别对其共享方法进行讲解。

1. 共享绿色软件

绿色软件是指不会在注册表中修改任何键值，也不会往系统文件夹中写入任何文件。对于多操作系统来说，无论进入哪个操作系统中，都只需打开存放绿色软件的文件夹，再双击可执行文件便可运行。如功能强大的 FlashFXP 软件，便是一款绿色软件，直接双击其安装程序即可启动该软件进行使用。

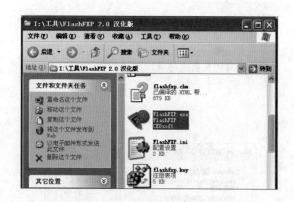

2. 共享非绿色软件

非绿色软件需要运行其安装程序进行安装，通常是一些商业或者比较专业的软件，如办公软件 Office 2010 等，一些绿色软件也有非绿色版本，如 Photoshop、Flash 等。在多操作系统中为了避免每个操作系统中重复安装相同软件，可以在安装时设置软件的安装目录到其他磁盘的同一位置，这样安装后两个操作系统中的软件都能正常运行，还可节省部分磁盘空间。

如在 Windows 7（安装在 C 盘）和 Windows 8（安装在 E 盘）双操作系统中安装 Office 2010 时，修改其各自的安装路径都为 "G:\Program Files\Microsoft Office"，这样安装后两个操作系统中的 Office 2010 都能正常运行，并且比默认安装方式占用的磁盘空间少了一半。

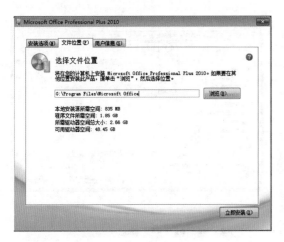

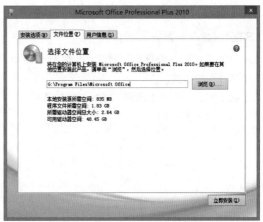

上机 1 小时 ▶ 共享多操作系统资源

🔍 巩固共享"我的文档"文件夹的方法。

🔍 巩固共享临时文件和字体文件的方法。

🔍 巩固共享 cookies 文件夹和收藏夹的方法。

资源文件 实例演示 \ 第 6 章 \ 共享多操作系统资源

本例将在 Windows 8 操作系统中将"我的文档"文件夹、临时文件和 cookies 文件夹进行共享，分别将保存位置都移至 I 盘相应的文件夹中，并将 Windows 7 操作系统中的收藏夹共享到 Windows 8 中。然后在其他操作系统中进行类似的操作即可。

STEP 01: 选择"我的文档"选项

1. 启动电脑并进入 Windows 8 操作系统，打开"计算机"窗口，双击"本地磁盘（H:）"选项，在打开的窗口中依次双击"用户"/Adminstrator 选项，再在打开的窗口中选择"我的文档"选项。

2. 选择【主页】/【打开】组，单击"属性"按钮 。

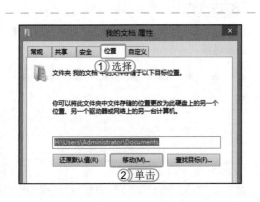

STEP 02: 打开属性对话框

1. 打开"我的文档 属性"对话框，选择"位置"选项卡。

2. 单击 移动(M)... 按钮。

STEP 03： 设置目标位置

1. 打开"选择一个目标"对话框，在地址栏中选择保存位置。
2. 在中间的列表框中选择"我的文档"选项。
3. 单击 选择文件夹 按钮。

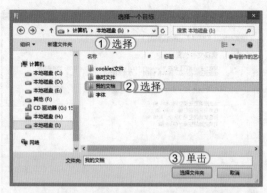

STEP 04： 确认移动文件夹

1. 返回"我的文档 属性"对话框，在其中的文本框中显示了设置的位置，单击 确定 按钮。
2. 打开"移动文件夹"提示对话框，提示是否要将所有的文件从原位置移动到新位置，单击 是(Y) 按钮。

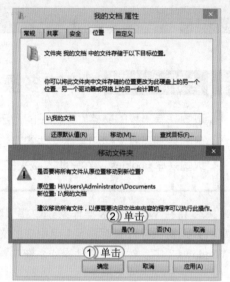

提个醒
　　如果想将设置的新位置恢复到原位置，可直接在"我的文档 属性"对话框中单击 还原默认值(R) 按钮，再单击 确定 按钮即可。

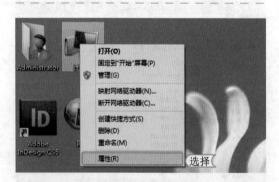

STEP 05： 选择"属性"命令

关闭对话框，返回系统桌面，在"计算机"图标 上单击鼠标右键，在弹出的快捷菜单中选择"属性"命令。

STEP 06： 单击超级链接

打开"系统"窗口，在左侧单击"高级系统设置"超级链接。

读书笔记

STEP 07： 打开"环境变量"对话框

1. 在打开的"系统属性"对话框中选择"高级"选项卡。
2. 单击 环境变量(N)... 按钮。

提个醒 打开"系统属性"对话框后，将默认选择"计算机名"选项卡，在其中显示了关于该台电脑的相关信息。

STEP 08： 编辑 TEMP 用户变量

1. 在打开的"环境变量"对话框上方的列表框中选择"TEMP"选项。
2. 单击 编辑(E)... 按钮。
3. 此时将打开"编辑用户变量"对话框，在"变量值"文本框中输入"I:\临时文件"。
4. 单击 确定 按钮。

提个醒 在"系统属性"对话框的"高级"选项卡中还提供了系统变量，在"系统变量"列表框中选择相应的选项，也可使用编辑用户变量的方法编辑系统变量选项。

STEP 09： 编辑 TMP 用户变量

1. 返回"环境变量"对话框，再在列表框中选择"TMP"选项。
2. 单击下方的 编辑(E)... 按钮。
3. 此时将打开"编辑用户变量"对话框，在"变量值"文本框中输入"I:\临时文件"。
4. 依次单击 确定 按钮确认，并关闭对话框。

提个醒 在"系统属性"对话框中除了可对用户变量和系统变量进行编辑外，还可对其进行新建和删除操作。

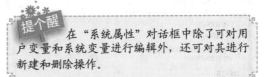

读书笔记

STEP 10： 选择 "Internet 选项" 选项

1. 在任务栏快速启动区中单击 e 图标，启动 IE 浏览器，在其工作界面右侧单击 "工具" 按钮 ⚙。
2. 在弹出的下拉列表中选择 "Internet 选项" 选项。

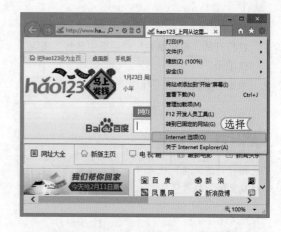

STEP 11： "Internet 选项" 对话框

打开 "Internet 选项" 对话框，在 "浏览历史记录" 栏中单击 设置(S) 按钮。

读书笔记

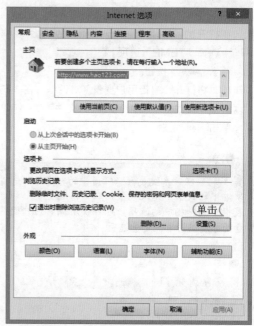

网站数据设置

Internet 临时文件 | 历史记录 | 缓存和数据库

Internet Explorer 存储网页、图像和媒体的副本以便以后快速查看。

检查所存储的页面的较新版本：
- ○ 每次访问网页时(E)
- ○ 每次启动 Internet Explorer 时(S)
- ● 自动(A)
- ○ 从不(N)

使用的磁盘空间(8-1024MB))(D)   250
(推荐：50-250MB)

当前位置：
H:\Users\Administrator\AppData\Local\Microsoft\Windows\
Temporary Internet Files\

移动文件夹(M)... | 查看对象(O) | 查看文件(V)

单击

确定 | 取消

STEP 12： 网络数据设置

打开 "网站数据设置" 对话框，默认选择 "Internet 临时文件" 选项卡，单击 移动文件夹(M)... 按钮。

提个醒 在 "网络数据设置" 对话框中选择 "历史记录" 选项卡，在其中可对在历史记录中保存网页的天数进行设置。

STEP 13： 设置保存位置

1. 打开"浏览文件夹"对话框，在其中设置保存的位置，这里选择"cookies 文件"选项。

2. 依次单击 确定 按钮，并关闭对话框。

读书笔记

STEP 14： 粘贴收藏夹

复制 Windows 7 操作系统中的收藏夹，切换到 Windows 8 的收藏夹窗口中，在空白区域单击鼠标右键，在弹出的快捷菜单中选择"粘贴"命令。

提个醒　在窗口中按 Ctrl+C 组合键可复制对象；按 Ctrl+X 组合键可剪切对象；按 Ctrl+V 组合键可粘贴对象。

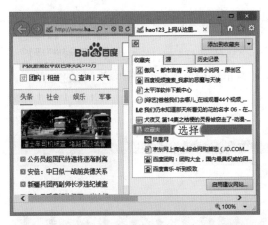

STEP 15： 展开"收藏夹"选项

然后启动 IE 浏览器，在其工作界面中单击★按钮，在弹出的下拉列表中即可看到 Windows 7 中的收藏夹，选择"收藏夹"选项，可将其展开。

提个醒　单击★按钮后，在弹出的下拉列表中选择"历史记录"选项卡，在其中可查看到最近浏览的网页历史记录。

STEP 16： 打开网页

展开"收藏夹"选项后，选择其中某一个选项，可打开相应的网页，如选择"京东网上商城 - 综合网购首选"选项，可打开京东网上商城网页。然后使用相同的方法将其他系统的"我的文档"文件夹、临时文件和 cookies 文件夹的保存位置都移至 I 盘相应的文件夹中，完成本例的制作。

62
Hours

52
Hours

42
Hours

32
Hours

22
Hours

12
Hours

6.4 练习 1 小时

本章主要介绍了安装多操作系统、多操作系统引导管理和多操作系统资源共享的方法，用户要想在日常工作中熟练使用它们，还需再进行巩固练习。下面以安装 Windows 8/7 双操作系统和 Windows 7/Windows 8 共享"我的文档"文件夹为例，进一步巩固这些知识的使用方法。

1. 安装 Windows 8/7 双操作系统

本例将在 Windows 8 操作系统中安装 Windows 7 操作系统，以组成双系统。首先进入 Windows 8 操作系统，选择 Windows 7 操作系统的安装盘后，运行 Windows 7 操作系统的安装程序，安装完成后使用 NTBootAutofix 修复工具修复 Windows 8 的启动项。如右图所示为安装双系统后的启动菜单界面。

> **资源文件**　实例演示 \ 第 6 章 \ 安装 Windows 8/7 双操作系统

2. Windows 7/Windows 8 共享"我的文档"文件夹

本例将 Windows 7 和 Windows 8 操作系统中"我的文档"文件夹都指向非系统盘 G 盘的"Documents"文件夹中，实现 Windows 7 和 Windows 8 操作系统共享"我的文档"文件夹。

> **资源文件**　实例演示 \ 第 6 章 \Windows 7/Windows 8 共享"我的文档"文件夹

读书笔记

系统
72 HOURS

安装驱动程序和常用软件

第 7 章

学习 2 小时

● 安装硬件驱动程序
● 安装常用软件

在安装完成操作系统后，为了使电脑的相关硬件能正常使用就需要安装驱动程序。此外，用户想使用电脑办公、娱乐还需在电脑中安装一些常用的软件。

上机 4 小时

7.1 安装硬件驱动程序

在电脑中安装好操作系统后，还需要安装各硬件的驱动程序，以保证各驱动程序在电脑中正常运行。下面将对驱动程序的基础知识和安装常用硬件设备驱动程序的方法进行详细讲解。

学习1小时

- 🔍 了解驱动程序的分类以及获取方法。
- 🔍 熟练掌握安装显卡驱动程序的方法。
- 🔍 熟练掌握安装声卡驱动程序的方法。
- 🔍 掌握安装打印机驱动程序的方法。
- 🔍 快速掌握升级硬件驱动程序的方法。

7.1.1 驱动程序的分类

驱动程序（Device Driver）的全称为"设备驱动程序"，它是一种可以使计算机和设备通信的特殊程序，相当于硬件的接口，操作系统只有通过这个接口，才能控制硬件设备的工作，假如某设备的驱动程序未能正确安装，便不能正常工作。因此，安装驱动程序是硬件设备正常运行的前提。

驱动程序分为官方正式版、微软 WHQL 认证版、第三方驱动、修改版和 Beta 测试版等几种版本，用户应根据自己的需要及硬件的情况下载不同的版本进行安装。其各版本的特点分别介绍如下。

🔑 **官方正式版**：由硬件厂商开发，并经过反复测试、修正，最终通过官方渠道发布出来的正式版驱动程序，具有最大的兼容性，适合使用该硬件的所有产品。因此，推荐普通用户使用官方正式版。

🔑 **微软 WHQL 认证版**：WHQL（Windows Hard-ware Quality Labs，Windows 硬件质量实验室）主要负责测试硬件驱动程序的兼容性和稳定性，验证其是否能在 Windows 系列操作系统中稳定运行。该版本的特点就是通过了 WHQL 认证，最大限度地保证了操作系统和硬件的稳定运行。可网上下载该版本驱动使用。

🔑 **第三方驱动**：由硬件厂商为其生产的产品量身定做的驱动程序，这类驱动程序会根据具体硬件产品的功能进行改进，并加入一些调节硬件属性的工具，最大限度地提高该硬件产品的性能。

🔑 **修改版**：是由硬件爱好者对官方正式版驱动程序进行改进后产生的版本，其目的是使硬件设备的性能达到最佳，不过其兼容性和稳定性要低于官方正式版和微软 WHQL 认证版驱动程序。

🔑 **Beta 测试版**：硬件厂商在发布正式版驱动程序前会提供测试版驱动程序供用户测试，这类驱动分为 Alpha 版和 Beta 版，其中 Alpha 版是厂商内部人员自行测试版本，Beta 版是公开测试版本。此类驱动程序的稳定性未知。

7.1.2 驱动程序的获取

驱动程序主要可通过附赠光盘、驱动软件和网站下载这 3 种方式获取，下面分别对这 3 种获取驱动程序的途径进行介绍。

1. 通过附赠光盘获取

在购买硬件设备时，其包装盒内通常会带有一张驱动程序安装光盘。一般情况下，将光盘放入光驱后，会自动打开一个安装界面来引导用户安装相应的驱动程序。

2. 通过网络下载

网站下载是获取驱动程序的一种常用方式，通过网站下载不仅方便，而且可以获得最新的驱动，一般通过网站下载有两种方式，一种是从硬件厂商官方网站下载，另一种是从各大软件网站进行下载，但下载时，需要注意驱动程序支持的操作系统类型和硬件的型号。如右图所示为驱动之家网站（http://drivers.mydrivers.com）的驱动程序下载页面。

3. 通过驱动软件下载

驱动软件是驱动程序专业管理软件，它可以自动检测电脑中安装的硬件，并搜索相应的驱动程序，供用户下载并安装，使用驱动软件不用刻意区分硬件并搜索驱动，也不用到各个网站分别下载不同硬件的驱动，通过其中的一键安装方式便可轻松实现驱动程序的安装，十分方便。如下图所示为"驱动精灵"的驱动管理界面。

155

72☒
Hours

62
Hours

52
Hours

42
Hours

32
Hours

22
Hours

12
Hours

7.1.3 安装显卡驱动程序

显卡是电脑处理图形图像最重要的硬件设备，它的性能决定了显示的画面效果，而只有正确地安装了显卡驱动才能保证显卡的正常工作。下面以从显卡的驱动安装光盘安装英特尔显卡驱动程序为例进行介绍。其具体操作如下：

资源文件　实例演示 \ 第 7 章 \ 安装显卡驱动程序

STEP 01： 运行安装显卡驱动程序

启动电脑，将英特尔显卡驱动安装光盘放入光驱中，然后双击安装程序，在打开的对话框中单击 Next > 按钮。将打开一个对话框，在其中显示了提取安装文件的进度。

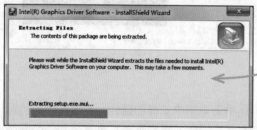

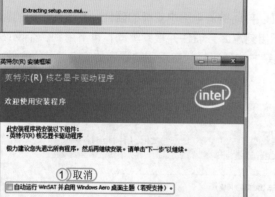

STEP 02： 欢迎使用安装程序

1. 提取英特尔显卡安装文件完成后，打开"欢迎使用安装程序"对话框，取消选中
　　☐ 自动运行 WinSAT 并启用 Windows Aero 桌面主题（若受支持）
　　复选框。
2. 单击 下一步(N) > 按钮。

STEP 03： 接受许可协议

打开"许可协议"对话框，阅读列表框中的许可协议，完成后单击 是(Y) 按钮。

提个醒　　若在"许可协议"对话框中单击 否(N) 按钮，将表示不同意许可协议，并且会自动退出安装。

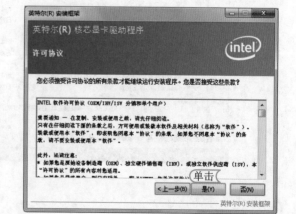

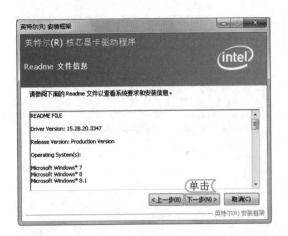

STEP 04： 查看文件信息

打开"Readme 文件信息"对话框，在其中的列表框中可查看到系统要求和安装信息，完成后单击 下一步(N)> 按钮。

读书笔记

STEP 05： 查看安装进度

开始安装英特尔显卡驱动程序，并在打开的"安装进度"对话框中显示安装进度，安装完成后单击 下一步(N)> 按钮。

提个醒 在"安装进度"对话框中只有安装操作执行完成后，下一步(N)> 按钮才会被激活。

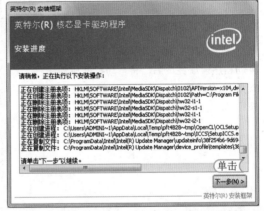

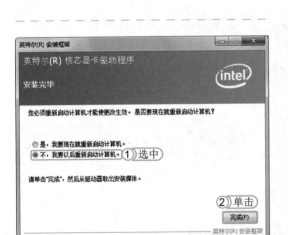

STEP 06： 完成安装

1. 在打开的"安装完毕"对话框中选中 ◉不，我要以后重新启动计算机。单选按钮。

2. 单击 完成(F) 按钮。

提个醒 在"安装完成"对话框中选中 ◉是，我要现在就重新启动计算机。单选按钮，表示将立刻重启电脑，使安装生效。如果用户还要接着安装其他驱动程序，可等所有驱动程序安装完成后再重启电脑，这样就可避免多次重启电脑，以节约时间。

7.1.4 安装声卡驱动程序

安装操作系统后，必须要安装声卡驱动程序，且安装的声卡驱动程序的型号与电脑匹配，电脑才能正常发出声音。下面将使用保存在电脑中的 Realtek 音效驱动程序进行安装。其具体操作如下：

资源文件 实例演示＼第7章＼安装声卡驱动程序

62
Hours
▲

52
Hours
▲

42
Hours
▲

32
Hours
▲

22
Hours
▲

12
Hours
▲

STEP 01: 读取安装程序

双击电脑中的"Realtek 音效驱动"程序，将开始读取安装程序，并在打开的对话框中显示读取安装程序的进度。

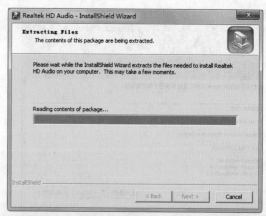

提个醒 如果是使用光盘安装声卡驱动程序，可能声卡、网卡和显卡都在一张光盘中，所以安装时会打开一个选择界面，选择需要安装的声卡驱动程序即可进行安装。

STEP 02: 打开欢迎界面

驱动程序读取完成后，将自动打开驱动程序安装的欢迎界面对话框，直接单击 下一步(N) > 按钮。

STEP 03: 查看安装进度

安装程序会自动开始安装声卡的驱动，并显示安装进度。

提个醒 安装显卡和网卡时，只需按照安装声卡的方法进行操作即可。

STEP 04: 完成安装

1. 安装完成后，在打开的"维护完成"对话框中选中 ⊙ 是，立即重新启动计算机 单选按钮。
2. 单击 完成 按钮，电脑将重新启动，完成声卡驱动程序的安装。

提个醒 在"维护完成"对话框中若选中 ⊙ 否，稍后再重新启动计算机 单选按钮，将不会立即重启电脑，只有执行了重启操作后才会执行。

7.1.5 安装打印机驱动程序

在电脑中除了安装一些内部硬件驱动程序外，有时还需要安装一些外部辅助硬件设备的驱动程序，如打印机、扫描仪、传真机、投影仪和一体机等外部硬件辅助设备的驱动程序，只有安装了驱动程序，连接了这些设备后，才能使用它们帮助用户快速完成某项工作。

下面将在电脑中安装 HP LaserJet P2050 系列打印机的驱动程序。其具体操作如下：

 实例演示\第7章\安装打印机驱动程序

STEP 01： 开始安装

在电脑中双击获取的打印机安装程序，打开正在抽取文件对话框，在其中显示了抽取进度，完成后打开"欢迎使用"对话框，单击 开始安装 按钮。

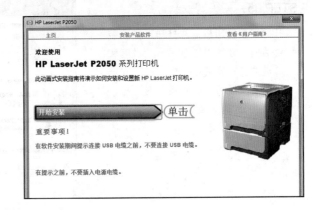

提个醒 在安装驱动程序时，需要拔掉打印机连接电脑的一端，在安装过程中提示插入时，才能进行连接。

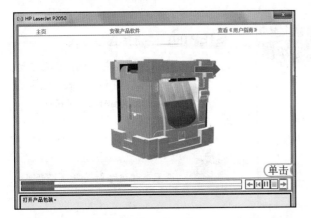

STEP 02： 安装打印机的准备

打开安装准备的对话框，开始准备，当对话框下方右侧从左至右第5个按钮变成 ➡ 按钮时，单击该按钮，进入到下一步准备工作中。

提个醒 在安装准备对话框中单击 ⬅ 按钮可返回到上一步准备中；单击 ⏸ 按钮，将会暂停安装。

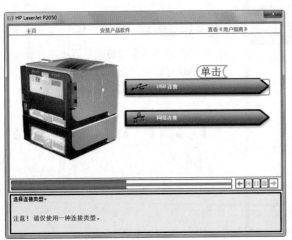

STEP 03： 选择连接类型

完成后再次单击 ➡ 按钮，直到完成所有的准备工作。准备工作完成后，在打开的对话框中选择打印机连接类型，这里单击 USB连接 按钮。

提个醒 若电脑中连接了网络，可单击 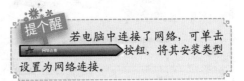 按钮，将其安装类型设置为网络连接。

159
72图 Hours
62 Hours
52 Hours
42 Hours
32 Hours
22 Hours
12 Hours

STEP 04： 安装打印机

在打开的对话框中单击 安装产品软件 按钮，将打开打印机安装对话框，单击 安装(I) 按钮。

STEP 05： 设置安装方式

1. 开始安装打印机，并打开正在安装对话框，在其中显示了当前进度和总进度。在安装过程中将打开"选择简易安装或高级安装"对话框，在其中选择安装方式，这里选中 ⦿简易安装(推荐)(E) 单选按钮。

2. 单击 下一步(N) > 按钮。

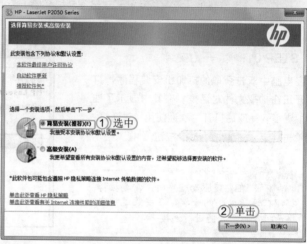

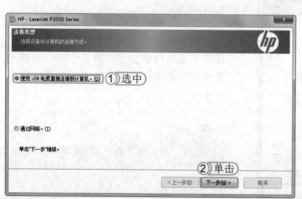

STEP 06： 选择连接方式

1. 打开"连接类型"对话框，在其中选择打印机与电脑的连接方式，这里选中 ⦿使用 USB 电缆直接连接到计算机 单选按钮。

2. 单击 下一步(N) > 按钮。

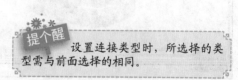

提个醒　　设置连接类型时，所选择的类型需与前面选择的相同。

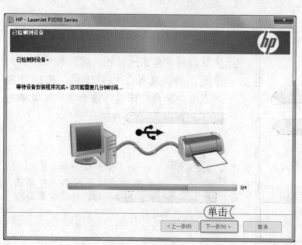

STEP 07： 连接设备

在打开的对话框中将提示连接电源设备，并启动打印机，连接 USB 电缆。连接成功后将激活 下一步(N) > 按钮，单击该按钮。

读书笔记

STEP 08： 完成安装

在打开的对话框中将提示软件安装完成，单击 退出(X) 按钮退出软件安装窗口。

读书笔记

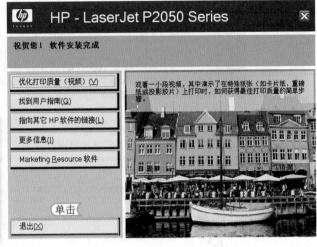

7.1.6 升级硬件的驱动程序

在安装了硬件设备之后，仍然可以将其驱动程序升级到最新版本以使硬件获得更好的性能。通常是从硬件厂商的官方网站上下载最新的驱动程序来进行安装升级。除此之外，用户也可通过设备管理器和驱动管理软件来进行更新，其方法下面将进行详细讲解。

1. 通过设备管理器更新

用户可打开电脑的设备管理器，在其中选择某个硬件设备，然后通过系统自动搜索完成更新。其方法是：在桌面的"计算机"图标 上单击鼠标右键，在弹出的快捷菜单中选择"设备管理器"命令，打开"设备管理器"窗口，该窗口中显示了电脑中的所有硬件，双击需升级驱动程序的设备，在展开的选项上单击鼠标右键，在弹出的快捷菜单中选择"更新驱动程序软件"命令，打开"您想如何搜索驱动程序软件"对话框，选择"自动搜索更新的驱动程序软件"选项，系统开始自动搜索并安装该硬件适合的更新驱动程序。

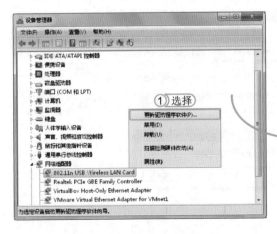

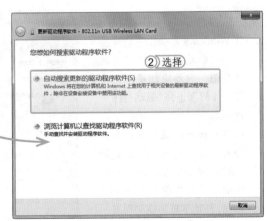

2. 使用驱动管理软件安装更新

驱动管理软件的好处是它将自动对当前的常用驱动进行检测，并提示用户进行更新的选项，相对于通过设备管理器更新更加方便。如使用驱动精灵软件更新驱动程序，启动驱动精灵，在工作界面中选择"驱动"选项卡，软件自动检测常用硬件的更新信息，并显示需要更新的硬件,在需要更新的硬件驱动程序后单击 安装 按钮,软件自动下载更新程序,并自动进行安装。

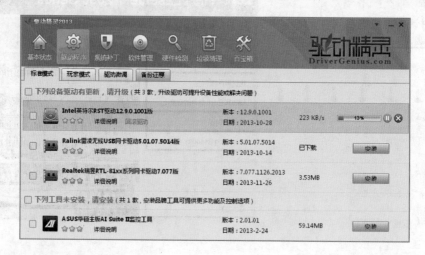

上机 1 小时 ▶ 通过驱动精灵更新安装网卡驱动程序

🔍 巩固更新硬件驱动程序的方法。

🔍 进一步掌握在 Windows 8 操作系统中更新安装网卡驱动程序的方法。

本例将在 Windows 8 中通过驱动精灵更新安装网卡驱动程序。首先进入 Windows 8 操作系统,启动驱动精灵,检测电脑中需要更新的驱动程序,然后再进行下载、安装。

资源
文件 实例演示\第 7 章\通过驱动精灵更新安装网卡驱动程序

STEP 01： 解压驱动程序

1. 在 Windows 8 操作系统桌面双击"驱动精灵"快捷方式图标,启动驱动精灵,在其工作界面选择"驱动程序"选项。

2. 选择"标准模式"选项卡,将自动搜索电脑中需要更新的硬件设备驱动程序,在网卡驱动程序后面单击 安装 按钮,开始下载该驱动程序,下载完成后在打开的对话框中显示正在解压文件的进度。

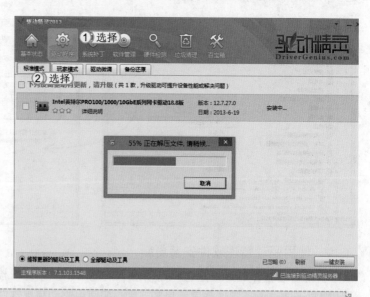

提个醒 若在驱动精灵驱动程序界面中显示了多个需要更新的驱动程序选项,选择所有的驱动程序选项,单击 一键安装 按钮,可同时对所选择的多个驱动程序选项进行下载。

STEP 02： 单击安装按钮

打开"英特尔®网络连接"对话框，单击相应的
按钮进行操作，这里单击 安装驱动程序和软件(D) 按钮。

提个醒　　在"英特尔®网络连接"对话框中单
击 查看用户指南(U) 按钮，可在打开的对话框中查
看该驱动程序的用户指南信息。

STEP 03： 打开欢迎界面

打开"欢迎使用英特尔（R）网络连接安装向导"
对话框，单击 下一步(N) > 按钮。

提个醒　　如果是通过设备管理器对驱动程序进
行更新安装，那么必须在电脑连接网络的情况
下才能顺利进行。

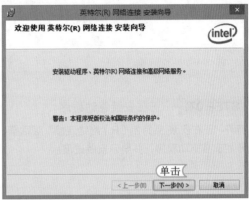

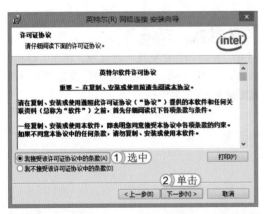

STEP 04： 接受许可证协议

1. 打开"许可证协议"对话框，阅读列表框中
   的协议，完成后选中 ⦿ 我接受该许可协议中的条款(A) 单
   选按钮。
2. 单击 下一步(N) > 按钮。

读书笔记

STEP 05： 安装选项设置

打开"安装选项"对话框，在"安装"列表框中
对安装选项进行设置，这里保持默认设置，单击
下一步(N) > 按钮。

62
Hours

52
Hours

42
Hours

32
Hours

22
Hours

12
Hours

STEP 06： 开始安装

打开"已做好安装程序的准备"对话框，单击 安装(I) 按钮。

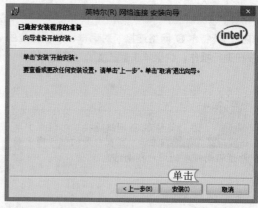

读书笔记

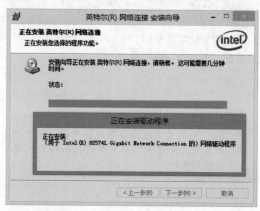

STEP 07： 正在安装驱动程序

打开"正在安装 英特尔（R）网络连接"对话框，开始安装驱动程序，并显示安装进度。

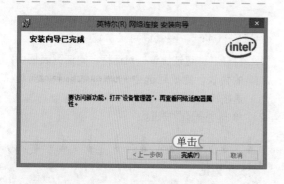

STEP 08： 完成安装

打开"安装向导已完成"对话框，单击 完成(F) 按钮，返回"英特尔 网络连接"对话框，单击 退出(X) 按钮关闭对话框。

7.2 安装常用软件

　　安装完操作系统与驱动程序后，虽然能顺畅地使用电脑，但只依靠系统自带的功能，无法满足在日常工作学习中的需求，还需要安装一些常用的软件，这样才能真正发挥电脑的功能。下面将详细讲解安装常用软件的知识。

学习 1 小时

- 🔍 了解软件的分类、版本和获取方法。
- 🔍 熟练掌握安装压缩解压软件的方法。
- 🔍 快速掌握安装视频播放软件的方法。
- 🔍 熟练掌握安装办公软件的方法。
- 🔍 掌握安装即时通信软件的方法。
- 🔍 掌握安装下载软件和杀毒软件的方法。

7.2.1 常用软件分类与版本介绍

要在电脑中安装软件，首先需要确定安装哪类软件，然后再确定软件的哪个版本更适合自己使用，或更适合自己的电脑。下面对常用软件的分类以及版本进行介绍。

1. 常用软件的分类

由于不同用户使用电脑的目的不同，因此，为电脑安装的软件也有所不同。常见的软件可分为如下几类。

🔑 **网络工具软件**：包含浏览工具、网络优化、邮件处理、网页制作、下载工具、搜索工具、检测监控、服务器和 FTP/Telnet 等类型。

🔑 **应用工具软件**：包含压缩解压、文件处理、时钟日历、输入法、光盘工具、翻译、信息管理和办公应用等类型。

🔑 **图形图像软件**：包含图形处理、图形捕捉、图像浏览、图标工具、图像管理和 3D 制作等类型。

🔑 **系统工具软件**：包含系统优化、备份工具、美化增强、开关定时、硬件工具、卸载清理和常用驱动等类型。

🔑 **多媒体软件**：包含视频播放、音频处理、视频处理、音频转换、视频转换、媒体管理、音频播放、媒体制作、在线试听、电子阅读和解码器等类型。

🔑 **安全防御软件**：包含密码工具、网络安全、系统监控、安全辅助和杀毒软件等类型。

2. 常用软件的版本

硬件技术在不断地进步，同样，软件技术也在不断地更新。通常，从软件的版本就能看出软件的升级更新情况。软件一般分为测试版、试用版、正式版和升级版等，其特点分别介绍如下。

🔑 **测试版**：测试版表示软件还在开发中，其各项功能并不完善和稳定。开发者会根据使用测试版用户反馈的信息对软件进行修改，通常这类软件会在软件名称后面注明测试版或 Beta 版。

🔑 **试用版**：试用版是软件开发者将正式版软件有限制地提供给用户使用，如果用户觉得软件符合使用要求，可通过付费的方法解除限制的版本。试用版又分为全功能限时版和功能限制版。

🔑 **正式版**：正式版是正式上市，用户通过购买就能使用的版本，它经过开发者测试已经能稳定运行。对于普通用户来说，应该尽量选用正式版的软件。

🔑 **升级版**：升级版是软件上市一段时间后，软件开发者在原有功能基础上增加部分功能，并修复已经发现的错误和漏洞，然后推出的更新版本。安装升级版需要先安装软件的正式版，然后在其基础上安装更新或补丁程序。

7.2.2 获取软件的途径

获取软件的途径与获取驱动程序的方法类似，基本上都是通过从网上下载软件安装文件和购买软件安装光盘来获取。

下面将在腾讯网站中心（http://pc.qq.com）下载"QQ 5.0"最新版本，以讲解从网上获取软件的方法。其具体操作如下：

▌ **经验一箩筐——购买杂志时附赠**

在购买一些电脑类杂志时，杂志附赠光盘上会找到一些经过软件开发商授权的软件，不过这类软件多为功能限制版或全功能限时版。

165

72⊠
Hours

62
Hours

52
Hours

42
Hours

32
Hours

22
Hours

12
Hours

资源文件 实例演示 \ 第 7 章 \ 从网上获取软件

STEP 01： 单击下载链接

1. 启动 IE 浏览器，在地址栏中输入腾讯软件中心网址 "http://pc.qq.com"，按 Enter 键。
2. 在打开的网页中的 "腾讯软件" 栏中的 "QQ 5.0" 选项后单击 "下载" 超级链接。

STEP 02： 打开 "文件下载" 对话框

打开 "文件下载 - 安全警告" 对话框，单击 保存(S) 按钮。

提个醒 在 "文件下载 - 安全警告" 对话框中单击 运行(R) 按钮，将会把下载的文件保存到默认的保存位置。

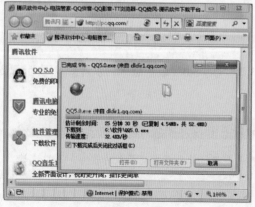

STEP 03： 设置保存位置

1. 打开 "另存为" 对话框，在地址栏中设置保存位置。
2. 单击 保存(S) 按钮。

提个醒 默认的软件下载保存名为软件的名称，如果该软件的名称太长或不明确，可在 "另存为" 对话框中的 "文件名" 文本框中重新进行设置。

STEP 04： 下载软件

开始下载软件，并在打开的对话框中显示下载进度，下载完成后关闭对话框即可。

提个醒 如果在显示下载进度的对话框中选中 ☑下载完成后关闭此对话框(C) 复选框，软件下载完成后将自动关闭该对话框。

7.2.3 安装办公软件

对于大多数电脑用户来说，办公是电脑最基本的功能，办公软件也是最常使用和安装的软件之一。而 Microsoft Office 是目前最常用的办公软件，下面以安装 Office 2010 为例介绍安装软件的方法。其具体操作如下：

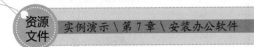

资源文件 实例演示 \ 第 7 章 \ 安装办公软件

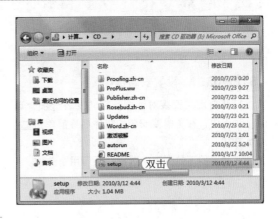

STEP 01： 双击安装程序

将 Office 2010 安装光盘正确放入光驱中，启动电脑进入到光盘中，找到"setup.exe"文件，然后双击该文件开始运行程序。

STEP 02： 输入产品密匙

1. 打开"输入您的产品密匙"对话框，在光盘包装盒中找到由 25 位字符组成的产品密匙，并将产品密匙输入到文本框中。

2. 单击 继续(C) 按钮。

提个醒　　　　Office 2010 是一款收费软件，因此需要输入产品密钥后才能安装，产品密钥通常在安装光盘包装盒的背面或者放置安装光盘内的文件中。

① 输入　　② 单击

STEP 03： 接受许可条款

1. 打开"阅读 Microsoft 软件许可证条款"对话框，对其中的内容进行认真阅读，阅读完成后选中 ☑ 我接受此协议的条款(A) 复选框。

2. 单击 继续(C) 按钮。

① 选中　　② 单击

读书笔记

62
Hours

52
Hours

42
Hours

32
Hours

22
Hours

12
Hours

STEP 04: 选择安装类型

打开"选择所需的安装"对话框，选择安装类型，这里单击 自定义(U) 按钮。

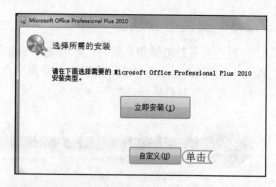

> 提个醒 如果在"选择所需安装"对话框中单击 立即安装(I) 按钮，将直接进行安装，不需要对其安装选项进行设置。

STEP 05: 设置安装选项

1. 打开自定义安装对话框，在"安装选项"选项卡中，在不需要安装的组件名称前单击 ▼ 按钮。
2. 在弹出的下拉列表中选择"不可用"选项。

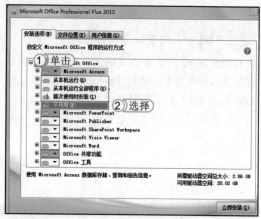

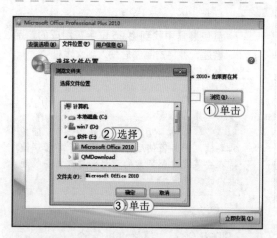

STEP 06: 设置安装位置

1. 使用相同的方法对不需要安装的组件进行设置，设置完成后选择"安装位置"选项卡，单击 浏览(B)... 按钮。
2. 打开"浏览文件夹"对话框，在"选择文件位置"列表框中选择安装位置，这里选择 E 盘中的"Microsoft Office 2010"文件夹选项。
3. 单击 确定 按钮。

STEP 07: 完成安装

返回自定义安装对话框，单击 立即安装(I) 按钮，系统开始安装 Office 2010 各组件，并在打开的对话框中显示安装进度，安装完成后，在打开的对话框中单击 关闭(C) 按钮。

读书笔记

7.2.4 安装压缩 / 解压软件

压缩 / 解压软件也是生活和工作中常用的软件，因为很多从网上下载的软件和驱动程序的安装程序，以及一些其他资源，都是以压缩包的形式存在，未解压前不能对其安装和使用。常用的压缩软件有 360 压缩和 WinRAR，其安装方法都基本相同。

下面将以在用户电脑中安装常用的 360 压缩 / 解压软件为例，讲解安装压缩 / 解压软件的方法。其具体操作如下：

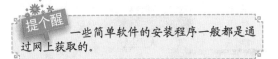

资源文件　实例演示 \ 第 7 章 \ 安装压缩 / 解压软件

STEP 01： 双击运行安装程序

在电脑中找到 360 压缩 / 解压软件的安装程序，双击并开始运行该安装程序。

提个醒
　　一些简单软件的安装程序一般都是通过网上获取的。

169

72 ☑
Hours

62
Hours

52
Hours

42
Hours

32
Hours

22
Hours

12
Hours

STEP 02： 自定义安装

1. 打开 360 压缩 / 解压软件安装对话框，选中 ☑已经阅读并同意许可协议 复选框。

2. 单击 自定义安装 按钮。

提个醒
　　如果单击 立即安装 按钮，将会直接对 360 压缩 / 解压软件进行安装，不需要对其进行设置。

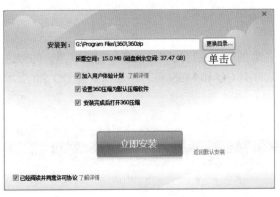

STEP 03： 更换安装位置

在打开的对话框中的"安装到"文本框中显示了安装位置，单击其后的 更换目录 按钮。

STEP 04： 选择安装位置

1. 打开"浏览计算机"对话框，在其中选择安装位置，这里选择"软件安装"文件夹。
2. 单击 **确定** 按钮。

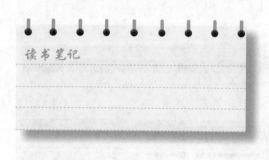

读书笔记

STEP 05： 开始安装

返回对话框，在"安装到"文本框中将显示选择的安装位置，然后保持其他设置不变，单击 **立即安装** 按钮。

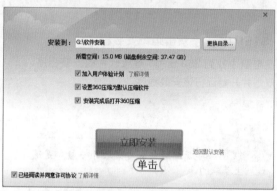

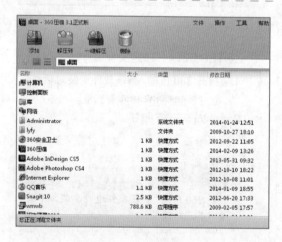

STEP 06： 打开软件工作界面

开始对软件进行安装，安装完成后将自动打开360压缩/解压软件的工作界面，如果不需要进行操作，关闭软件工作界面窗口即可。

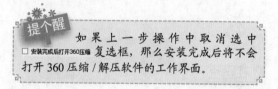

提个醒　如果上一步操作中取消选中□安装完成后打开360压缩复选框，那么安装完成后将不会打开360压缩/解压软件的工作界面。

7.2.5 安装即时通信软件

通过即时通信软件可以在网络中快速地与各地的朋友进行文字、语音和视频联系，并传送文件，真正实现零距离通信。常用的即时通信软件有 QQ 和 MSN 等，下面以安装 QQ 5.0 版本为例进行介绍。其具体操作如下：

资源文件　实例演示 \ 第 7 章 \ 安装即时通信软件

STEP 01： 同意许可协议

1. 在电脑中双击腾讯 QQ 5.0 的安装程序，开始运行安装程序，并检测电脑安装环境，检测完成后打开"欢迎"对话框，选中 ☑我已阅读并同意软件许可协议和青少年上网安全指引 复选框。

2. 单击 下一步(N) 按钮。

> **提个醒** 腾讯 QQ 的官方下载网址为 http://im.qq.com。

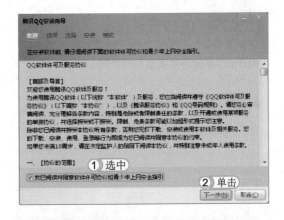

STEP 02： 自定义安装选项

1. 打开"选项"对话框，取消选中"自定义安装选项"栏中的所有复选框。

2. 保持"快捷方式选项"栏中的设置，单击 下一步(N) 按钮。

> **提个醒** 若在"快捷方式选项"栏中选中 ☑桌面 复选框，将表示在电脑桌面创建 QQ 快捷方式图标；选中 ☑快速启动栏 复选框，将会在任务栏中创建 QQ 的快速启动项。

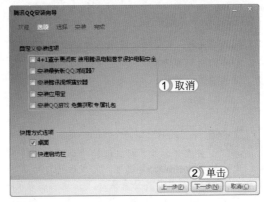

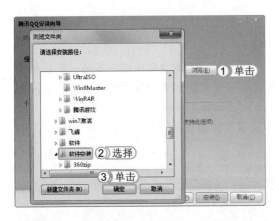

STEP 03： 设置安装位置

1. 打开"选择"对话框，单击 浏览(B) 按钮。

2. 打开"浏览文件夹"对话框，在其中选择安装位置，这里选择"软件安装"文件夹。

3. 单击 确定 按钮。

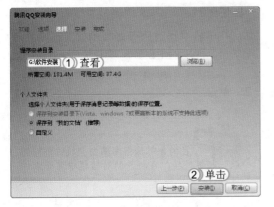

STEP 04： 设置其他选项

1. 返回"选择"对话框，在"程序安装目录"文本框中将显示设置的安装位置。

2. 在"个人文件夹"栏中设置消息记录的保存位置，这里保持默认设置，单击 安装 按钮。

> **提个醒** 在"个人文件夹"栏中选中 ●自定义 单选按钮，将可自定义设置 QQ 消息记录的保存位置。

171

72☒
Hours

62
Hours

52
Hours

42
Hours

32
Hours

22
Hours

12
Hours

STEP 05： 正在安装

开始安装 QQ，并在打开的"安装"对话框中显示安装进度和软件主要功能的介绍。

STEP 06： 完成安装

1. 打开"完成"对话框，取消选中"安装完成"栏中的所有复选框。
2. 单击 完成(F) 按钮。

提个醒　　若在"安装"对话框的"安装完成"栏中选中 ☑立即运行腾讯QQ 复选框，完成后将自动启动 QQ 软件，并打开其登录界面。

7.2.6　安装视频播放软件

很多用户为了方便观看电脑中保存的视频或网上的视频，经常会在电脑中安装一些视频播放软件，如暴风影音、PPS 影音和百度影音等。在电脑中安装视频播放软件的方法很简单，将需要安装的视频播放软件的安装程序下载到电脑中，然后运行安装程序即可。

下面将在电脑中安装 PPS 影音播放器，以介绍安装视频播放器的方法。其具体操作如下：

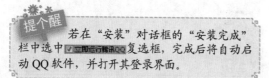

资源
文件　实例演示 \ 第 7 章 \ 安装视频播放软件

STEP 01： PPS 影音欢迎界面

1. 在电脑中找到 PPS 影音的安装程序并双击，打开"PPS 影音 安装向导"对话框，取消选中 ■同时创建PPS游戏快捷方式 复选框。
2. 单击 下一步 按钮。

提个醒　　在向导对话框中单击"软件许可协议"超级链接，在打开的对话框中可查看许可协议。

STEP 02： 设置安装位置

1. 打开"选项"对话框，单击 浏览... 按钮。
2. 打开"浏览文件夹"对话框，选择软件的安装位置，这里选择"软件安装"文件夹。
3. 单击 确定 按钮。

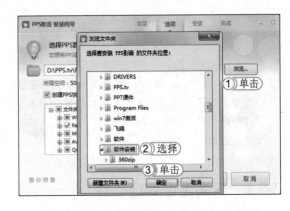

STEP 03： 设置安装选项

1. 返回"选项"对话框中，取消选中 开机PPS自动运行 复选框。
2. 打开提示对话框，确认是否要取消开机 PPS 自动运行，这里单击 是 按钮。

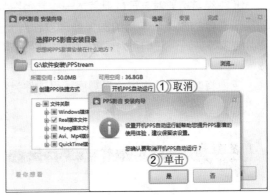

提个醒
"开机 PPS 自动运行"表示启动电脑后，将自动运行 PPS 影音播放软件。

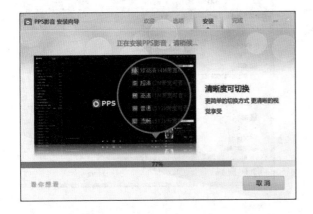

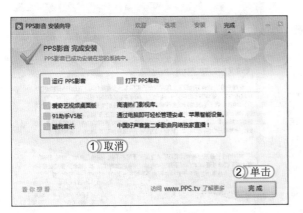

STEP 04： 正在安装

返回"选项"对话框，单击 下一步 按钮，开始安装软件，并在对话框中显示安装进度和软件主要功能等信息。

读书笔记

STEP 05： 完成安装

1. 安装完成后，打开"完成"对话框，取消选中其中的所有复选框。
2. 单击 完成 按钮。

173

72☒
Hours

62
Hours

52
Hours

42
Hours

32
Hours

22
Hours

12
Hours

问题小贴士

问：在电脑中双击下载的即时通信软件——飞鸽传书安装程序后，将会直接打开其工作界面，不会进行安装，这是怎么回事？

答：有些软件是不需要进行安装的，从网上下载其安装程序后，直接双击该程序，即可打开其工作界面进行使用。如果是使用的飞鸽传书简捷版，那么不需要进行安装，但飞鸽传书有些版本是需要安装后才能使用的。

7.2.7 安装图像处理软件

用户经常需要对自己的照片或一些其他图片进行处理，这时就需要用到图像处理软件以帮助实现需要的效果。常用的图像处理软件有光影魔术手、美图秀秀、Adobe Photoshop 和 isee 图片专家等，通过它们可对图片、照片进行编辑和美化，快速将图片或照片制作成用户需要的效果。

下面将以在电脑中安装光影魔术手软件为例，讲解安装图像处理软件的方法。其具体操作如下：

资源文件　实例演示 \ 第 7 章 \ 安装图像处理软件

STEP 01： 运行安装程序

将光影魔术手的安装程序下载到电脑中后，找到该程序的保存位置，然后双击光影魔术手的安装程序。

提个醒　一般图像处理软件都可到其官方网站进行下载，如光影魔术手的下载地址为"http://www.neoimaging.cn"。

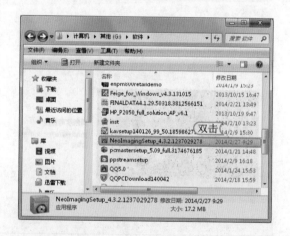

STEP 02： 接受安装协议

打开"欢迎使用光影魔术手"对话框，阅读列表框中的安装协议，完成后单击 接受 按钮。

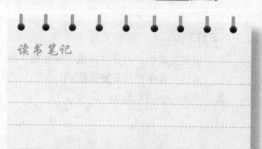

读书笔记

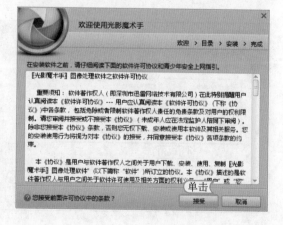

STEP 03： 选择安装位置

1. 打开"目录"对话框，单击 [浏览] 按钮。
2. 打开"浏览计算机"对话框，在其中的列表框中选择安装的位置，这里选择"软件安装"文件夹选项。
3. 单击 [确定] 按钮。
4. 返回"目录"对话框，在其中的文本框中将显示设置的安装位置，单击 [下一步] 按钮。

STEP 04： 安装光影魔术手

开始安装光影魔术手，并在打开的"安装"对话框中显示安装的进度。

> **提个醒** 不同版本的光影魔术手，其安装的步骤和安装的时间会略有不同，但其安装的方法是基本相同的。

STEP 05： 完成安装

1. 打开"完成"对话框，默认将选中所有复选框，这里取消选中 ☐设置2345网址导航为首页 和 ☐安装2345智能浏览器，会智能拦截骚扰广告的浏览器 复选框。
2. 单击 [完成] 按钮，将关闭对话框，自动启动光影魔术手，并打开其工作界面。

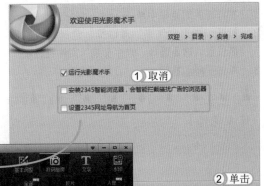

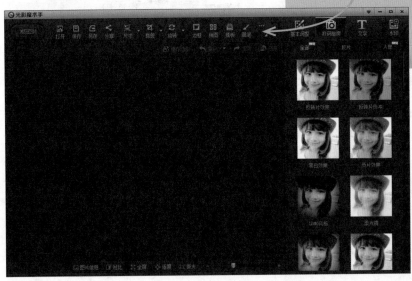

> **提个醒** 安装完成后，会自动启动光影魔术手，是因为在"完成"对话框中选中了 ☑运行光影魔术手 复选框。

7.2.8 安装下载软件

在网上下载软件安装程序或其他资料时，既可采用浏览器提供的下载功能进行下载，也可使用一些下载软件进行，如迅雷、骑驴和快车等，通过它们不仅可同时对多个文件进行下载，还可断点下载，非常方便。但要使用下载软件还需要进行安装，这些下载软件的安装方法较为类似。下面将以在电脑中安装迅雷下载软件为例，讲解安装下载软件的方法。其具体操作如下：

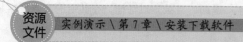
资源文件　实例演示 \ 第 7 章 \ 安装下载软件

STEP 01： 选择安装方式

在电脑中找到迅雷的安装程序并双击，打开迅雷 7.9 对话框，单击 自定义安装⊙ 按钮。

提个醒　若在对话框中单击 快速安装 按钮，将保持默认设置并对软件进行安装。

STEP 02： 设置安装位置

1. 在打开的对话框中单击 浏览 按钮。
2. 打开"浏览文件夹"对话框，选择软件的安装位置，这里选择"软件安装"文件夹选项。
3. 单击 确定 按钮。

读书笔记

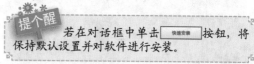
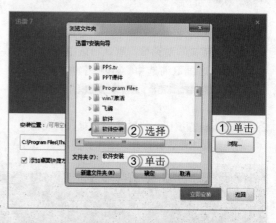

STEP 03： 设置安装选项

1. 返回对话框，在其中的文本框中可查看设置的安装位置，取消选中☐添加多浏览器支持 和 ☐开机启动迅雷7复选框。
2. 单击 立即安装 按钮。

提个醒　在安装过程中的对话框中单击 返回 按钮，可返回到上一步操作的对话框中。

STEP 04： 正在安装

开始安装软件，并在对话框中显示安装进度和软件主要功能等信息。

读书笔记

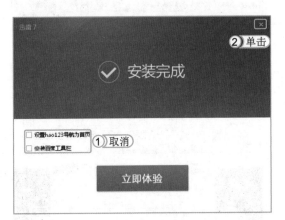

STEP 05： 完成安装

1. 安装完成后，打开"安装完成"对话框，取消选中 □ 安装百度工具栏 和 □ 设置hao123导航为首页 复选框。
2. 单击 ⊠ 按钮关闭对话框。

72⊠
Hours

提个醒 在"安装完成"对话框中若单击 立即体验 按钮，将关闭对话框并自动启动迅雷7.9软件。

62
Hours
▲

问题小贴士

问：在电脑中安装软件后，安装的软件会占用磁盘空间，当不再使用某个安装的软件时，怎么将其从电脑中彻底删除呢？

答：将软件从电脑中彻底删除的方法很简单，在"控制面板"窗口的大图标显示模式下单击"程序和功能"超级链接，打开"程序和功能"窗口，在其中显示了安装在电脑中的所有软件和程序，在需要卸载软件所对应的选项上单击鼠标右键，在弹出的快捷菜单中选择"卸载"或"卸载/更改"命令，打开软件的卸载对话框或窗口，然后根据提示进行卸载操作即可。

52
Hours
▲

42
Hours
▲

32
Hours
▲

22
Hours
▲

12
Hours

7.2.9 安装杀毒软件

在安装完基本的常用软件后，用户还应该在自己的电脑中安装一款杀毒防护软件，它的作用是保护电脑免受病毒、黑客、垃圾邮件、木马和间谍软件等的恶意破坏。

下面以安装新毒霸杀毒软件为例，介绍杀毒软件的安装方法。其具体操作如下：

 资源文件 实例演示 \ 第 7 章 \ 安装杀毒软件

STEP 01： 运行安装程序

在电脑中找到新毒霸软件的安装程序，双击该安装程序运行，打开"打开文件 - 安全警告"对话框，单击 运行(R) 按钮。

提个醒 在电脑中安装杀毒软件以及一些其他软件时，一般都会打开安全警告提示对话框，以确认运行安装。

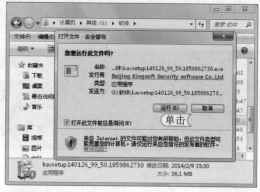

STEP 02： 设置安装位置

1. 在打开的对话框中单击 浏览 按钮。
2. 打开"浏览文件夹"对话框，选择软件的安装位置，这里选择"软件安装"文件夹选项。
3. 单击 确定 按钮。

STEP 03： 设置安装选项

1. 返回对话框，取消选中 ☐ 安全上网，使用猎豹安全浏览器 复选框。
2. 单击 立即安装 按钮。

读书笔记

STEP 04：完成安装

开始安装新毒霸软件，并在系统桌面上显示安装进度，安装完成后，将打开新毒霸软件工作界面。

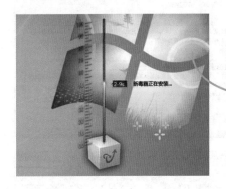

上机 1 小时 ▶ 获取与安装 360 杀毒和 360 安全卫士

🔍 巩固从网上获取安装程序的方法。

🔍 巩固在电脑中安装软件的方法。

　　本例将在电脑中安装 360 杀毒软件和 360 安全卫士软件。首先打开百度首页，通过输入关键字搜索需要安装软件的安装程序，然后使用迅雷将其安装程序下载到电脑中，最后运行安装程序依次安装 360 杀毒软件和 360 安全卫士软件。

资源文件　实例演示 \ 第 7 章 \ 获取与安装 360 杀毒和 360 安全卫士

STEP 01：搜索 360 杀毒

1. 启动 IE 浏览器，在地址栏中输入 "http://www.baidu.com"，按 Enter 键。

2. 打开百度首页，在搜索文本框中输入搜索的关键字，这里输入 "360 杀毒"。

3. 单击 按钮。

提个醒　在地址栏中也可直接输入 360 官方网站的网址 "http://www.360.cn"，按 Enter 键，在打开的 360 官方网页中进行下载。

读书笔记

62
Hours
▲

52
Hours
▲

42
Hours
▲

32
Hours
▲

22
Hours
▲

12
Hours
▲

STEP 02： 单击超级链接

稍等片刻，在打开的网页中将显示根据关键字搜索到的结果，单击相应的超级链接，这里单击第3个超级链接。

读书笔记

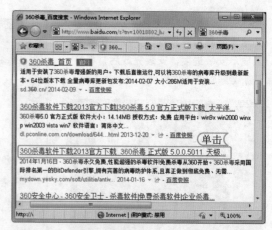

STEP 03： 单击下载链接

在打开的网页中将显示360杀毒软件的相关信息，单击 下载地址 按钮。

> **提个醒**
> 在网页中下载软件时，默认都是使用浏览器自带的下载功能进行下载，如果电脑中安装了下载软件，那么将会默认使用下载软件进行下载。

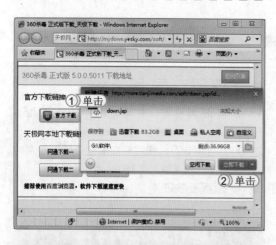

STEP 04： 新建下载任务

1. 在打开的网页中将显示提供的下载地址链接，单击相应的链接，这里单击 官方下载 按钮。
2. 打开"新建任务"对话框，保持默认设置，单击 立即下载 按钮。

> **提个醒**
> 在"新建任务"对话框中的文本框中显示的是下载文件的保存位置，但其位置并不是默认的，用户可根据需要自定义进行设置。

STEP 05： 运行安装程序

1. 启动迅雷下载并开始下载，下载完成后使用相同的方法下载360安全卫士的安装程序，下载完成后在迅雷工作界面左侧选择"已完成"选项。
2. 在右侧选择需要运行的安装程序，单击 运行 按钮运行安装程序。

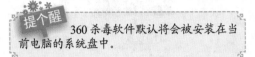

STEP 06： 选择安装方式

1. 打开"360 杀毒软件安装"对话框，默认选中☑我已阅读并同意复选框。
2. 单击 自定义安装 按钮。

提个醒　360 杀毒软件默认将会被安装在当前电脑的系统盘中。

STEP 07： 设置安装位置

1. 在打开的对话框中单击 更改目录 按钮。
2. 打开"浏览文件夹"对话框，选择软件的安装位置，这里选择"软件安装"文件夹选项。
3. 单击 确定 按钮。

STEP 08： 查看新版信息

返回对话框，单击 立即安装 按钮，开始进行安装，完成后将打开"新版特性"对话框，其中显示了软件的介绍信息，查看完成后单击▶按钮。

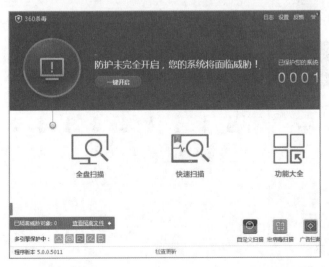

STEP 09： 360 杀毒工作界面

切换到下一特新进行查看，完成后单击▶按钮继续查看，直到查看完所有的特性，然后关闭对话框，将直接启动 360 杀毒软件，并打开其工作界面。

提个醒　360 杀毒软件是一款功能强大的杀毒软件，能对电脑中的病毒进行查杀，并且可以对电脑安全进行防护。

STEP 10： 选择安装位置和方式

1. 切换到迅雷工作界面窗口，选择 360 安全卫士的安装程序，单击 运行 按钮运行安装程序，在打开的对话框中的"安装在"下拉列表框中选择"G 盘"选项。
2. 单击 立即安装 按钮。

STEP 11： 准备安装

开始准备软件的安装工作，并在打开的对话框中显示准备的进度。

> **提个醒** 在准备过程中若单击"取消安装"超级链接，将会取消对 360 安全卫士软件的安装操作。

STEP 12： 正在安装

准备完成后，将在打开的提示对话框中单击 是 按钮，然后在桌面中将显示 360 安全卫士的安装进度。

> **提个醒** 在不同的操作系统中，其安装软件的方法都基本相同。

STEP 13： 完成安装

安装完成后，将自动启动 360 安全卫士，并打开其工作界面。

■ 经验一箩筐——通过 360 安全卫士提供的软件下载功能下载软件

360 安全卫士提供了"360
软件管家"的功能，通过它
可快速搜索需要的软件进行
下载。启动 360 安全卫士，
在打开的工作界面中选择
"软件管家"选项卡，在打
开的界面中默认选择"软件
大全"选项卡，在其中提供
了不同类别的软件，用户选
择需要下载的软件，然后单
击其后的 按钮进行下
载，下载完成后将自动运行
安装程序，再根据提示进行
手动安装即可。

7.3 练习 2 小时

　　本章主要介绍了硬件驱动程序和常用软件的获取以及安装方法，用户要想在日常工作中熟练使用它们，还需再进行巩固练习。下面以在操作系统中升级硬件的驱动程序、获取与安装搜狗拼音输入法为例，进一步巩固这些知识的使用方法。

1. 练习 1 小时：在操作系统中升级硬件的驱动程序

　　本例将通过在系统属性对话框中升级电脑中各种硬件的驱动程序的方法，进一步掌握安装硬件驱动程序的方法。主要练习升级硬件驱动程序的操作，操作时需要注意的是，需要先查看升级硬件的具体型号，并下载最新的驱动程序进行更新安装。

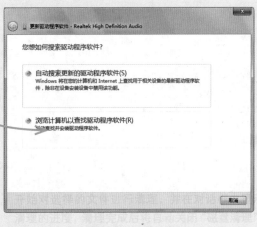

资源
文件　　实例演示 \ 第 7 章 \ 在操作系统中升级硬件的驱动程序

2. 练习1小时：获取与安装搜狗拼音输入法

本例将从网上获取搜狗输入法的安装程序，然后对其进行安装。首先在百度网站中通过关键字搜索搜狗拼音输入法，并将其下载到电脑中，然后再运行安装程序，对搜狗拼音输入法进行安装。如下图所示为安装步骤图。

 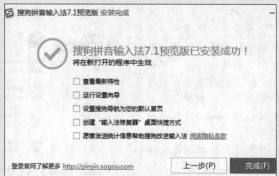

资源文件 实例演示 \ 第7章 \ 获取与安装搜狗拼音输入法

读书笔记

系统

72 HOURS

系统优化与安全防护

第 **8** 章

学习 **2** 小时

- 使用系统自带功能优化和防护系统
- 使用软件优化和防护系统

操作系统使用一段时间后，会自动产生一些系统垃圾，而这些系统垃圾会影响电脑的运行速度。所以需要对电脑定期进行优化和维护。另外，由于办公、娱乐的电脑通常都会连接网络，为了维护电脑中重要文件以及隐私的安全，最好对电脑进行一些安全防护。

上机 **4** 小时

8.1 使用系统自带功能优化和防护系统

在电脑中安装了操作系统和各种常用软件后，为了保证系统的稳定运行和充分发挥电脑的各种性能，需要对磁盘和系统进行全面的优化和安全防护。下面将详细讲解使用系统自带功能优化和防护系统的方法。

学习1小时

- 快速掌握磁盘检查和磁盘清理的方法。
- 掌握减少系统启动程序的方法。
- 快速掌握关闭系统还原功能的方法。
- 掌握使用 Windows 防火墙保护系统的方法。
- 学习磁盘碎片整理的方法。
- 快速掌握关闭系统休眠功能的方法。

8.1.1 磁盘检查

当操作系统出现各种逻辑错误和非正常操作等现象时，可以通过"检查磁盘"功能对磁盘进行扫描，并可设置自动修复文件系统错误和恢复坏扇区，以使系统能正常运行。

下面将在 Windows 7 操作系统中使用磁盘检查功能对 G 盘进行检查修复。其具体操作如下：

> **资源文件** 实例演示 \ 第 8 章 \ 磁盘检查

STEP 01： 单击"属性"按钮

1. 在桌面上双击"计算机"图标，打开"计算机"窗口，选择需要检查的磁盘，这里选择"其他 (G:)"选项。
2. 单击 属性 按钮。

> **提个醒** 在选择的磁盘上单击鼠标右键，在弹出的快捷菜单中选择"属性"命令，也能打开磁盘对应的属性对话框。

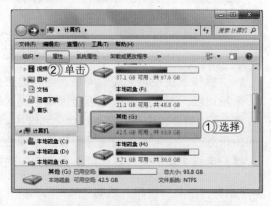

STEP 02： 属性对话框

1. 打开"其他 (G:) 属性"对话框，选择"工具"选项卡。
2. 在"查错"栏中单击 开始检查(C)... 按钮。

> **提个醒** 在 Windows XP 和 Windows 8 操作系统中检查磁盘都是通过磁盘对应的属性对话框来实现的。

STEP 03： 设置磁盘检查选项

1. 打开"磁盘检查 其他 (G:)"对话框，在"磁盘检查选项"栏中选中☑自动修复文件系统错误(A)和☑扫描并尝试恢复坏扇区(N)复选框。

2. 单击 开始(S) 按钮。

3. 在打开的提示对话框中单击 强制卸除 按钮。

读书笔记

STEP 04： 开始检查磁盘

开始对磁盘进行检查，并在对话框中显示检查记录，检查完成后，若有错误，将自动进行修复，完成后关闭对话框即可。

经验一箩筐——在 Windows 8 操作系统中检查磁盘

在 Windows 8 操作系统中虽然也是通过磁盘属性对话框来完成的，但还是有所区别。在 Windows 8 操作系统磁盘对应的属性对话框中选择"工具"选项卡，单击 检查(C) 按钮，在打开的对话框中选择"扫描驱动器"选项后，将自动对磁盘进行扫描，扫描完成后，若发现磁盘错误，对其进行修复即可。

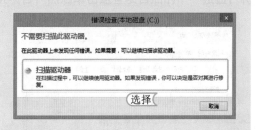

8.1.2 磁盘清理

在安装和使用操作系统的过程中，会产生大量的临时文件，如果临时文件过多，不但会占用磁盘的空间，同时还会降低系统的运行速度。这时，可使用操作系统提供的"磁盘清理"功能对磁盘中的临时文件进行清理，以减少占用的磁盘空间和提高系统运行速度。

下面将在 Windows 7 操作系统中使用"磁盘清理"功能对 F 盘中的临时文件进行清理。其具体操作如下：

资源文件 *实例演示 \ 第8章 \ 磁盘清理*

187

72☒
Hours

62
Hours

52
Hours

42
Hours

32
Hours

22
Hours

12
Hours

STEP 01: 选择"磁盘清理"命令

1. 在 Windows 7 操作系统桌面左下角单击"开始"按钮。
2. 在弹出的"开始"菜单中选择【开始】/【所有程序】/【附件】/【系统工具】/【磁盘清理】命令。

> **提个醒** 在"计算机"窗口中选择需要清理的磁盘后,打开磁盘对应的属性对话框,在"常规"选项卡中单击 磁盘清理(D) 按钮,也可执行清理磁盘的操作。

STEP 02: 选择清理的驱动器

1. 打开"磁盘清理: 驱动器选择"对话框,在"驱动器"下拉列表框中选择要清理的驱动器,这里选择"(F:)"选项。
2. 单击 确定 按钮。

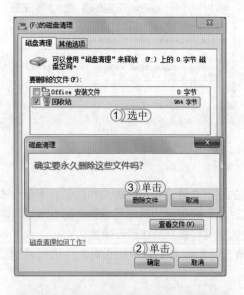

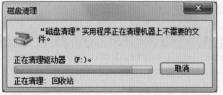

STEP 03: 选择要删除的文件

1. 在打开的对话框中将开始计算可释放的磁盘空间,计算完成后打开"磁盘清理"对话框,在"要删除的文件"列表框中选中 ☑ 🗑 回收站 复选框。
2. 单击 确定 按钮。
3. 打开"磁盘清理"对话框,确认是否要删除这些文件,单击 删除文件 按钮。

> **提个醒** 在"磁盘清理"对话框中选择要删除的文件后,单击 查看文件(V) 按钮,将打开所选文件的保存位置,在其中可对文件进行查看。

STEP 04: 开始清理磁盘

开始对选择的文件进行清理,并在对话框中显示清理的进度,清理完成后将自动关闭"清理磁盘"对话框。

问题小贴士　　问：Windows 8 操作系统中没有"开始"菜单，如果要进行磁盘清理，该怎么进行操作呢？

答：其实很简单，在 Windows 8 操作系统中打开"控制面板"窗口，在大图标模式下单击"管理工具"超级链接，打开"管理工具"窗口，双击"磁盘清理"选项，在打开的对话框中开始计算可释放的磁盘空间，计算完成后在打开的对话框中选择要删除的文件，然后再进行清理即可。

8.1.3　磁盘碎片整理

对磁盘中的文件进行了操作后，都有可能产生磁盘碎片，一旦磁盘碎片到达一定的数量，就会影响操作系统的运行速度，所以，应使用系统提供的"磁盘碎片整理"功能定期对磁盘碎片进行整理，这样不仅可以提高电脑的运行速度，减少出错的概率，还可以使文件使用的扇区连续和将未使用的空间集中到磁盘的后半部分，提高硬盘的利用率。

在 Windows 7 操作系统中整理磁盘碎片的方法是：在桌面单击"开始"按钮，在弹出的"开始"菜单中选择【开始】/【所有程序】/【附件】/【系统工具】/【磁盘碎片整理程序】命令，打开"磁盘碎片整理程序"对话框，在"当前状态"栏中的列表框中选择需要整理的磁盘，单击 按钮，开始对所选磁盘进行分析，分析完成后将会自动对磁盘中的碎片进行整理，完成后单击 按钮关闭对话框即可。

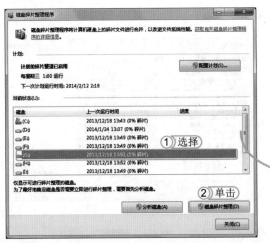 

▌经验一箩筐——同时对多个磁盘进行碎片整理

在"磁盘碎片整理程序"对话框的"当前状态"列表框中选择多个磁盘，单击 按钮，可同时对所选的多个磁盘进行分析和碎片整理。

62
Hours
▲

52
Hours
▲

42
Hours
▲

32
Hours
▲

22
Hours
▲

12
Hours

经验一箩筐——制订整理磁盘碎片计划

如果用户觉得手动整理磁盘中的碎片比较麻烦，用户也可制订一个整理磁盘碎片的计划，这样可以根据制订的计划定期对磁盘碎片进行整理。制订磁盘碎片整理计划的方法是：打开"磁盘碎片整理程序"窗口，单击 配置计划(S)... 按钮，在打开的对话框中选中 ☑ 按计划运行(推荐)(R) 复选框，再对整理频率、日期和时间进行设置，完成后单击 选择磁盘(S)... 按钮，再在打开的对话框中选择需要计划整理的磁盘，然后依次单击 确定(O) 按钮即可。

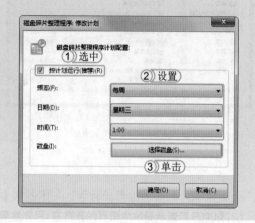
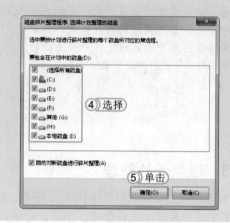

8.1.4 减少系统启动程序

在 Windows 操作系统中，有一些随着操作系统启动而自动加载的程序，这些程序就是系统启动程序，如果这些程序过多，将延长操作系统的启动时间，因此，要优化系统设置，就可以通过减少系统启动程序来达到目的。

减少系统启动程序的方法是：在操作系统中按 Windows+R 组合键，打开"运行"对话框，在下拉列表框中输入"msconfig"，单击 确定 按钮，打开"系统配置"对话框，在其中的列表框中取消选中不需要的程序，再次单击 确定 按钮即可。

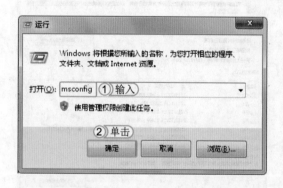

问题小贴士

问：设置系统启动程序时，哪些程序需要设置为启动，哪些程序需要设置为不启动呢？

答：设置系统启动程序时，一般而言，除了输入法和安全防御程序外，其他程序都可以设置为不启动。

8.1.5 关闭系统休眠功能

系统休眠功能的主要作用是节省一定的电力资源，但由于该功能需要对系统的运行状态进行保存，将占用一部分磁盘空间，这样就严重影响了电脑的运行速度，因此，关闭该功能将释放该系统盘空间，起到系统优化的作用。

下面以在 Windows 7 操作系统中关闭系统的休眠功能为例进行讲解。其具体操作如下：

资源文件　实例演示 \ 第8章 \ 关闭系统休眠功能

STEP 01： 单击"电源选项"超级链接

在 Windows 7 操作系统桌面上双击"控制面板"图标，打开"控制面板"窗口，在大图标模式下单击"电源选项"超级链接。

读书笔记

STEP 02： 单击超级链接

打开"电源选项"窗口，在右侧的"首选计划"栏中单击 ⊙ 平衡（推荐） 单选按钮后的"更改计划设置"超级链接。

提个醒　单击"显示附加计划"栏后面的 ⌄ 按钮，将展开电源选项的附加计划。

STEP 03： 编辑计划设置

1. 打开"编辑计划设置"窗口，在"关闭显示器"下拉列表框中选择"从不"选项。
2. 在"使计算机进入睡眠状态"下拉列表框中选择"从不"选项。
3. 单击 保存修改 按钮完成设置。

提个醒　在窗口中单击"更改高级电源设置"超级链接，可在打开的"电源选项"对话框中进行更多设置。

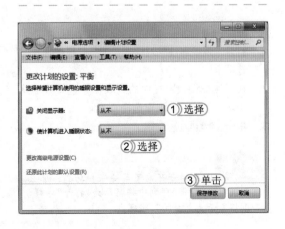

191

72图
Hours

62
Hours

52
Hours

42
Hours

32
Hours

22
Hours

12
Hours

在 Windows XP 操作系统中关闭系统休眠功能的方法
与在 Windows 7 操作系统中关闭系统休眠功能的方法
有所不同。Windows XP 操作系统"控制面板"窗口中
单击"电源选项"超级链接,打开"电源选项 属性"
对话框,选择"休眠"选项卡,在"休眠"栏中取消
选中 □启用休眠 复选框,再单击 确定 按钮,完成关闭
系统休眠功能的设置。

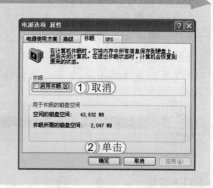

8.1.6 关闭系统还原功能

系统还原功能的主要作用是对系统进行备份和还原,和系统休眠功能的缺点相似,它也需
要占用较大的硬盘空间,对于一些硬盘较小的用户来说,可以考虑关闭此功能来优化系统。

下面以在 Windows 7 操作系统中关闭系统的还原功能为例进行讲解。其具体操作如下:

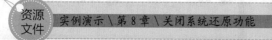

资源
文件　实例演示 \ 第 8 章 \ 关闭系统还原功能

STEP 01: 打开"系统属性"对话框

在桌面"计算机"图标 上单击鼠标右键,在弹
出的快捷菜单中选择"属性"命令,打开"系统"
窗口,在左侧单击"高级系统设置"超级链接。

读书笔记

STEP 02: 选择磁盘

1. 打开"系统属性"对话框,选择"系统保护"
选项卡。
2. 在"保护设置"栏中的列表框中选择开启保
护功能的磁盘,这里选择 C 盘。
3. 单击 配置(0)... 按钮。

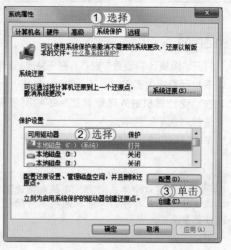

提个醒　　　　　如果磁盘开启了系统保护功能,那么
在列表框中的"保护"列中将显示为"打开"字样,
否则将显示为"关闭"字样。

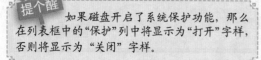

STEP 03: 关闭系统保护

1. 打开"系统保护本地磁盘 (C:)"对话框,在"还原设置"栏中选中 ⊙关闭系统保护 单选按钮。

2. 单击 确定 按钮。

3. 打开"系统保护"提示对话框,确认是否禁止此驱动器上的系统保护,这里单击 是 按钮确认,完成设置。

提个醒 在 Windows 7 和 Windows 8 操作系统中只能一次关闭一个驱动器上的系统保护,不能同时对多个驱动器执行关闭系统保护功能。

经验一箩筐——在 Window XP 中同时关闭所有磁盘的系统还原功能

在 Windows XP 操作系统中提供了关闭所有磁盘的系统还原功能,使用它可一次性关闭所有磁盘的系统还原功能。其方法是:打开"系统属性"对话框,选择"系统还原"选项卡,选中 ☑在所有驱动器上关闭系统还原(T) 复选框,再单击 确定 按钮即可。

8.1.7 通过 Windows 防火墙保护系统安全

Windows 操作系统中都自带有防火墙功能,它可以用来限制网络中的访问权限,并且阻挡一些来自网络的安全威胁。防火墙实际上是电脑安全防范的一道屏障,能有效地保护电脑系统的安全。

1. 开启 Windows 防火墙

要想使用防火墙保护电脑系统安全,首先需要启用 Windows 的防火墙功能,否则将不能对电脑系统实施保护。

下面以在 Windows 7 操作系统中开启防火墙功能为例进行讲解。其具体操作如下:

资源文件 实例演示 \ 第 8 章 \ 开启 Windows 防火墙

STEP 01: 打开"控制面板"窗口

在桌面上双击"控制面板"图标,打开"控制面板"窗口,在大图标模式下单击"Windows 防火墙"超级链接。

读书笔记

62
Hours

52
Hours

42
Hours

32
Hours

22
Hours

12
Hours

STEP 02： 打开"Windows 防火墙"窗口

打开"Windows 防火墙"窗口，在左侧单击"打开或关闭 Windows 防火墙"超级链接。

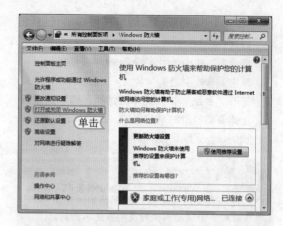

提个醒 　如果电脑连接网络，在该窗口中单击"防火墙如何帮助保护计算机"超级链接，可打开"Windows 帮助和支持中心"窗口，在其中可对相关内容进行查看。

STEP 03： 开启 Windows 防火墙

1. 打开"自定义设置"窗口，在"家庭或工作（专用）网络位置设置"栏和"公用网络位置设置"栏中选中 ⦿ 启用 Windows 防火墙 单选按钮。
2. 单击 确定 按钮。

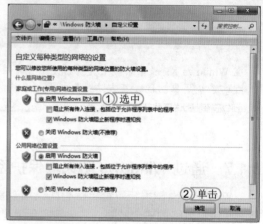

提个醒 　如果在"自定义设置"窗口中选中 ⦿ 关闭 Windows 防火墙(不推荐) 单选按钮，将会关闭 Windows 防火墙。

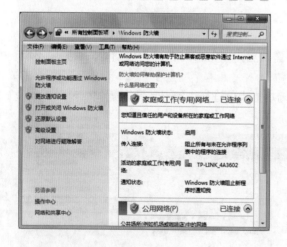

STEP 04： 查看效果

返回"Windows 防火墙"窗口，在其右侧即可看到开启防火墙后显示的信息。

提个醒 　开启 Windows 防火墙和未开启前，窗口右侧所显示的信息是不一样的。

2. 限制访问程序

　　电脑病毒、间谍软件等恶意程序是通过电脑与 Internet 的连接来感染电脑系统的，而电脑中安装的很多程序都是从网上下载的，为了有效保护电脑系统的安全，用户可根据需要限制访问程序与网络的连接。限制访问程序的方法是：在"Windows 防火墙"窗口左侧单击"允许程序或功能通过 Windows 防火墙"超级链接，打开"允许的程序"窗口，在"允许的程序或功能"列表框中根据需要进行设置，完成后单击 确定 按钮进行保存。

经验一箩筐——添加允许的程序

除了可阻止程序外，还可添加允许的程序。其方法是：在"允许的程序"窗口中单击 允许运行另一程序(R)... 按钮，打开"添加程序"对话框，在"程序"列表框中显示了部分未添加的程序，选择需要添加的程序，单击 添加 按钮，即可将其添加到"允许的程序"窗口中的列表框中，再单击 确定 按钮进行保存，完成添加操作。

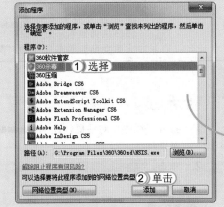

3. 设置出站规则

出站是指对外传输数据，出站规则是指管理所有出站连接的规则。为了不干扰用户的网络应用，Windows 操作系统中所有的出站规则都是默认允许的。对出站规则进行设置，能够防止一些恶意程序通过 Windows 防火墙进入用户的电脑，特别是反弹端口的木马程序，从而起到保护系统安全的作用。

下面将以在 Windows 7 操作系统中新建一个出站规则，并对其出站进行阻止为例，讲解设置出站规则的方法。其具体操作如下：

资源文件 实例演示\第8章\设置出站规则

62
Hours

52
Hours

42
Hours

32
Hours

22
Hours

12
Hours

STEP 01： 新建规则

1. 在"Windows 防火墙"窗口中单击"高级设置"超级链接，打开"高级安全 Windows 防火墙"窗口，在左侧选择"出站规则"选项。

2. 在右侧的窗格中选择"新建规则"选项。

提个醒　　在窗口中间的列表框中可查看默认创建的出站规则。

STEP 02： 选择规则类型

1. 打开"规则类型"对话框，在"要创建的规则类型"栏中选择规则类型，这里选中 ⊙ 程序(P) 单选按钮。

2. 单击 下一步(N) > 按钮。

提个醒　　若选中 ⊙ 自定义(C) 单选按钮，将可自定义规则，但其操作步骤相对于程序规则类型要复杂一点。

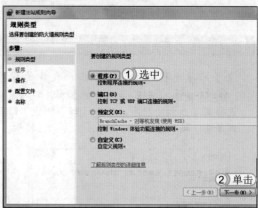

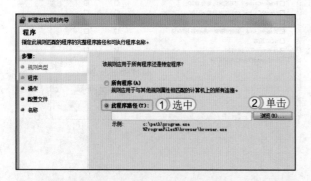

STEP 03： 选择应用的方式

1. 打开"程序"对话框，选中 ⊙ 此程序路径(T)： 单选按钮。

2. 单击 浏览(R)... 按钮。

提个醒　　若选中 ⊙ 所有程序(A) 单选按钮，新建的规则将会应用于与其他规则属性相匹配的电脑上的所有程序。

STEP 04： 选择需应用的程序

1. 打开"打开"对话框，在其中选择需要应用规则的程序，这里选择"FlashPlayerApp"选项。

2. 单击 打开(O) 按钮。

STEP 05： 查看添加的程序

返回"程序"对话框，在文本框中可查看添加的程序以及路径，单击 下一步(N) > 按钮。

提个醒　在"程序"对话框中的文本框中也可直接输入要添加的程序及其保存路径。

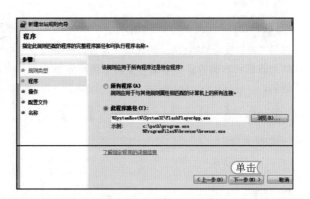

STEP 06： 选择操作选项

1. 打开"操作"对话框，选择要进行的操作，这里选中 ◉ 阻止连接(K) 单选按钮。
2. 单击 下一步(N) > 按钮。

提个醒　在该对话框中还提供了"允许连接"和"只允许安全连接"操作选项，用户可根据需要进行选择。

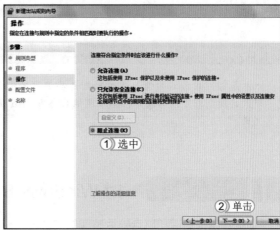

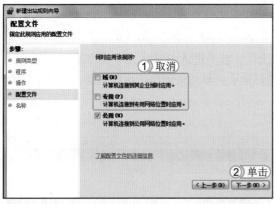

STEP 07： 配置文件

1. 打开"配置文件"对话框，默认选中所有的复选框，这里取消选中 ☐ 专用(P) 和 ☐ 域(D) 复选框。
2. 单击 下一步(N) > 按钮。

STEP 08： 设置规则名称

1. 打开"名称"对话框，在其中设置规则名称和描述信息，这里在"名称"文本框中输入"Flash 插件"。
2. 单击 完成(F) 按钮。

197

72☒
Hours

62
Hours

52
Hours

42
Hours

32
Hours

22
Hours

12
Hours

STEP 09： 查看新建的规则

返回"高级安全 Windows 防火墙"窗口，在中间的列表框和右侧的窗格中都可查看到新建的出站规则。

读书笔记

▌ 经验一箩筐——新建入站规则

入站是指对内传送数据，入站规则是指管理所有入站连接的规则。在 Windows 操作系统中新建入站规则的方法与新建出站规则的操作基本相似，用户只需根据提示逐步进行操作就能顺利完成。

上机1小时 ▶ 对 Windows 8 操作系统进行维护和优化

🔍 巩固磁盘清理和磁盘碎片整理的方法。

🔍 巩固减少系统启动项和关闭系统保护功能的方法。

🔍 进一步掌握对 Windows 8 操作系统进行维护和优化的方法。

本例将对 Windows 8 操作系统进行维护和优化。首先进入 Windows 8 操作系统，对电脑中的磁盘进行清理和碎片整理，其次减少系统的启动项，最后关闭系统保护功能，以减少磁盘占用空间，提高系统运行速度。

资源文件　实例演示＼第 8 章＼对 Windows 8 操作系统进行维护和优化

STEP 01： 单击"管理工具"超级链接

启动电脑，进入 Windows 8 操作系统，在桌面上双击"控制面板"图标 🖳，打开"控制面板"窗口，在大图标显示模式下单击"管理工具"超级链接。

读书笔记

STEP 02： 选择清理的驱动器

1. 打开"管理工具"窗口，在中间的列表框中双击"磁盘清理"选项。
2. 打开"磁盘清理: 驱动器选择"对话框，在"驱动器"下拉列表中选择需要清理的驱动器，这里选择"(H:)"选项。
3. 单击 确定 按钮。

STEP 03： 计算释放空间

开始计算所选磁盘经过清理后可释放的磁盘空间，并在打开的对话框中显示计算进度。

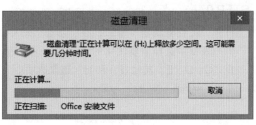

STEP 04： 选择要删除的文件

1. 计算完成后打开"磁盘清理"对话框，在"要删除的文件"列表框中选择需要删除的文件，这里保持默认设置，单击 确定 按钮。
2. 打开"磁盘清理"对话框，确认是否要删除这些文件，单击 删除文件 按钮。

STEP 05： 开始清理磁盘

开始对选择的文件进行清理，并在对话框中显示清理的进度，清理完成后将自动关闭"磁盘清理"对话框。然后使用相同的方法对其他磁盘进行清理。

62
Hours

52
Hours

42
Hours

32
Hours

22
Hours

12
Hours

STEP 06： 打开"优化驱动器"对话框

清理完所有磁盘后，返回"管理工具"窗口，在下方的列表框中双击"碎片整理和优化驱动器"选项。

> **提个醒** 在"管理工具"窗口中的"碎片整理和优化驱动器"选项上单击鼠标右键，在弹出的快捷菜单中选择"打开"命令，也能打开"优化驱动器"对话框。

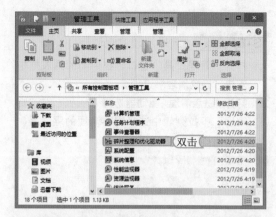

STEP 07： 选择需优化的驱动器

1. 打开"优化驱动器"窗口，在"状态"栏中的列表框中选择需要优化的驱动器，这里选择"C、D、E、其他 (F:) 和 H"磁盘选项。
2. 单击 全部优化(O) 按钮。

> **提个醒** 选择磁盘后，单击 全部分析(A) 按钮，将可对磁盘中的碎片进行分析。

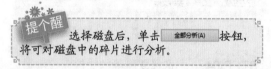

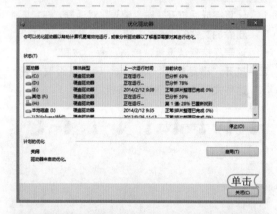

STEP 08： 开始优化驱动器

开始对磁盘中的碎片进行分析和整理，整理完成后单击 关闭(C) 按钮关闭窗口。

> **提个醒** 在"优化驱动器"窗口中单击 应用(T) 按钮，在打开的窗口中可设置优化驱动器的计划。

STEP 09： 打开运行对话框

1. 按 Windows+R 组合键，打开"运行"对话框，在下拉列表框中输入"msconfig"。
2. 单击 确定 按钮。

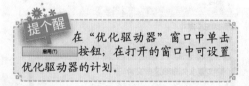

读书笔记

STEP 10： 打开"任务管理器"窗口

1. 打开"系统配置"对话框，选择"启动"选项卡。
2. 单击"打开任务管理器"超级链接。

提个醒　　在桌面任务栏空白区域单击鼠标右键，在弹出的快捷菜单中选择"任务管理"命令，也可打开"任务管理器"窗口。

STEP 11： 设置系统启动项

1. 打开"任务管理器"窗口，在列表框中需要禁用的选项上单击鼠标右键，在弹出的快捷菜单中选择"禁用"命令。
2. 然后再使用相同的方法对系统启动项进行设置，完成后单击 × 按钮关闭对话框。

提个醒　　用户也可在列表框中选择相应的选项后，直接单击 启用(N) 和 禁用(A) 按钮进行设置。

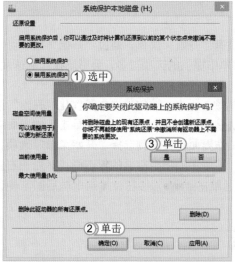

STEP 12： 选择磁盘

1. 打开"系统"窗口，在左侧单击"高级系统设置"超级链接。打开"系统属性"对话框，选择"系统保护"选项卡。
2. 在"保护设置"栏中的列表框中选择开启保护功能的磁盘，这里选择 H 盘。
3. 单击 配置(O)... 按钮。

STEP 13： 关闭系统保护

1. 打开"系统保护本地磁盘 (H:)"对话框。在"还原设置"栏中选中 禁用系统保护 单选按钮。
2. 单击 确定(O) 按钮。
3. 打开"系统保护"提示对话框，确认是否禁止此驱动器上的系统保护，这里单击 是 按钮确认。

提个醒　　若在打开的提示对话框中单击 否 按钮，将取消关闭系统保护功能。

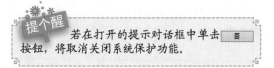

62
Hours

52
Hours

42
Hours

32
Hours

22
Hours

12
Hours

STEP 14： 查看效果

然后使用相同的方法关闭其他开启了系统保护功能磁盘的系统保护功能，完成后将返回到"系统属性"对话框，在"保护设置"栏中的列表框中可查看关闭后的显示效果。

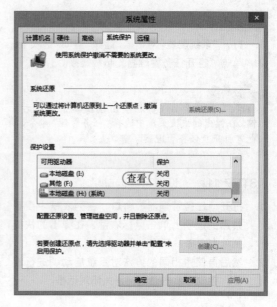

8.2 使用软件优化和防护系统

在操作系统中，除了可使用系统自带的功能维护和优化系统外，还可使用一些软件本身提供的优化和防护功能对电脑进行优化和安全防护，使系统运行更加顺畅。下面将详细讲解使用软件优化和防护系统的方法。

学习1小时

🔍 学习使用魔方电脑大师优化"开始"菜单的方法。

🔍 熟练掌握优化开机速度的方法。

🔍 快速掌握修复系统漏洞和清理电脑垃圾的方法。

🔍 熟练掌握查杀电脑木马和病毒的方法。

8.2.1 优化"开始"菜单

在 Windows XP 和 Windows 7 操作系统中都提供有"开始"菜单，通过"开始"菜单可快速打开某些程序、对话框和窗口等。但若"开始"菜单中提供的选项过多，会影响操作的速度，这时可对"开始"菜单进行优化。

魔方电脑大师是一款优化软件，它是优化大师的最新版本，该软件提供了优化"开始"菜单的功能，可快速对"开始"菜单进行优化。其方法是：启动魔方电脑大师，单击工作界面底部的"美化大师"按钮🖌️，打开"魔方美化大师"工作界面，在左侧选择"开始菜单"选项，在"开始菜单项"列表框中选中需要显示在"开始"菜单中的项目前面的复选框，然后在右侧设置开始菜单显示速度和一些其他设置，设置完成后单击 保存设置 按钮，重启电脑后即可使设置生效。

8.2.2 优化开机速度

许多用户的电脑开机速度缓慢，其实，提高开机速度的方法很简单，只需减少启动时自动运行的程序，就能提高电脑启动的速度。很多维护和优化软件都提供了优化开机速度的功能，如 360 安全卫士、电脑管家和魔方电脑大师等，而且各软件的优化方法基本类似。以 360 安全卫士为例，其方法是：启动 360 安全卫士，单击"优化加速"按钮 ，在打开的界面中选择"我的开机时间"选项卡，在下方将显示可优化的开机项目，然后单击这些项目后的 禁止 按钮，将其禁止即可提高开机速度。

▌ 经验一箩筐——优化电脑速度

优化电脑速度包括对开机速度、系统速度和网络速度等进行优化。在"优化加速"界面中选择"一键优化"选项卡，可快速对电脑进行优化。

8.2.3 修复系统漏洞

电脑在使用的过程中会产生一些漏洞，这些漏洞容易被病毒和木马利用，对电脑造成威胁，而且还影响系统的运行速度。因此，用户应定期对电脑系统漏洞进行修复。

下面将使用360安全卫士对电脑中的漏洞进行扫描并修复。其具体操作如下：

资源
文件 ┃ 实例演示 \ 第8章 \ 修复系统漏洞

STEP 01： 选择"漏洞修复"选项

1. 启动360安全卫士，在打开的界面中单击"系统修复"按钮 🔧。
2. 再在打开的界面中选择"漏洞修复"选项。

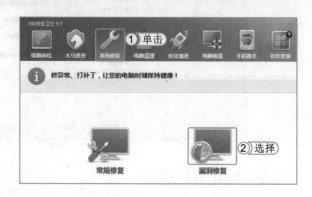

STEP 02： 扫描漏洞

1. 在打开的界面中开始扫描电脑中的漏洞，扫描完成后在界面中将显示扫描的结果，选中需要修复选项前的复选框。
2. 单击 立即修复 按钮。

提个醒　　在界面中单击"重新扫描"超级链接，将重新扫描电脑中的漏洞。

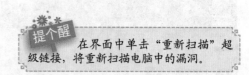

STEP 03： 修复漏洞

在打开的界面中将开始从网上下载需要修复的漏洞补丁，并进行智能修复。

提个醒　　修复漏洞必须在电脑联网的情况下才能完成，因为补丁是需要从网上下载的。

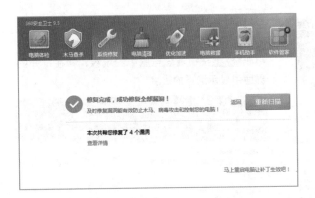

205

72图
Hours

62
Hours

52
Hours

42
Hours

32
Hours

22
Hours

12
Hours

STEP 04： 完成修复

漏洞修复完成后，在打开的界面中将提示成功修复全部漏洞，重启电脑后即可使设置生效。

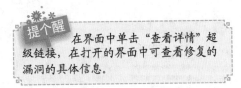

在界面中单击"查看详情"超级链接，在打开的界面中可查看修复的漏洞的具体信息。

8.2.4 清理电脑垃圾

电脑中存放的垃圾过多，不仅会占用大量的磁盘空间，还会影响电脑的运行速度，因此，用户需要对电脑中的垃圾进行清理，以释放磁盘空间，提高运行速度。清理电脑垃圾一般都是通过电脑中安装的维护和优化软件来实现的，较常用的有 360 安全卫士和电脑管家。

下面将使用电脑管家对电脑中存在的垃圾进行清理。其具体操作如下：

资源文件　实例演示\第 8 章\清理电脑垃圾

STEP 01： 选择扫描选项

1. 启动电脑管家，在打开的界面中单击"清理垃圾"按钮。
2. 在打开的界面中选择需要清理的选项，这里选中所有选项前面的复选框。
3. 单击 开始扫描 按钮。

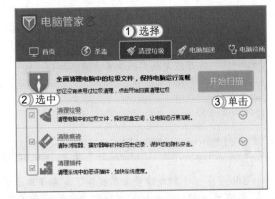

STEP 02： 扫描电脑垃圾

开始扫描电脑中的垃圾，并在打开的界面中显示扫描进度和扫描出的垃圾。

STEP 03： 立即清理

扫描完成后，在打开的界面中将显示扫描的结果，单击 立即清理 按钮清理电脑中的垃圾，并在打开的界面中显示清理的进度。

STEP 04： 完成清理

清理完成后，在打开的界面中将提示清理已完成，并显示了释放的空间大小，然后关闭该界面即可。

提个醒　　在清理完成界面中单击 完成 按钮，将返回"清理垃圾"主界面。

经验一箩筐——定期清理电脑垃圾

360 安全卫士和电脑管家都提供了定期清理电脑垃圾的功能，使用它可以设置定期对电脑中的垃圾进行清理。以电脑管家为例，其方法是：在"清理垃圾"主界面右侧单击 立即开启 按钮，开启定期清理功能，然后单击 ✿ 按钮，在打开的"设置中心"对话框中对扫描频率和扫描范围进行设置，完成后单击 确定 按钮，即可根据设置定期对电脑中的垃圾进行清理。

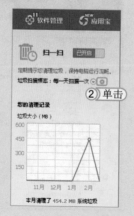

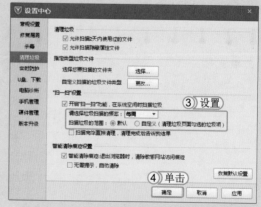

8.2.5 查杀电脑木马

　　木马是一种极具攻击和破坏性的程序，它具有远程控制功能，能通过网络进行传播，盗取电脑中的各种资料、账户密码等，对电脑的危害性很大，所以，当电脑中存在木马时就要及时进行查杀。常用的查杀木马的软件有 360 安全卫士，它能扫描出电脑中存在的木马，并能对其查杀。

　　下面将使用 360 安全卫士提供的木马查杀功能对电脑中的木马程序进行查杀。其具体操作如下：

资源文件 实例演示 \ 第 8 章 \ 查杀电脑木马

STEP 01： 选择扫描方式

1. 启动 360 安全卫士，在打开的界面中单击"木马查杀"按钮 。
2. 在打开的界面中选择"全盘扫描"选项。

提个醒 　　在界面中提供了快速扫描、全盘扫描和自定义扫描 3 种扫描方式，其中，快速扫描是扫描速度最快的；全盘扫描是对电脑中的所有文件进行扫描；而自定义扫描需要用户自定义设置扫描的范围。

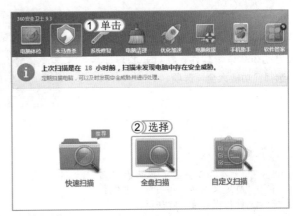

STEP 02： 处理扫描结果

1. 开始对电脑中的木马进行扫描，扫描完成后，在打开的界面中将显示扫描出的木马程序，选中需要处理的木马程序选项前的复选框。
2. 单击 立即处理 按钮。

STEP 03： 完成处理

开始对木马程序进行处理，处理完成后在界面中显示处理已完成，并且打开提示对话框，单击 好的，立即重启 按钮，将重启电脑，使设置生效。

207

72☑
Hours

62
Hours

52
Hours

42
Hours

32
Hours

22
Hours

12
Hours

8.2.6 查杀电脑病毒

电脑病毒是一种具有破坏电脑功能或数据、影响电脑使用并且能够自我复制传播的电脑程序代码，它常常寄生于系统启动区、设备驱动程序以及一些可执行文件内，并能利用系统资源进行自我复制传播。要想保证电脑不被病毒侵犯，安装杀毒软件是最有效的措施，目前常用的杀毒软件有瑞星杀毒、金山毒霸、360杀毒和卡巴斯基等，这些杀毒软件的使用方法都类似。

下面将使用360杀毒软件对电脑中的病毒进行查杀。其具体操作如下：

资源文件　　实例演示\第8章\查杀电脑病毒

STEP 01： 选择扫描方式

启动360杀毒软件，在打开的界面中选择"功能大全"选项。

提个醒　　在360杀毒主界面右下角单击"自定义扫描"按钮，也能打开"选择扫描目录"对话框。

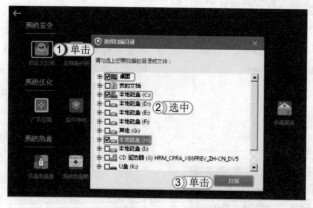

STEP 02： 选择扫描对象

1. 在打开界面的"系统安全"栏中单击"自定义扫描"按钮。
2. 打开"选择扫描目录"对话框，选中 桌面、本地磁盘(C:)和本地磁盘(H:)复选框。
3. 单击 扫描 按钮。

读书笔记

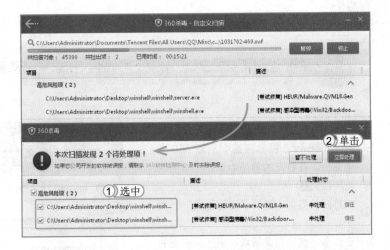

STEP 03: 处理病毒

1. 开始对所选项目进行扫描，并在打开的界面中显示扫描进度和已扫描出的病毒，扫描完成后在界面中显示扫描的结果，并选中需要处理的病毒选项。

2. 单击 立即处理 按钮。

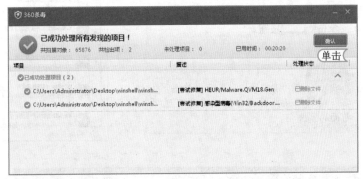

STEP 04: 完成处理

开始对扫描出的病毒进行处理，完成后在打开的界面中将提示已成功处理，单击 确认 按钮。

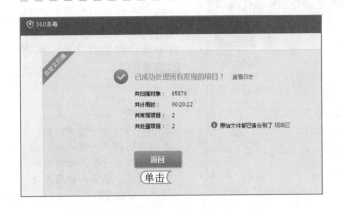

STEP 05: 查看处理结果

在打开的界面中将显示扫描的对象数、扫描用时、发现项目以及处理的项目等信息，然后单击 返回 按钮返回主界面即可。

62
Hours

52
Hours

42
Hours

32
Hours

 上机1小时 ▶ **使用 360 安全卫士清理和优化 Windows 8**

🔍 巩固清理电脑垃圾和优化开机速度的方法。

🔍 掌握使用 360 安全卫士全面优化 Windows 8 操作系统的方法。

🔍 进一步掌握一键优化系统速度的方法。

22
Hours

本例将使用 360 安全卫士对 Windows 8 操作系统进行全面清理和优化。首先使用"清理电脑"功能对 Windows 8 操作系统中的垃圾、软件、插件和痕迹等进行清理，以减少磁盘占用

12
Hours

空间，然后再使用"优化加速"功能对系统速度进行提升，以提高电脑运行速度。

资源
文件　实例演示 \ 第 8 章 \ 使用 360 安全卫士清理和优化 Windows 8

STEP 01：　选择清理选项

1. 在 Windows 8 操作系统中启动 360 安全卫士，在打开的界面中单击"电脑清理"按钮。
2. 在打开的界面中选择"清理垃圾"选项卡。
3. 在界面中选中需要清理垃圾选项前面的复选框。
4. 单击 开始扫描 按钮。

提个醒　在"清理垃圾"界面中单击"全选"超级链接，将会自动选中所有选项前面的复选框。

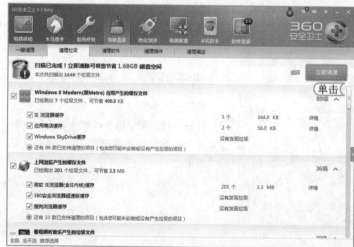

STEP 02：　清理垃圾

开始对电脑中的垃圾进行扫描，扫描完成后，在打开的界面中显示扫描的结果，单击 立即清理 按钮。

提个醒　若在"清理垃圾"界面中选择"一键清理"选项卡，那么将可同时对电脑中的垃圾、插件和使用痕迹等进行扫描清理。

STEP 03：　完成清理

开始对扫描出来的垃圾进行清理，清理完成后，在打开的界面中将显示已清理完成。

STEP 04： 选择软件

1. 选择"清理软件"选项卡。
2. 开始对电脑中不用或不常用的软件进行扫描，完成后在界面中选中需要清理的软件前的复选框。
3. 单击 一键清理 按钮。
4. 在打开的提示对话框中确认要清理的软件，确认后单击 确定 按钮继续。

STEP 05： 完成清理

开始对选择的软件进行清理，完成后在打开的界面中将显示清理的结果。

> **提个醒** 在清理完成界面中不仅会显示清理所用的时间，还会显示释放的空间大小。

STEP 06： 扫描插件

1. 然后在界面中选择"清理插件"选项卡。
2. 再在打开的界面中单击  按钮。

> **提个醒** 电脑中如果插件较多，会影响系统和浏览器的速度。

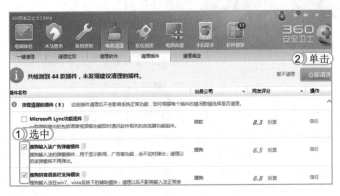

STEP 07： 清理插件

1. 开始对电脑中的插件进行扫描，完成后在打开的界面中显示扫描的结果，选中需要清理的插件选项前面的复选框。
2. 单击 立即清理 按钮，根据扫描结果进行清理。

62
Hours

52
Hours

42
Hours

32
Hours

22
Hours

12
Hours

STEP 08： 选择清理选项

1. 选择"清理痕迹"选项卡。
2. 在打开的界面中选中需要清理痕迹选项前面的复选框，单击 开始扫描 按钮。
3. 在打开的提示对话框中单击 继续扫描 按钮。

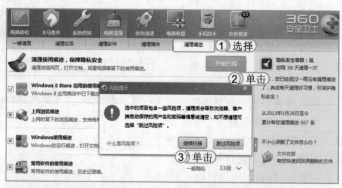

STEP 09： 立即清理

开始对使用痕迹进行扫描，扫描完成后在打开的界面中显示扫描的结果，单击 立即处理 按钮。

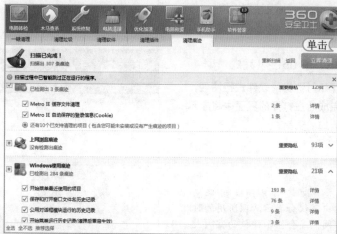

读书笔记

STEP 10： 选择优化项目

1. 扫描完成后在打开的界面中单击"优化加速"按钮 。
2. 在打开的界面中默认选择"一键优化"选项卡。
3. 在打开的界面中将开始扫描可优化的项目，并显示扫描结果，选中需要优化选项前面的复选框。
4. 单击 立即优化 按钮。

STEP 11： 完成优化

开始对所选择的项目进行优化，优化完成后在打开的界面中显示优化的项目数，完成本例的操作。

提个醒 若选择"我的开机时间"选项卡，在其中可对开机速度进行优化；选择"启动项"选项卡，可对开机启动项进行设置。

经验一箩筐——一键修复系统存在的所有问题

使用 360 安全卫士提供的电脑体检功能，可快速对电脑系统存在的木马、漏洞和垃圾等问题进行检测，并可快速对其进行修复。其方法是：启动 360 安全卫士，单击"电脑体检"按钮，在打开的界面中单击 按钮，开始对电脑进行扫描，扫描完成后，在打开的界面中将显示扫描的结果，单击 按钮，即可快速对扫描出的问题进行清理和修复。

8.3 练习 2 小时

本章主要介绍了对系统进行维护、优化和安全防护等知识的操作方法，用户要想在日常工作中熟练使用它们，还需再进行巩固练习。下面以设置 Windows 8 防火墙以及使用电脑管家维护、清理和优化电脑为例，进一步巩固这些知识的使用方法。

1. 练习 1 小时：设置 Windows 8 防火墙

本例将对 Windows 8 防火墙进行设置。首先开启 Windows 8 防火墙功能，然后对允许的应用进行设置，以巩固开启和设置防火墙的方法。

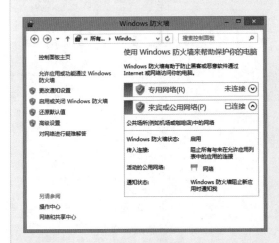 

资源文件 实例演示\第8章\设置 Windows 8 防火墙

62
Hours

52
Hours

42
Hours

32
Hours

22
Hours

12
Hours

2. 练习1小时：使用电脑管家维护、清理和优化电脑

本例将使用电脑管家对电脑进行维护、清理和优化。首先启动电脑管家软件，在打开的界面中单击 全面体检 按钮，可快速对电脑中的病毒、木马和垃圾等进行扫描，扫描完成后，对扫描结果进行处理，如下图所示为扫描的结果。

资源
文件　**实例演示 \ 第8章 \ 使用电脑管家维护、清理和优化电脑**

读书笔记

系统
72 HOURS

备份还原系统
与电脑资源

第

9

章

学习 4 小时

　　备份与还原不仅可以防止原文件的丢失和损坏，而且可以省去重装系统的麻烦。备份与还原主要分为备份系统与还原电脑中的资源。本章将主要对备份与还原的常用方法进行讲解。

● 使用系统自带功能备份
　与还原系统
● 使用 Ghost 备份与还原系统
● 备份与还原驱动程序和
　注册表
● 备份与还原用户数据

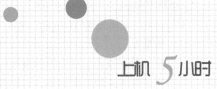

上机 5 小时

9.1 使用系统自带功能备份与还原系统

对系统进行备份可以免除当系统出现异常时重新安装系统的麻烦，操作系统中提供了备份和还原功能，用户可以通过创建和使用还原点来备份与还原系统。下面将对其操作进行详细讲解。

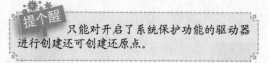

学习 1 小时

- 🔍 快速掌握创建还原点和使用还原点还原系统的方法。
- 🔍 熟练掌握通过控制面板实现系统备份与还原的方法。

9.1.1 创建还原点备份系统

当系统崩溃或无法正常运行时，使用还原点可以将系统恢复到创建还原点前的状态，但使用还原点备份系统，首先需要创建一个还原点，这样才能使用创建的还原点来还原系统，以使系统恢复正常。

下面将在 Windows 7 操作系统中创建一个名为 "2014" 的还原点。其具体操作如下：

资源文件 实例演示 \ 第 9 章 \ 创建还原点备份系统

STEP 01： 打开"系统属性"对话框

在"计算机"图标 🖥 上单击鼠标右键，在弹出的快捷菜单中选择"属性"命令，打开"系统"窗口，单击"高级系统设置"超级链接。

STEP 02： 选择驱动器

1. 打开"系统属性"对话框，选择"系统保护"选项卡。
2. 在"保护设置"栏中的列表框中选择已开始系统保护功能的驱动器，这里选择"本地磁盘（C:）（系统）"选项。
3. 单击 创建(C)... 按钮。

提个醒 只能对开启了系统保护功能的驱动器进行创建还可创建还原点。

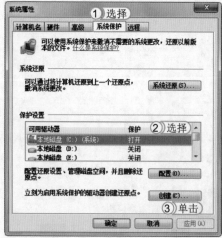

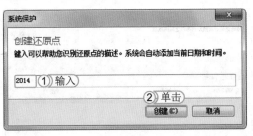

STEP 03： 创建还原点

1. 打开"系统保护"对话框，在文本框中输入
   还原点的名称，这里输入"2014"。
2. 单击 创建(C) 按钮。
3. 开始创建还原点，创建完成后在对话框中将
   提示成功创建还原点，再单击 关闭(O) 按钮关闭
   对话框。

提个醒 一般只需为系统盘创建还原点即可，
若为每个驱动器都创建还原点，那么将会占用
磁盘空间。

9.1.2 恢复还原点还原系统

还原点主要是备份注册表、设置和驱动程序等，当对注册表进行了错误操作或因安装了错
误的软件导致系统不能正常运行时，则可通过恢复还原点来还原系统。

下面将在 Windows 7 操作系统中通过前面创建的"2014"还原点来恢复系统。其具体操
作如下：

资源
文件 实例演示 \ 第 9 章 \ 恢复还原点还原系统

STEP 01： 单击"系统还原"按钮

打开"系统属性"对话框，选择"系统保护"选项卡，
在"系统还原"栏中单击 系统还原(S)... 按钮。

提个醒 开启系统保护后，系统在安装应用程
序或设备驱动程序等显著的系统事件发生之前
会自动创建还原点，使用该还原点也可以还原
系统。

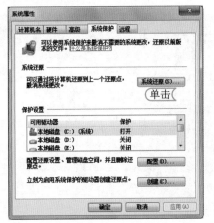

STEP 02： 进行还原操作

打开"还原系统文件和设置"对话框，单击
下一步(N) > 按钮。

读书笔记

STEP 03： 选择还原点

1. 打开"将计算机还原到所选事件之前的状态"对话框，在列表框中选择一个还原点，这里选择"2014"选项。
2. 单击 下一步(N) > 按钮。

提个醒 为了保证系统安全，可在选择还原点的对话框中单击 扫描受影响的程序(A) 按钮，先对系统中的程序进行扫描，扫描完成后，若没有检测到受影响的程序，再继续还原操作。

STEP 04： 确认系统还原

1. 打开"确认还原点"对话框，单击 完成 按钮。
2. 再在打开的提示对话框中单击 是 按钮。

提个醒 在打开的"确认还原点"对话框中可查看到执行系统还原操作后，系统所要恢复到创建还原点的时间。

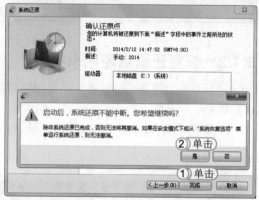

STEP 05： 开始还原系统

还原程序开始还原系统，还原成功后，将自动重启电脑，完成系统还原操作。

读书笔记

9.1.3 通过控制面板实现系统备份与还原

除了可通过创建还原点来还原系统外，还可通过控制面板来快速实现系统的备份与还原。下面将分别讲解通过控制面板备份和还原系统的方法。

1. 通过控制面板备份系统

系统还原点只能对系统的部分设置及注册表等内容进行还原，而通过控制面板可以对整个系统文件进行备份。

下面将在 Windows 7 操作系统中通过控制面板来备份 Windows 7 操作系统。其具体操作如下：

STEP 01： 单击超级链接

在 Windows 7 操作系统中打开"控制面板"窗口，在大图标模式下单击"备份与还原"超级链接。

提个醒
在 Windows 8 操作系统通过控制面板备份系统，需要在"控制面板"窗口中单击"Windows 7 文件恢复"超级链接。

STEP 02： 启动备份

打开"备份与还原"窗口，在"备份"栏中打开"设置备份"超级链接，打开"设置备份"对话框，显示正在启动备份。

提个醒
如果已进行过备份，那么"备份"栏中显示的信息会有所不同。

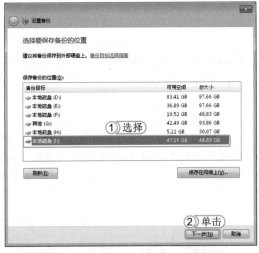

STEP 03： 选择备份位置

1. 启动备份后，将打开"选择要保存备份的位置"对话框，在"保存备份的位置"列表框中选择备份位置，这里选择 I 盘。
2. 单击 下一步(N) 按钮。

提个醒
在对话框中单击 保存在网络上(V)... 按钮，可将备份的文件保存在指定的网络位置，这样不用担心备份的文件因为电脑问题丢失。

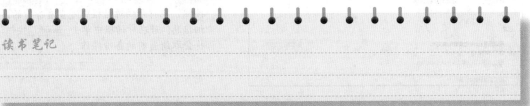

读书笔记

219

72☒ Hours

62 Hours

52 Hours

42 Hours

32 Hours

22 Hours

12 Hours

STEP 04： 设置备份内容

1. 打开"您希望备份哪些内容"对话框，选中◉让 Windows 选择(推荐) 单选按钮。
2. 单击 下一步(N) 按钮。

读书笔记

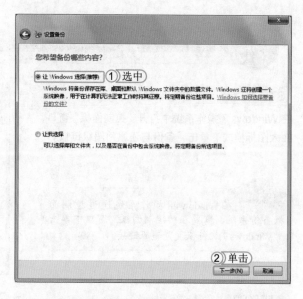

STEP 05： 查看备份设置

在打开的"查看备份设置"对话框中可查看备份的位置以及备份的内容，然后单击 保存设置并运行备份(S) 按钮。

提个醒 在"查看备份设置"对话框中单击"更改计划"超级链接，在打开的"您希望多久备份一次"对话框中可设置备份的频率、日期和时间等。

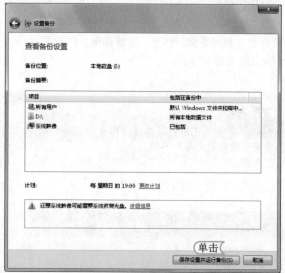

STEP 06： 开始备份

即可根据之前的设置对系统进行备份，并在"备份与还原文件"窗口中显示备份的进度。

提个醒 在备份过程中单击 查看详细信息(I) 按钮，在打开的对话框中可查看备份的详细信息；若在对话框中单击 停止备份(S) 按钮，将会取消当前的备份操作。

问题小贴士

问：在对系统进行备份时，能不能自行设置备份的内容呢？

答：当然可以，在"您希望备份哪些内容"对话框中选中 ⊙让我选择 单选按钮，在打开的对话框中的列表框中选中要包含在备份中的项目对应的复选框，单击 下一步(N) > 按钮继续操作即可。对话框中的 ☑ 包括驱动器 (C:), (F:), 其他 (G:) 的系统映像(S) 复选框是默认选中的，它主要用于对电脑磁盘中的系统映像文件进行备份，当电脑停止运行时，使用这些系统映像文件可以将其还原，使电脑能正常运行。

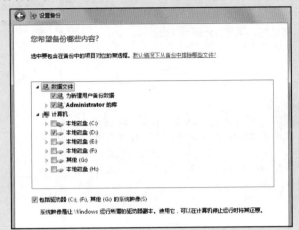

2. 通过控制面板还原系统

还原点只是对系统注册表等信息进行还原，有一定局限性，当使用还原点还原系统失效时，就可以选择控制面板还原整个系统的方法对系统进行还原。

下面将在 Windows 7 操作系统中通过控制面板进行的备份来还原整个系统。其具体操作如下：

资源文件 | 实例演示 \ 第 9 章 \ 通过控制面板还原系统

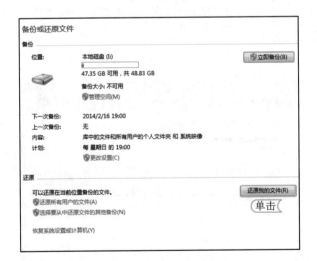

STEP 01： 启动还原程序

打开"控制面板"窗口，在大图标显示模式下单击"备份和还原"超级链接，在打开的"备份与还原文件"窗口中的"还原"栏中单击 还原我的文件(R) 按钮。

提个醒

在"还原"栏中单击"还原所有用户的文件"超级链接，可还原备份的所有文件；单击"恢复系统设置或计算机"超级链接，再在打开的窗口中单击"高级恢复方法"超级链接，可通过系统映像文件还原系统。

读书笔记

62
Hours

52
Hours

42
Hours

32
Hours

22
Hours

12
Hours

STEP 02： 单击"浏览文件夹"按钮

打开"浏览或搜索要还原的文件和文件夹的备份"对话框，单击 浏览文件夹(O) 按钮。

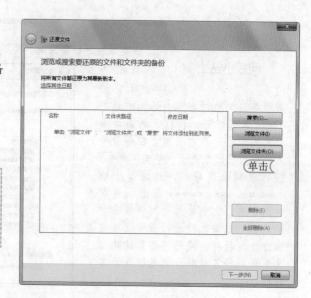

提个醒 在对话框中单击 搜索(S)... 按钮，在打开的"搜索要还原的文件"对话框中输入关键字，可对要还原的文件进行搜索；若单击 浏览文件(I) 按钮，可对还原的文件进行添加。

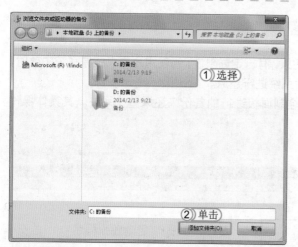

STEP 03： 选择需还原的文件夹

1. 打开"浏览文件夹或驱动器的备份"对话框，在下方显示了备份的文件夹，选择需要还原的文件夹，这里选择"C:的备份"选项。
2. 单击 添加文件夹(O) 按钮。

提个醒 "浏览文件夹或驱动器的备份"对话框中若有多个备份的文件夹，不能一次选择所有的文件夹进行添加，只能一次次地添加。

STEP 04： 添加文件夹

1. 返回上一对话框，并在列表框中显示添加的文件夹，然后使用相同的方法将备份的"D:的备份"文件夹也添加到其中。
2. 单击 下一步(N) 按钮。

提个醒 如果添加的文件或文件夹有误，可将其删除。在"浏览或搜索要还原的文件和文件夹的备份"对话框中单击 删除(E) 按钮，将删除选择的文件或文件夹，若单击 全部删除(A) 按钮，将删除列表框中所有的文件和文件夹。

STEP 05： 设置还原位置

1. 打开"您想在何处还原文件"对话框，选中 ⦿ 在原始位置(O) 单选按钮。

2. 单击 还原(R) 按钮。

> **提个醒** 若在"您想在何处还原文件"对话框中单击 取消 按钮，将会取消对文件的还原操作。

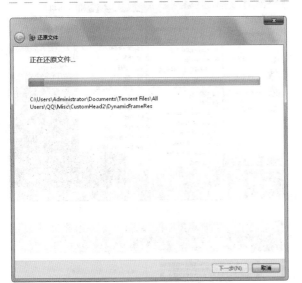

STEP 06： 正在还原文件

开始还原文件，并在打开的"正在还原文件…"对话框中显示还原进度，当完成还原操作后关闭该对话框即可。

读书笔记

问题小贴士

问：在进行还原操作的过程中，如何自定义设置还原的位置呢？

答：在"您想在何处还原文件"对话框中选中 ⦿ 在以下位置(F): 单选按钮，单击 浏览(V)... 按钮，在打开的"浏览文件夹"对话框中设置还原的位置，设置完成后返回"您想在何处还原文件"对话框，在文本框中将显示设置的还原位置，再取消选中 ☐ 将文件还原到它们的原始子文件夹(S) 复选框，单击 还原(R) 按钮即可。

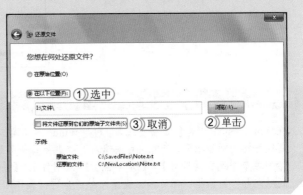

上机1小时 ▶ 在 Windows XP 中创建还原点并还原系统

🔍 巩固创建还原点的方法。

🔍 巩固使用还原点还原系统的方法。

🔍 进一步掌握在 Windows XP 操作系统中使用备份工具备份和还原系统的方法。

　　本例将在 Windows XP 操作系统中创建还原点，并利用它恢复系统。首先进入 Windows XP 操作系统，然后创建一个还原点，最后利用创建的还原点还原系统。

> 资源文件　实例演示 \ 第 9 章 \ 在 Windows XP 中创建还原点并还原系统

STEP 01： 启动系统还原

1. 启动 Windows XP，在系统桌面单击 【开始】按钮。
2. 在弹出的菜单中选择【开始】/【所有程序】/【附件】/【系统工具】/【系统还原】命令。

> **提个醒**　系统还原功能只有在开启的情况才能还原，其开启方法与在 Windows 7 操作系统中开启还原功能的方法基本类似。

STEP 02： 创建还原点

1. 在打开的"欢迎使用系统还原"对话框中选中【创建一个还原点(E)】单选按钮。
2. 单击【下一步(N) >】按钮。

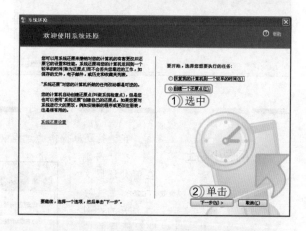

经验一箩筐——使用备份工具备份和还原系统

　　在 Windows XP 中提供了备份工具，它与 Windows 7 操作系统"控制面板"窗口中的"备份与还原"超级链接的功能相同，使用它可快速对系统进行备份与还原操作。备份工具的使用方法是：在"开始"菜单中选择【开始】/【所有程序】/【附件】/【系统工具】/【备份】命令，打开"备份或还原向导"对话框，然后根据提示向导逐步进行操作即可。

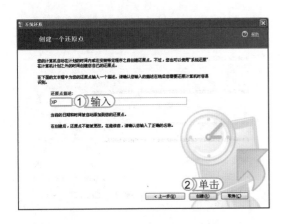

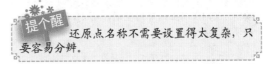

STEP 03: 设置还原点名称

1. 在打开的"创建一个还原点"对话框的"还原点描述"文本框中输入备份文件的名称，这里输入"XP"。
2. 单击 创建(R) 按钮。

> **提个醒** 还原点名称不需要设置得太复杂，只要容易分辨。

STEP 04: 完成还原点创建

在打开的对话框中提示还原点已创建成功，单击 关闭(C) 按钮完成对还原点的创建。

> **提个醒** 在"还原点已创建"对话框中，将显示创建的还原点信息，包括还原点的创建时间和名称。

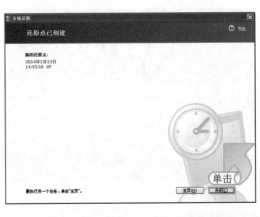

STEP 05: 选择操作选项

1. 在"欢迎使用系统还原"对话框中选中 ⦿恢复我的计算机到一个较早的时间(R) 单选按钮。
2. 单击 下一步(N) > 按钮。

> **提个醒** 通过还原点还原系统，只会还原 Windows XP 的系统配置，并不还原其他文件，因此，重要的文件仍要用户定期进行备份。

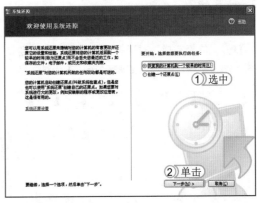

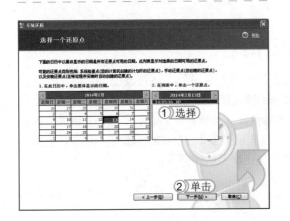

STEP 06: 选择还原点

1. 在打开的"选择一个还原点"对话框中选择一个过去创建的还原点。
2. 单击 下一步(N) > 按钮。

> **提个醒** 在"选择一个还原点"对话框中左侧的日期列表中以黑色显示的日期，将表示该日期创建有可用的还原点。

62
Hours

52
Hours

42
Hours

32
Hours

22
Hours

12
Hours

STEP 07: 确认还原点选择

在打开的"确认还原点选择"对话框中确认还原点，确认完成后单击 下一步(N) > 按钮。

> **提个醒** 在进行系统还原前，应注意硬盘至少要有 200MB 以上的可用空间，否则，还原操作将不能进行。

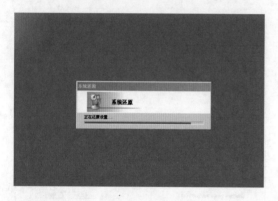

STEP 08: 系统还原

关闭电脑并重新启动，在重启过程中将自动执行系统还原操作，并在打开的"系统还原"对话框中显示还原进度。

STEP 09: 完成还原

系统还原完成后，将启动电脑进入到操作系统，并打开"恢复完成"对话框，在其中可查看到恢复到的还原点，然后单击 确定(Q) 按钮关闭对话框。

读书笔记

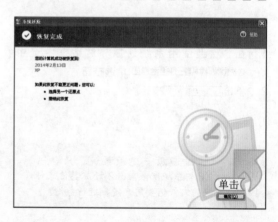

9.2 使用 Ghost 备份与还原系统

除了可以使用系统自带的备份与还原功能备份和还原系统外，还可以使用其他工具对系统进行备份与还原，如 Ghost，它是一款专业的系统备份和还原工具，使用它可以将某个磁盘分区或整个硬盘上的内容完全镜像复制到另外的磁盘分区和硬盘上，或压缩为一个镜像文件。但要使用 Ghost 工具进行备份与还原系统操作，首先需要安装 MaxDOS 软件，因为它自带了 Ghost 工具，下面将分别讲解使用 Ghost 工具备份与还原系统的方法。

学习1小时

- 快速掌握使用 Ghost 工具备份系统的方法。
- 熟练掌握使用 Ghost 工具还原系统的方法。

9.2.1 使用 Ghost 备份系统

使用 Ghost 工具备份不仅快速，而且操作简单。下面将使用 MaxDOS 软件中的 Ghost 工具对 Windows 7 操作系统进行备份。其具体操作如下：

资源文件　实例演示 \ 第 9 章 \ 使用 Ghost 备份系统

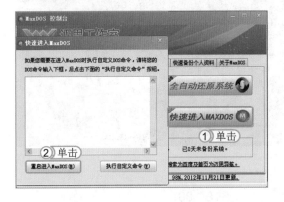

STEP 01： 进入 MaxDOS

1. 在 Windows 7 操作系统中启动安装的 MaxDOS 软件，在打开的工作界面中单击 <kbd>快速进入MAXDOS</kbd> 按钮。
2. 打开"快速进入 MaxDOS"对话框，单击 <kbd>重启进入MaxDOS(N)</kbd> 按钮。

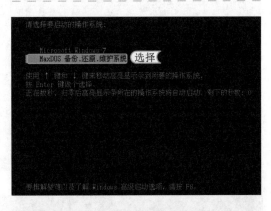

STEP 02： 选择启动项

启动电脑，在出现的启动菜单中按键盘上的↓方向键，选择"MaxDOS 备份.还原.维护系统"选项，然后按 Enter 键。

> **提个醒** 备份某个系统时，启动菜单中显示的系统名称将与备份的系统相同。

STEP 03： 输入工具代码

打开 MaxDOS 工具箱界面，在该界面中列出了所有工具及其对应的代码，这里输入系统备份还原工具的代码"GHOST"，按 Enter 键。

> **提个醒** 输入的工具代码既可以是小写字母，也可以是大写字母。

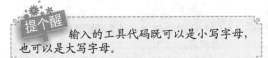

62 Hours
52 Hours
42 Hours
32 Hours
22 Hours
12 Hours

STEP 04： 单击"OK"按钮

启动 Ghost 软件，在打开的对话框中单击 [OK] 按钮。

提个醒　　对于 Windows 7 和 Windows 8 操作系统来说，在 DOS 下使用 Ghost 软件可以直接使用鼠标进行操作，设置相关选项，然后单击对应按钮。

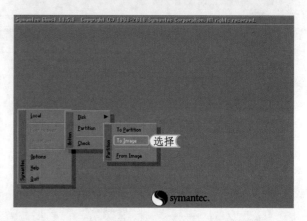

STEP 05： 选择命令

在打开的界面中通过方向键选择 Local/ Partition/To Image 命令，表示备份磁盘分区。

读书笔记

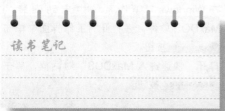

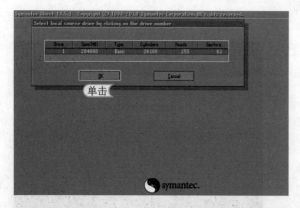

STEP 06： 选择需备份的硬盘

在打开的界面中选择需备份的磁盘分区所在的硬盘，这里保持默认选择，然后单击 [OK] 按钮。

提个醒　　若电脑中有多个硬盘时，在界面中将显示多个选项，以供选择。

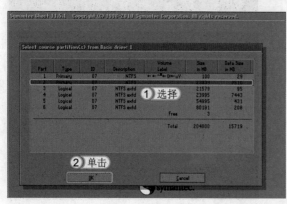

STEP 07： 选择分区

1. 在打开的界面中选择需备份的分区，这里选择第 2 个分区。
2. 然后单击 [OK] 按钮。

提个醒　　选择需备份的分区后，按 Ctrl+O 组合键与单击 [OK] 按钮的作用相同。

STEP 08： 选择保存位置

在打开的界面中要求设置保存的位置，通过按 Tab 键选择地址栏下拉列表框，按 Enter 键，展开下拉列表框，然后选择较大的分区，这里选择"1.6:[]NTFS drive"选项。

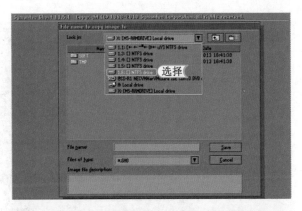

提个醒 使用 Ghost 时，Tab 键主要用于在界面中的各个项目间进行切换，当按 Tab 键激活某个项目后，该项目将呈高亮显示状态。

STEP 09： 设置备份名称

然后按 Tab 键，选择"File name"文本框，输入备份的名称，这里输入"beifen Win7"，按 Enter 键。

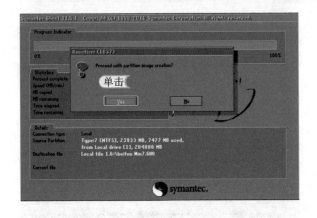

STEP 10： 选择压缩方式

在打开的对话框中选择压缩方式，这里按方向键单击 High 按钮，再按 Enter 键。

提个醒 在选择压缩方式时，其中的 No 按钮表示不压缩；Fast 按钮表示平衡压缩比例和压缩速度；High 按钮表示高压缩。

STEP 11： 确认备份

在打开的对话框中按方向键单击 Yes 按钮，确认进行备份操作。

读书笔记

229

72☒
Hours

62
Hours

52
Hours

42
Hours

32
Hours

22
Hours

12
Hours

STEP 12: 开始备份

开始对系统进行备份，并在打开的界面中
显示备份进度，完成后重启电脑完成备份。

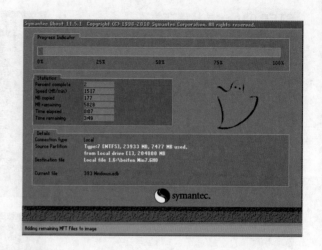

> **提个醒**
> MaxDOS 软件还提供了全自动
> 备份和还原的功能，使用该功能可简化备
> 份与还原操作，提高备份与还原速度。

9.2.2 使用 Ghost 还原系统

通过 Ghost 备份文件后，当系统出现问题，或能够启动电脑，但不能进入操作系统时，便
可利用备份文件通过 Ghost 进行还原。

下面将通过 Ghost 备份的文件来还原 Windows 7 操作系统。其具体操作如下：

> **资源文件** 实例演示 \ 第 9 章 \ 使用 Ghost 还原系统

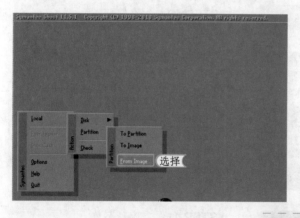

STEP 01: 选择还原命令

启动 MaxDOS，打开 Ghost 主界面，单
击 ▊▊▊OK▊▊▊ 按钮，按 Enter 键，再
在打开的界面中选择 Local/Partition/From
Image 命令。

> **提个醒**
> 在界面中激活 "Quit" 命令后
> 再按 Enter 键将退出 Ghost 程序，并返回
> MaxDOS 的主菜单界面。

STEP 02: 选择备份文件

1. 在打开的界面中选择还原的硬盘，这里
   保持默认设置，单击 ▊▊OK▊▊ 按钮，再
   在打开的界面中选择备份的镜像文件。
2. 然后单击 ▊Open▊ 按钮。

> **提个醒**
> Ghost 还原时，只能还原到备
> 份的磁盘中，否则系统会出错。

STEP 03: 确认恢复的备份文件

在打开的界面中显示了所选镜像文件的大小以及类型等相关信息，单击 OK 按钮进行确认。

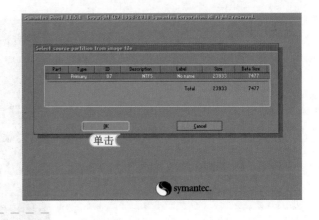

STEP 04: 选择硬盘

在打开的界面中选择需备份的磁盘分区所在的硬盘，这里保持默认选择，然后单击 OK 按钮。

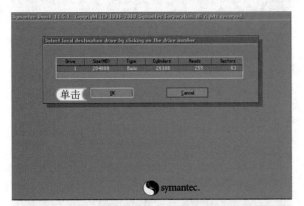

231

72⊠
Hours

62
Hours

52
Hours

42
Hours

32
Hours

22
Hours

12
Hours

读书笔记

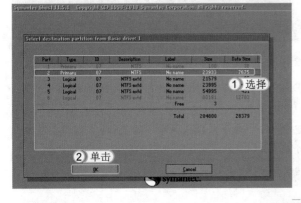

STEP 05: 选择还原分区

1. 在打开的界面中选择需要恢复到的磁盘分区，这里选择恢复到第 2 分区。
2. 单击 OK 按钮。

STEP 06: 确认恢复

在打开的对话框中询问是否需要恢复，单击 Yes 按钮确认。

提个醒　在使用 Ghost 进行备份或还原的过程中，在打开的提示对话框中若单击 No 按钮，将表示取消当前操作。

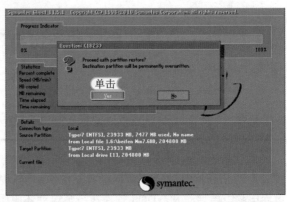

STEP 07： 还原系统

Ghost 开始恢复该镜像文件到所选硬盘，并在打开的界面中显示恢复速度、进度和需要的时间等信息。

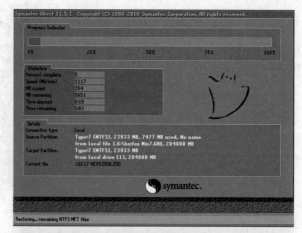

提个醒

在 Ghost 备份时需要等待一段时间，在这段时间中，不要轻易进行其他操作，以免造成备份错误。

STEP 08： 完成还原操作

恢复完成后，在打开的对话框中单击 Reset Computer 按钮，重启电脑，完成系统的恢复。

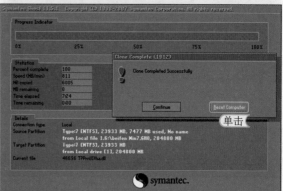

读书笔记

经验一箩筐——Local 菜单命令

用 Ghost 备份与恢复硬盘或磁盘分区都是通过 Local 菜单中的相应命令实现，其含义如下。

🔑 Disk：对硬盘进行操作，其下包含 To Disk（复制硬盘）、To Image（将硬盘备份为镜像文件）和 From Image（由硬盘镜像文件还原）3 个命令。

🔑 Partition：对磁盘分区进行操作，它包含的 3 个命令与 Disk 菜单下的 3 个命令相似，不过该菜单下的命令针对的是分区而非整个硬盘。

🔑 Check：检查磁盘分区是否有坏道或错误。

上机 1 小时 ▶ **全自动备份与还原 Windows 8**

🔍 巩固备份系统的方法

🔍 巩固还原系统的方法。

🔍 进一步掌握使用 MaxDOS 软件全自动备份与还原系统的方法。

本例使用 MaxDOS 软件提供的全自动备份与还原功能备份和还原 Windows 8 操作系统。首先启动 MaxDOS 软件，通过全自动备份功能对 Windows 8 操作系统进行备份，备份完成后重启电脑，再启动 MaxDOS 软件执行全自动还原操作对系统进行还原。

实例演示 \ 第 9 章 \ 全自动备份与还原 Windows 8

STEP 01： 选择备份系统

1. 在 Windows 8 操作系统中启动 MaxDOS 软件，打开其工作界面，默认选择"全自动备份还原系统"选项卡。
2. 单击 全自动备份系统 按钮。

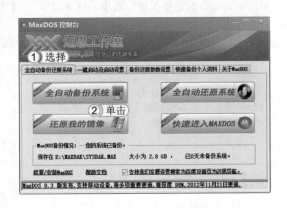

233

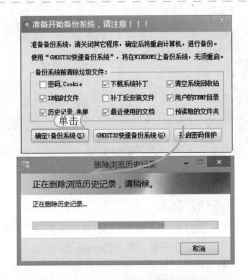

STEP 02： 准备备份系统操作

打开"准备开始备份系统，请注意"对话框，保持默认设置，单击 确定!备份系统(S) 按钮。开始对电脑中的垃圾、浏览历史记录等进行删除，并在打开的对话框中显示删除进度。

提个醒　在"准备开始备份系统，请注意"对话框中单击 GHOST32快速备份系统(G) 按钮，可使用 Ghost 工具快速对系统进行备份。

STEP 03： 选择启动项

删除完成后，在打开的提示对话框中单击 确定 按钮，重启电脑，打开启动菜单，选择"MaxDOS 备份.还原.维护系统"命令，然后按 Enter 键。

提个醒　在启动菜单中显示了启动时间，如果超过时间还未选择启动项，那么将根据前面的操作自动选择启动项并运行。

读书笔记

STEP 04： 选择启动模式

打开 MaxDOS 界面，按方向键选择"启动
快速全自动备份还原系统"选项，然后按
Enter 键。

> **提个醒**　若选择"启动　MaxDOS Map-
> Merr 模式（兼容性较好）"选项，将会
> 进行手动备份系统操作。

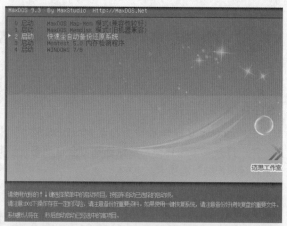

STEP 05： 备份系统

开始自动备份系统，并在打开的界面中显
示备份进度，备份完成后重启电脑即可。

> **提个醒**　全自动备份系统时，不需要设
> 置备份的硬盘和分区等，MaxDOS 软件将
> 会自动进行设置，而且会快速跳过。

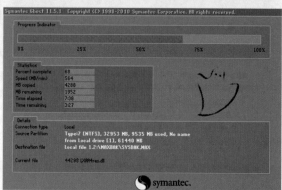

STEP 06： 准备还原系统

1. 启动电脑，再启动 MaxDOS 软件，打开
   其工作界面，单击 全自动还原系统 按钮。
2. 打开"警告：准备还原系统"对话框，
   单击 确定!还原系统(S) 按钮。

> **提个醒**　在打开的"警告：准备还原系统"
> 对话框中显示了被还原的分区、原始镜像
> 文件等信息。

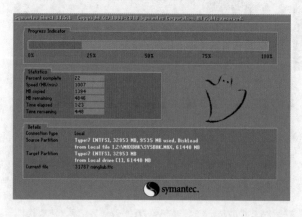

STEP 07： 还原系统

在打开的提示对话框中单击 确定 按钮，
重启电脑，在启动菜单中选择启动项，再选
择启动模式，完成后将开始还原系统，并在
打开的界面中显示还原进度，完成后重启电
脑即可。

9.3 备份与还原驱动程序和注册表

在对操作系统进行重新安装前，应对各种硬件的驱动程序和操作系统的注册表进行备份，这样重新安装操作系统后，直接对备份的驱动程序和注册表还原即可，非常方便。下面将对备份与还原驱动程序和注册表的方法进行讲解。

学习1小时

- 🔍 快速掌握备份驱动程序的方法。
- 🔍 熟练掌握备份注册表的方法。
- 🔍 掌握还原驱动程序的方法。
- 🔍 快速掌握还原注册表的方法。

9.3.1 备份驱动程序

驱动程序常用的备份方式是使用软件进行备份，软件既可以是维护和优化系统的软件，如鲁大师，也可以是驱动管理软件，如驱动精灵。

下面将使用驱动精灵对 Windows 7 操作系统中各硬件的驱动程序进行备份。其具体操作如下：

资源文件 实例演示 \ 第 9 章 \ 备份驱动程序

STEP 01： 选择驱动程序

1. 启动驱动精灵，在打开的界面中单击"驱动程序"按钮。
2. 然后选择"备份还原"选项卡。
3. 选中☑全选复选框，选中所有硬件驱动程序选项对应的复选框。
4. 然后单击右下方的"路径设置"超级链接。

STEP 02： 选择目录

1. 打开"设置"对话框，默认选择"驱动程序"选项卡。
2. 单击"驱动备份路径"文本框后面的 选择目录 按钮。

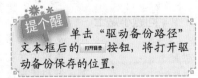

提个醒 单击"驱动备份路径"文本框后的 打开目录 按钮，将打开驱动备份保存的位置。

235

72⊠
Hours

62
Hours

52
Hours

42
Hours

32
Hours

22
Hours

12
Hours

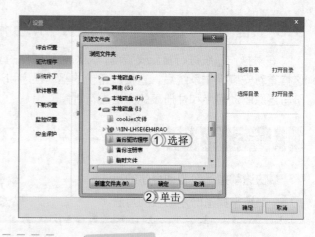

STEP 03: 设置备份路径

1. 打开"浏览文件夹"对话框，选择备份路径，这里选择"备份驱动程序"文件夹选项。
2. 单击 确定 按钮。

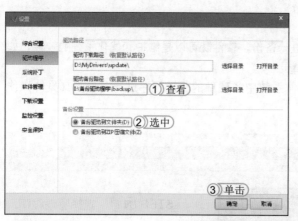

STEP 04: 设置备份选项

1. 返回"设置"对话框，在"驱动备份路径"文本框中可查看设置的备份路径。
2. 在"备份设置"栏中选中 ⊙ 备份驱动到文件夹(D) 单选按钮。
3. 单击 确定 按钮。

提个醒 若选中 ⊙ 备份驱动到文件夹(D) 单选按钮表示以文件夹形式保存驱动程序；若选中 ⊙ 备份驱动到ZIP压缩文件(Z) 单选按钮表示以压缩文件的形式保存驱动程序。

STEP 05: 开始备份

返回"备份还原"界面，单击 一键备份 按钮，将开始对所选驱动程序进行备份。

提个醒 选择需备份的驱动程序后，其驱动程序选项后面都有一个 备份 按钮，单击该按钮，可以只对对应的驱动程序进行备份，不能对选择的所有驱动程序进行备份。

问题小贴士

问：鲁大师不是硬件检测工具吗，也能对驱动程序进行备份和还原？
答：鲁大师是一款系统优化工具软件，不仅拥有硬件检测、系统漏洞扫描和修复、各类硬件温度监测等功能，还拥有备份和还原驱动程序的功能，使用该功能可快速对电脑中各硬件的驱动程序进行备份和还原操作。

STEP 06： 完成备份

当对所有驱动程序备份完成后，将打开"提示"对话框，单击 确定 按钮完成备份。

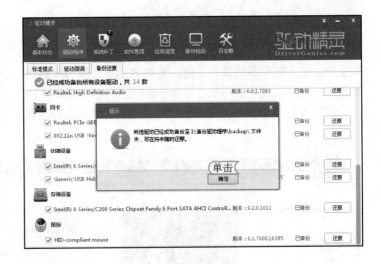

STEP 07： 查看驱动程序文件

打开备份驱动的保存位置"备份驱动程序"文件夹窗口，在其中可查看到以文件夹进行备份的各项驱动程序。

读书笔记

9.3.2 还原驱动程序

在重装系统或安装了错误的驱动导致硬件不能正常工作时，就可以使用备份的驱动程序来快速地为电脑安装相应的驱动，使硬件恢复工作。还原驱动程序的方法很简单，只需打开

对驱动程序进行备份的软件界面，如驱动精灵，单击"驱动程序"按钮，然后选择"备份还原"选项卡，在界面中选中需要还原的驱动程序对应的复选框，单击其后的 还原 按钮，即可对对应的驱动程序进行还原，完成后将打开"驱动精灵提示"对话框，单击 重启系统 按钮，重启电脑后还原的驱动程序将生效。

62 Hours

52 Hours

42 Hours

32 Hours

22 Hours

12 Hours

9.3.3 备份注册表

系统的软硬件配置的相关设置及信息都保存在注册表中，当注册表受到损坏或进行了错误的更改，轻则软件不能正常运行，重则将使系统陷入瘫痪状态。为了避免因为注册表的问题导致系统或软件出现严重问题，可以先通过注册表编辑器对注册表进行备份。

下面将在 Windows 7 操作系统中通过注册表编辑器对注册表进行备份。其具体操作如下：

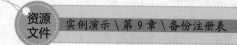

资源文件　实例演示 \ 第 9 章 \ 备份注册表

STEP 01： 选择"运行"命令

1. 在 Windows 7 操作系统桌面单击"开始"按钮。
2. 在弹出的菜单中选择【所有程序】/【附件】/【运行】命令。

提个醒　　在 Windows XP、Windows 7 和 Windows 8 操作系统中按Windows+R组合键，都能打开"运行"对话框。

STEP 02： 打开注册表编辑器

1. 打开"运行"对话框，在"打开"下拉列表框中输入"regedit"。
2. 单击 确定 按钮。

读书笔记

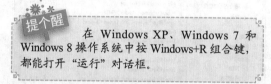

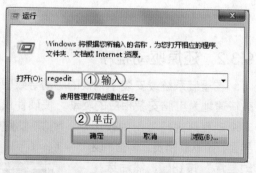

STEP 03： 选择"导出"命令

打开"注册表编辑器"窗口，选择【文件】/【导出】命令。

STEP 04： 设置文件导出位置

1. 打开"导出注册表文件"对话框，在"保存在"下拉列表中选择保存位置，这里选择"本地磁盘 (I:)"选项。
2. 在"文件名"文本框中输入保存名称，这里输入"备份注册表"。
3. 在"导出范围"栏中选中 ⊙ 全部(A) 单选按钮。
4. 单击 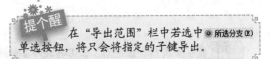 按钮。

> 提个醒 在"导出范围"栏中若选中 ⊙ 所选分支(E) 单选按钮，将只会将指定的子键导出。

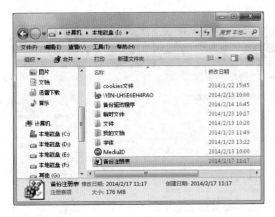

STEP 05： 完成备份

开始备份所有注册表，并导出成扩展名为".reg"的文件，备份完成后，在保存位置即可查看到备份的注册表。

> 提个醒 注册表对于操作系统非常重要，因此，也可将注册表备份到U盘或移动硬盘中进行保存。

9.3.4 还原注册表

当软件或系统因为注册表被误删除或误修改后，不能正常运行时，就需要还原备份的注册表。还原注册表的方法是：打开"注册表编辑器"窗口，选择【文件】/【导入】命令，在打开的"导入注册表文件"对话框中选择保存位置和注册表，完成后单击 按钮，开始导入备份的注册表，并在对话框中显示导入的进度，导入完成后，在打开的提示对话框中单击 按钮即可。

62
Hours

52
Hours

42
Hours

32
Hours

22
Hours

12
Hours

上机 1 小时 ▶ 使用鲁大师备份和还原驱动程序

🔍 巩固备份驱动程序的方法。

🔍 巩固还原驱动程序的方法。

🔍 进一步掌握使用鲁大师备份和还原驱动程序的方法。

　　本例将使用鲁大师提供的备份和还原驱动程序的功能对电脑中各硬件的驱动程序进行备份与还原。首先对各硬件的驱动程序进行备份操作，然后再根据备份的驱动程序进行还原操作，以完成本例的操作。

资源文件 实例演示 \ 第 9 章 \ 使用鲁大师备份和还原驱动程序

STEP 01： 打开主界面

将鲁大师安装在电脑中，并启动它，然后在打开的主界面中单击"驱动管理"按钮。

读书笔记

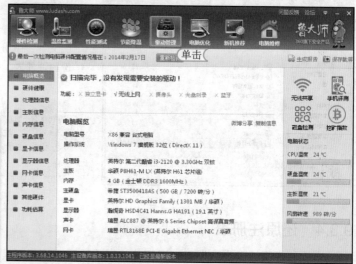

STEP 02： 选择备份选项

1. 打开驱动管理主界面，单击"驱动备份"按钮。

2. 单击"选择全部"超级链接，选中所有驱动程序选项前面的复选框。

3. 单击界面右上角的按钮。

4. 在弹出的下拉列表中选择"设置"选项。

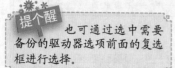

提个醒 也可通过选中需要备份的驱动器选项前面的复选框进行选择。

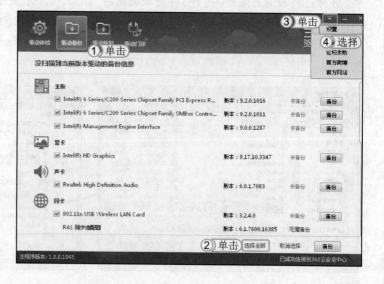

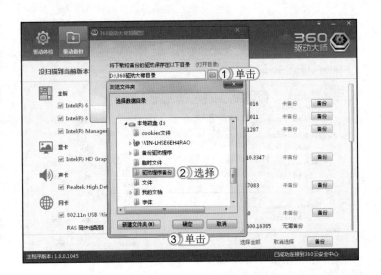

STEP 03： 设置备份位置

1. 在打开的"360驱动大师提醒您"对话框中单击"浏览"按钮 📨。
2. 打开"浏览文件夹"对话框，选择保存的位置，这里选择"驱动程序备份"文件夹。
3. 单击 确定 按钮。

STEP 04： 完成备份

在返回的对话框中单击 确定 按钮，然后开始对所选驱动程序进行备份，完成后在打开的提示对话框中单击 确定 按钮即可。

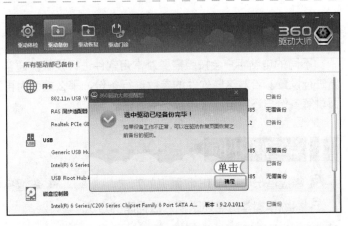

STEP 05： 确认还原备份

1. 当需要还原驱动程序时，在驱动管理主界面中单击"驱动恢复"按钮 📥。
2. 在打开的界面中选择需要还原的驱动程序，这里选中主板下的3个驱动程序对应的复选框。
3. 单击其后的 恢复 按钮。
4. 在打开的提示对话框中提示是否确认恢复该启动程序，这里单击 确定 按钮确认。

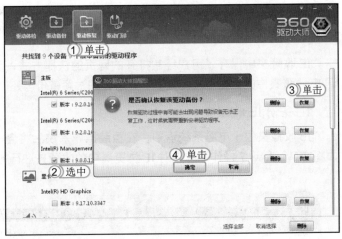

读书笔记

STEP 06： 完成还原

开始对选择的驱动程序进行恢复，恢复完成后，在打开的提示对话框中提示驱动修复成功，单击 **确定** 按钮关闭对话框。

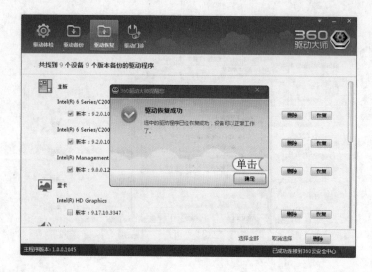

提个醒 选择已备份的驱动程序，单击其后的 **删除** 按钮，可删除当前驱动程序的备份。

9.4 备份与还原用户数据

不同的电脑用户会按照需要对常用软件进行设置。通常重装系统后，需要重装软件，并重新进行设置。若对这些软件的参数进行备份，那么重装时再进行还原，可以提高操作效率。下面讲解备份与还原电脑常用数据的方法。

▌**学习1小时**

🔍 掌握备份与还原 IE 收藏夹的方法。　　　🔍 掌握备份与还原 QQ 消息记录的方法。

🔍 熟练掌握备份与还原输入法词库的方法。

9.4.1 备份与还原 IE 收藏夹

IE 收藏夹中保存了用户经常打开的网页的快捷方式，因此，用户可对其进行备份，以保证 IE 收藏夹中的数据不被丢失。下面将详细讲解备份与还原 IE 收藏夹的方法。

1. 备份 IE 收藏夹

IE 收藏夹位于电脑系统盘中，在重装操作系统后将会被丢失，因此需对其进行备份。下面将在 Windows 7 操作系统中对 IE 浏览器中的收藏夹进行备份。其具体操作如下：

资源文件 实例演示 \ 第 9 章 \ 备份与还原 IE 收藏夹

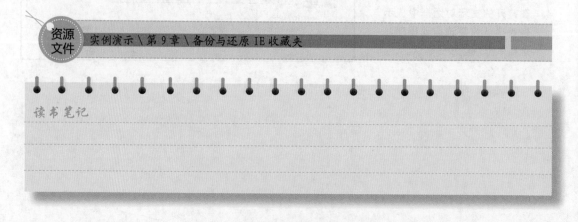

读书笔记

STEP 01： 选择 "导入和导出" 选项

1. 在 Windows 7 操作系统中启动 IE 浏览器，在浏览器窗口中单击 收藏夹 按钮。
2. 在弹出的列表框中单击 添加到收藏夹 ▼ 按钮右侧的 ▼ 按钮。
3. 在弹出的下拉列表中选择"导入和导出"选项。

提个醒
　　在弹出的列表框中按 Alt+Z 组合键，也可打开 "添加到收藏夹" 下拉列表。

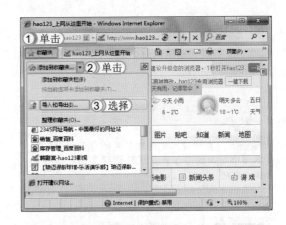

STEP 02： 设置导出选项

1. 打开 "您希望如何导入或导出您的浏览器设置？" 对话框，选中 ● 导出到文件 (E) 单选按钮。
2. 单击 下一步 (N) > 按钮。

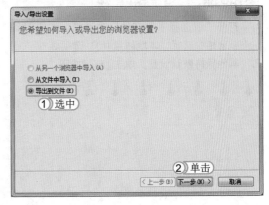

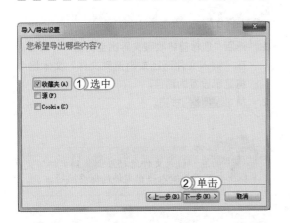

STEP 03： 设置导出的内容

1. 打开 "您希望导出哪些内容？" 对话框，选中 ☑ 收藏夹 (A) 复选框。
2. 单击 下一步 (N) > 按钮。

提个醒
　　在 "您希望导出哪些内容" 对话框中若选中 ☑ Cookie (C) 复选框，还可导出 Cookie 临时文件。

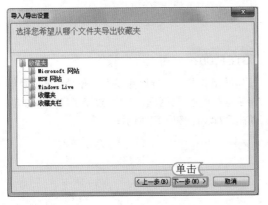

STEP 04： 选择导出的文件夹

打开 "选择您希望从哪个文件夹导出收藏夹" 对话框，保持默认设置，单击 下一步 (N) > 按钮。

提个醒
　　如果在 "选择您希望从哪个文件夹导出收藏夹" 对话框中选择 "收藏夹" 以外的选项，如选择收藏夹，则导出备份的文件只包含收藏夹栏中的网址内容。

243

72☒
Hours

62
Hours

52
Hours

42
Hours

32
Hours

22
Hours

12
Hours

STEP 05： 单击"浏览"按钮

打开"您希望将收藏夹导出至何处？"对话框，单击 浏览(R)... 按钮。

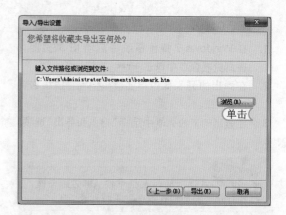

STEP 06： 设置导出路径

1. 打开"请选择书签文件"对话框，在左侧导航窗格中选择"本地磁盘 (I:)"选项。
2. 其他保持默认设置，单击 保存(S) 按钮。

读书笔记

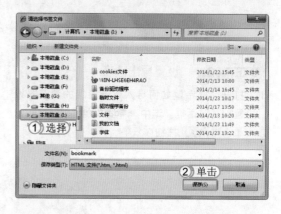

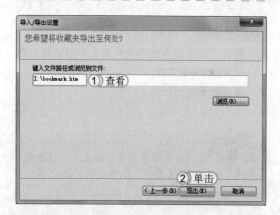

STEP 07： 开始导出收藏夹

1. 返回"您希望将收藏夹导出至何处"对话框，在"键入文件路径或浏览到文件"文本框中将显示设置的路径。
2. 单击 导出(E) 按钮。

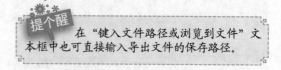

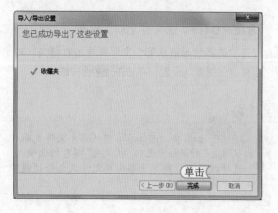

STEP 08： 完成导出操作

开始导出收藏夹，导出完成后打开"您已成功导出了这些设置"对话框，在其中显示了导出的内容，单击 完成 按钮关闭对话框。

2. 还原 IE 收藏夹

如果对用户设置的软件各项参数进行过备份，在重装电脑后，便可快速对备份数据进行还原，不用再次进行相同设置。

下面将在 Windows 7 操作系统中对备份的 IE 浏览器中的收藏夹进行还原操作。其具体操作如下：

 资源文件 实例演示 \ 第 9 章 \ 还原 IE 收藏夹

STEP 01： 设置导入选项

1. 打开"您希望如何导入或导出您的浏览器设置？"对话框，选中 ⊙ 从文件中导入(I) 单选按钮。

2. 单击 下一步(N) > 按钮。

提个醒 若想将电脑操作系统中另一个浏览器中的收藏夹导入到 IE 浏览器收藏夹，可在"您希望如何导入或导出您的浏览器设置？"对话框中选中"从另一个浏览器中导入"前的单选按钮，然后进行相应操作即可。

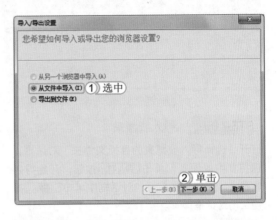

STEP 02： 设置导入的内容

1. 打开"您希望导入哪些内容？"对话框，选中 ☑收藏夹(A) 复选框。

2. 单击 下一步(N) > 按钮。

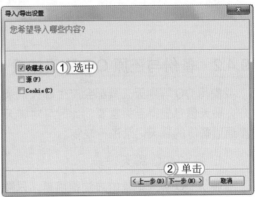

STEP 03： 设置导入路径

1. 打开"您希望将收藏夹导出至何处"对话框，单击 浏览(R)... 按钮，打开"请选择书签文件"对话框，在左侧导航窗格中选择"本地磁盘 (I:)"选项。

2. 在中间的列表框中选择"bookmark"选项。

3. 单击 打开(O) 按钮。

245

72☑
Hours

 62
Hours

 52
Hours

 42
Hours

 32
Hours

 22
Hours

 12
Hours

STEP 04： 查看设置的路径

1. 返回"您希望从何处导入收藏夹？"对话框，在"键入文件路径或浏览到文件"文本框中将显示设置的路径。
2. 单击 下一步(N) 按钮。

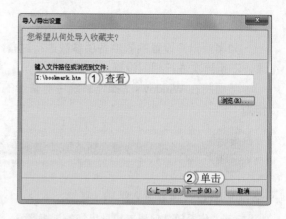

STEP 05： 导入收藏夹

打开"选择导入收藏夹的目标文件夹"对话框，保持其中的设置，单击 导入(I) 按钮，开始导入收藏夹，完成后在打开的对话框中单击 完成 按钮关闭对话框即可。

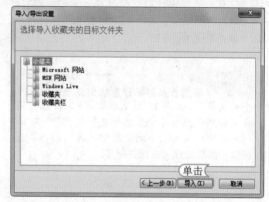

9.4.2 备份与还原 QQ 聊天记录

使用 QQ 等聊天工具都会产生聊天记录，对于一些利用聊天工具进行业务交流或咨询的用户，聊天信息显得至关重要，此时可对聊天记录进行备份，这样重新安装系统或 QQ 后，可直接通过备份的聊天记录进行恢复。

1. 备份 QQ 聊天记录

备份 QQ 聊天记录的方法很简单，只需登录到 QQ，通过消息管理器进行设置即可。下面将在 Windows 7 操作系统中对 QQ 聊天信息进行备份。其具体操作如下：

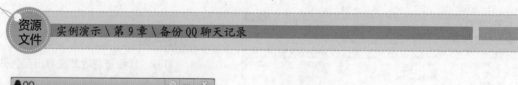

资源文件　实例演示 \ 第 9 章 \ 备份 QQ 聊天记录

STEP 01： 登录 QQ

1. 在 Windows 7 系统桌面双击 QQ 快捷方式图标，打开登录对话框，输入 QQ 账号和对应的密码。
2. 单击 登 录 按钮。

STEP 02: 打开"消息管理器"窗口

打开QQ工作界面，单击下方的"打开消息管理器"按钮 。

> **提个醒** 在QQ工作界面左下方单击"主菜单"按钮，在弹出的下拉列表中选择"工具"/"消息管理器"选项，也能打开"消息管理器"窗口。

STEP 03: 选项导出选项

1. 打开"消息管理器"窗口，单击"工具"按钮 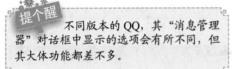。
2. 在弹出的下拉列表中选择"导出全部消息记录"选项。

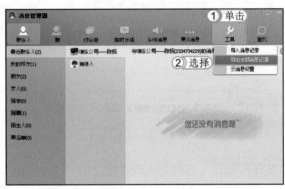

> **提个醒** 不同版本的QQ，其"消息管理器"对话框中显示的选项会有所不同，但其大体功能都差不多。

STEP 04: 选择保存位置

1. 打开"另存为"对话框，在"保存在"下拉列表中选择聊天记录保存的位置，这里选择"本地磁盘 (I:)"选项。
2. 其他保持默认设置，单击 保存(S) 按钮。

> **提个醒** 在"保存类型"下拉列表中提供了加密文件、网页格式和文本文件3种类型，用户可根据需要进行选择。

STEP 05: 查看保存的文件

即可对QQ消息记录进行保存，完成后在保存位置即可查看保存的文件。

读书笔记

247

72
Hours

62
Hours

52
Hours

42
Hours

32
Hours

22
Hours

12
Hours

2. 还原 QQ 聊天记录

当重新安装操作系统后，聊天记录将会丢失，这时就可使用备份的聊天记录进行还原。下面将在 Windows 7 操作系统中通过备份的 QQ 聊天信息进行还原。其具体操作如下：

资源文件　实例演示 \ 第 9 章 \ 还原 QQ 聊天记录

STEP 01： 选择导入的内容

1. 在"消息管理器"对话框中单击"工具"按钮，在弹出的下拉列表中选择"导入消息记录"选项，打开"请选择要导入的内容"对话框，选中☑消息记录复选框。
2. 单击 下一步 按钮。

提个醒　　若选中☑自定义表情复选框，也可将备份的 QQ 表情导入。

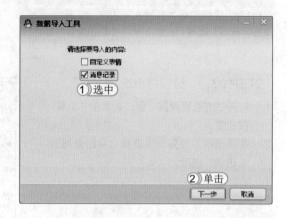

STEP 02： 选择导入的方式

1. 打开"请选择导入消息记录的方式"对话框，设置消息记录导入的方式，这里选中◉从指定文件导入单选按钮。
2. 单击 浏览 按钮。

提个醒　　在对话框中提供了"自动搜索导入"、"从指定目录导入"和"从指定文件导入"3 种导入方式，用户可根据实际情况进行选择。

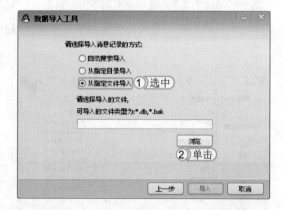

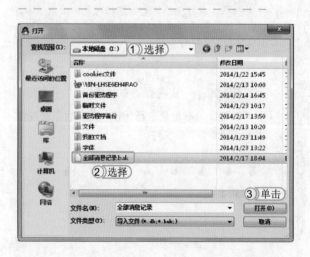

STEP 03： 选择导入的文件

1. 打开"打开"对话框，在"查找范围"下拉列表框中选择文件保存的位置，这里选择"本地磁盘 (I:)"选项。
2. 在下方的列表框中选择导入的文件，这里选择"全部消息记录 .bak"选项。
3. 单击 打开(0) 按钮。

STEP 04: 导入消息记录

1. 返回"请选择导入消息记录的方式"对话框，在其中的文本框中可查看到导入的文件。
2. 单击 导入 按钮开始导入，并在打开的对话框中显示导入的进度。

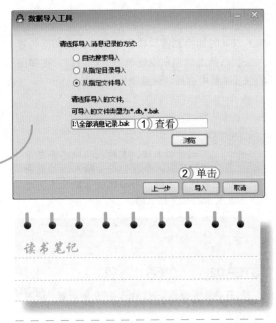

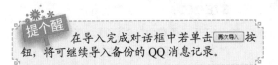

STEP 05: 完成导入

导入完成后，在打开的对话框中将显示已导入的消息条数，并显示导入成功，然后单击 完成 按钮关闭对话框。

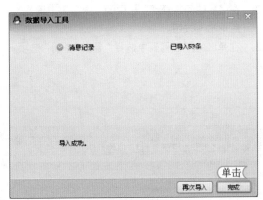

提个醒 在导入完成对话框中若单击 再次导入 按钮，将可继续导入备份的 QQ 消息记录。

9.4.3 备份与还原输入法词库

输入法是在电脑中输入汉字的重要工具，用户也可根据需要对常用输入法的词库进行备份，这样重装电脑和输入法后，可将备份的词库快速还原到输入法词库中。下面将详细讲解备份和还原输入法词库的方法。

1. 备份输入法词库

现在的输入法都比较智能，可以自动记忆用户使用的词语，也可根据自己的使用习惯，对输入法进行一些个性化设置，如自定义词语，设置常用词语快捷键等。如果没有备份输入法数据，那么在重装系统或重装输入法后，就只能重新进行设置了。

下面将在 Windows 7 操作系统中备份搜狗拼音输入法的词库。其具体操作如下：

资源 实例演示 \ 第 9 章 \ 备份输入法词库
文件

STEP 01： 选择相应命令

输入汉字时切换到搜狗拼音输入法，在桌面的输入法状态条上的空白位置单击鼠标右键，在弹出的快捷菜单中选择"设置属性"命令。

提个醒 不同的输入法，其输入法状态条显示的位置会有所不同，如搜狗拼音输入法状态条是显示在系统桌面的，而微软拼音输入法状态条则是显示在任务栏上的。

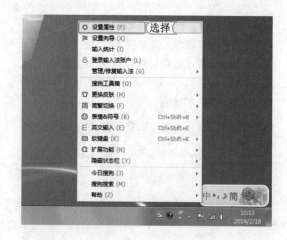

STEP 02： 选择导出选项

1. 打开"属性设置"对话框，在左侧选择"词库"选项。
2. 在"基础词库管理"栏中的"中文用户词库"后单击 按钮。
3. 在弹出的下拉列表中选择"导出/备份"选项。

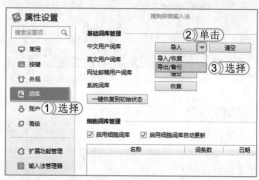

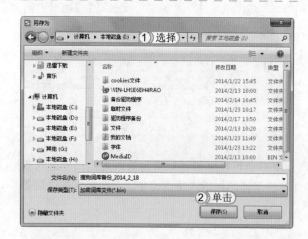

STEP 03： 设置导出位置

1. 打开"另存为"对话框，在地址栏中选择"本地磁盘 (I:)"选项。
2. 其他保持默认设置，单击 按钮。

提个醒 在"保存类型"下拉列表中提供了"加密词库文件"和"文本词库文件"两种类型，用户可根据需要进行选择，但一般只需保持默认设置即可。

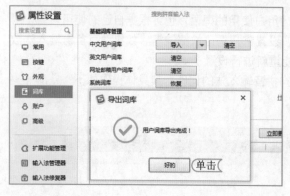

STEP 04： 完成词库导出

开始导出词库，导出完成后，在打开的提示对话框中提示用户词库导出完成，单击 按钮关闭对话框。

提个醒 在"属性设置"对话框的"基础词库管理"栏的各选项后单击 清空 按钮，可清除相应词库。

2. 还原输入法词库

为输入法词库进行备份后，在重新安装系统和输入法后，可以恢复词库内容，如还原搜狗拼音输入法词库，其方法是：打开"属性设置"对话框，选择"词库"选项，在"基础词库管理"栏中的"中文用户词库"后单击 ▼ 按钮，在弹出的下拉列表中选择"导入/恢复"选项，在打开的"打开"对话框中选择备份的词库文件，单击 打开(O) 按钮，在打开的"导入词库"对话框中选择导入方式，再单击 确定 按钮即可开始导入，还原输入法词库。

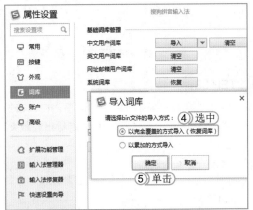

经验一箩筐——恢复系统词库

打开搜狗拼音输入法的"属性设置"对话框，选择"词库"选项，在"基础词库管理"栏中的"系统词库"后单击 恢复 按钮，在打开的提示对话框中提示将恢复被删除的系统词库，单击 确定 按钮，即可恢复被删除的系统词库。

上机1小时 ▶ 在 Windows XP 中备份收藏夹和消息记录

🔍 巩固备份 IE 收藏夹的方法。

🔍 巩固备份 QQ 消息记录的方法。

本例将在 Windows XP 操作系统中备份 IE 收藏夹和 QQ 消息记录，以练习在不同操作系统中备份收藏夹和 QQ 消息记录的方法。

资源文件 实例演示 \ 第9章 \ 在 Windows XP 中备份收藏夹和消息记录

 STEP 01： 选择"导入和导出"命令

在 Windows XP 中启动 IE 浏览器，在打开的网页中选择【文件】/【导入和导出】命令。

251

72⊠
Hours

62
Hours

52
Hours

42
Hours

32
Hours

22
Hours

12
Hours

STEP 02： 打开向导对话框

打开"欢迎使用导入/导出向导"对话框，单击
下一步(N) >按钮。

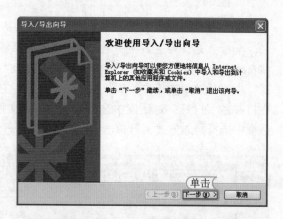

读书笔记

STEP 03： 选择操作任务

1. 打开"导入/导出选择"对话框，在"请选择要执行的操作"列表框中选择"导出收藏夹"选项。
2. 单击 下一步(N) >按钮。

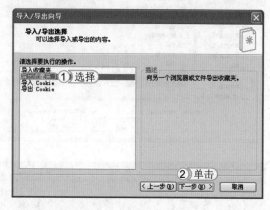

提个醒 　　如果要还原备份的收藏夹，则需要在该对话框中的列表框中选择"导入收藏夹"选项，再执行操作。

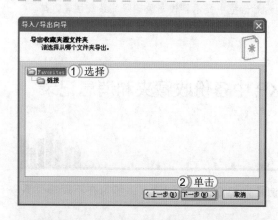

STEP 04： 选择要导出的选项

1. 打开"导出收藏夹源文件夹"对话框，选择要导出的收藏夹，这里选择收藏夹的根目录"Favorites"选项。
2. 单击 下一步(N) >按钮。

提个醒 　　有些电脑中显示的IE浏览器的收藏夹为中文名的"收藏夹"，它与"Favorites"其实是同一个文件夹。

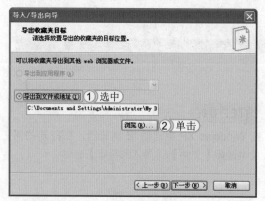

STEP 05： 选择导出方式

1. 打开"导出收藏夹目标"对话框，选中⊙导出到文件或地址(T)单选按钮。
2. 单击 浏览(R)... 按钮。

提个醒 　　除了可将收藏夹导出到电脑中外，还可将其导出到其他Web浏览器或文件中。其方法是：在"导出收藏夹目标"对话框中选中⊙导出到文件或地址(T)单选按钮，然后再进行相应设置即可。

STEP 06： 设置保存位置

1. 打开"另存为"对话框，在左侧导航窗格中选择"桌面"选项。
2. 单击 保存(S) 按钮。

读书笔记

STEP 07： 完成查询向导设置

1. 开始导出收藏夹，并打开"正在完成导入 / 导出向导"对话框，提示已完成导出，单击 完成 按钮。
2. 在打开的"导出收藏夹"提示对话框中提示导出成功，单击 确定 按钮关闭对话框。

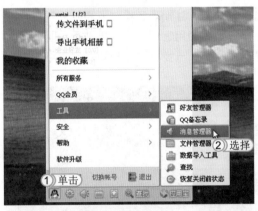

STEP 08： 打开消息管理器

1. 启动并登录到 QQ，在打开的工作界面底部单击 🖭 按钮。
2. 在弹出的下拉列表中选择【工具】/【消息管理器】选项。

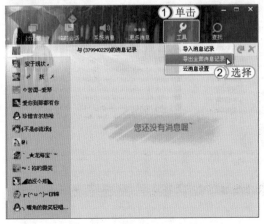

STEP 09： 选择导出选项

1. 打开"消息管理器"窗口，单击"工具"按钮 🔧。
2. 在弹出的下拉列表中选择"导出全部消息记录"选项。

提个醒　若在"工具"下拉列表中选择"云消息设置"选项，在打开的对话框中可开启云消息，这样用户可以查看来自云端的消息记录。

62
Hours
▲

52
Hours
▲

42
Hours
▲

32
Hours
▲

22
Hours
▲

12
Hours
▲

STEP 10: 设置备份位置

1. 打开"请选择书签文件"对话框,在左侧导航窗格中选择保存位置,这里选择"桌面"选项。

2. 单击 保存(S) 按钮。

读书笔记

STEP 11: 查看备份的文件

开始导出消息记录,导出完成后在系统桌面上即可看到备份的收藏夹文件和 QQ 消息记录文件。

9.5 练习 1 小时

本章主要介绍了系统备份与还原、驱动程序备份与还原、注册表备份与还原以及用户数据备份与还原等知识的操作方法,用户要想在日常工作中熟练使用它们,还需再进行巩固练习。下面以将 Windows 7 中重要资源备份到同一文件夹中为例,进一步巩固这些知识的使用方法。

将 Windows 7 中重要资源备份到同一文件夹中

本例在 Windows 7 操作系统中,将各硬件驱动程序、注册表、IE 收藏夹和 QQ 消息记录统一备份到"资源备份"文件夹中,以巩固本章讲解的知识。

资源文件 实例演示\第9章\将 Windows 7 中重要资源备份到同一文件夹中

系统

72 HOURS

卸载与重装操作系统

第10章

学习 2 小时
● 卸载操作系统
● 重装操作系统

当操作系统崩溃时，用户就需要将操作系统卸载并进行重装操作。重装操作系统只会影响系统盘，而不会影响其他分区。下面将讲解卸载与重装操作系统的方法。

上机 4 小时

10.1 卸载操作系统

在电脑中安装多操作系统后，若不再使用某个操作系统，可采用卸载的方法将其删除，以释放磁盘空间。由于卸载操作系统会影响到系统引导信息的改变，因此，一定要掌握正确的卸载方法，否则，将导致电脑无法正常启动。下面将详细讲解卸载操作系统的一些相关知识和操作。

学习1小时

🔍 了解卸载操作系统前的一些准备工作。　🔍 快速掌握卸载前的 BIOS 设置方法。
🔍 熟练掌握卸载操作系统的方法。

10.1.1 卸载前的准备工作

在多操作系统中卸载多余操作系统时，应该按照相应的流程和方法进行，否则会对剩下的系统产生影响。下面将分别介绍卸载操作系统的注意事项和卸载的流程。

1. 卸载注意事项

在不使用某个操作系统或该操作系统出现严重问题无法使用时，通常会将其卸载，从而节约磁盘空间。在多操作系统中卸载操作系统之前，需注意以下几点。

🔑 **了解多操作系统启动原理**：启动电脑后，首先进入 BIOS，并将主引导记录读入内存，然后将控制权交给主引导文件，读取分区引导记录后，启动管理器，此时如果包含多操作系统，则会显示启动管理菜单，选择进入系统即可。因此，在卸载操作系统时需要清除引导文件中关于需要卸载系统的记录，这样才算完成卸载工作。

🔑 **重要数据备份**：在多操作系统环境下卸载某个操作系统时，需要做好重要数据的备份工作，如收藏夹、聊天记录、驱动程序和注册表文件等（备份操作在第 9 章已详细介绍过）。

🔑 **确认卸载的操作系统**：在多操作系统中卸载操作系统时，要格外小心，避免破坏相关启动菜单的数据文件而造成其他保留的操作系统无法启动。在卸载操作系统前，应注意检查系统中有无隐藏的硬盘驱动器、分区，是否对某个分区进行了加密，以及是否有分区未被激活等，在这些情况下，将无法正常完成卸载工作，此时可通过工具软件修改隐藏或加密属性。

🔑 **保留存在操作系统的文件**：当卸载某个操作系统后，需要恢复剩余操作系统的引导文件、系统配置，确保保留的操作系统能够正常使用。

2. 卸载流程

为了避免卸载出错，在多操作系统中卸载操作系统时也需按照一定的流程进行，这样才能完全从电脑中将其卸载。在多操作系统中卸载操作系统的流程如下图所示。

进入其他操作系统 → 备份文件 → 删除引导文件 → 删除系统文件 → 完成卸载

10.1.2 卸载前的 BIOS 设置

在多操作系统中卸载操作系统时，会涉及硬盘引导扇区的修改，因此，还需对 BIOS 进行设置，包括关闭 BIOS 的防毒功能、屏蔽多余的硬盘等内容，这样才能顺利卸载操作系统。关闭 BIOS 的防毒功能和屏蔽多余的硬盘的方法分别介绍如下。

🔑 **关闭 BIOS 的防毒功能**：启动电脑，进入 BIOS 主界面，选择"Advanced BIOS Features"选项，按 Enter 键，在打开的界面中选择"Virus Warning"选项，按 Enter 键，然后选择"Disabled"选项，再按 Enter 键关闭 BIOS 的防毒功能。

🔑 **屏蔽多余的硬盘**：启动电脑，进入 BIOS 主界面，选择"Standard CMOS Features"选项，按 Enter 键，在打开的界面中选择需屏蔽的硬盘，按 Enter 键，在打开的下拉列表框中选择"None"选项，再按 Enter 键屏蔽多余的硬盘。

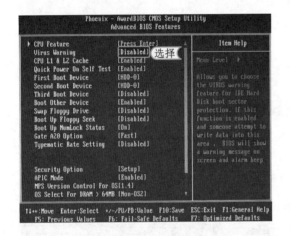

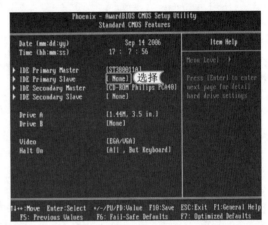

问题小贴士

问：在什么情况下需要开启 BIOS 防病毒功能，什么情况下需要关闭呢？

答：一般情况下，为避免一些引导型病毒对硬盘引导扇区进行修改，都会开启 BIOS 防病毒功能。而在卸载操作系统时，会涉及硬盘引导扇区的修改，这时就需要关闭 BIOS 防毒功能。

10.1.3 开始卸载操作系统

做好卸载的准备工作后，就可对电脑中不用的操作系统进行卸载操作。在不同的操作系统中，其卸载的方法都类似，主要分为两个部分，一部分是删除引导文件，另一部分是删除系统文件，下面分别进行介绍。

1. 删除引导文件

在操作系统中删除引导文件常用的方法有 3 种。一种是通过系统管理功能软件来实现；另一种是通过命令来实现；还有一种是通过"系统配置"对话框来实现。其实现方法分别介绍如下。

🔑 **使用魔方设置大师删除引导文件**：在电脑中安装魔方电脑大师并启动，在打开的主界面下方单击"设置大师"按钮，打开"魔方设置大师"主界面，在左侧选择"多系统设置"选项，在右侧的列表框中选择需要删除的操作系统选项，如选择"Windows xp"选项，

257

72☒
Hours

62
Hours

52
Hours

42
Hours

32
Hours

22
Hours

12
Hours

单击下方的 删除 按钮即可删除 Windows XP 操作系统的引导文件。

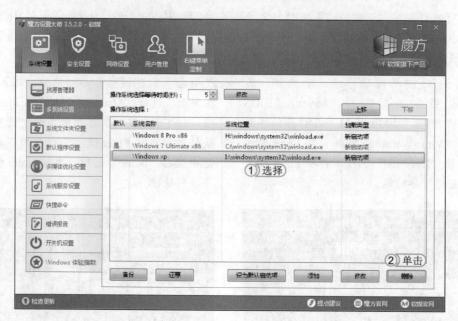

🔑 **通过命令来删除引导文件**：在操作系统中按 Windows+R 组合键，打开"运行"对话框，在"打开"下拉列表框中输入"CMD"命令，单击 确定 按钮，打开"cmd"窗口，输入"I:\boot\bootsect.exe /nt52 ALL/force"命令，再按 Enter 键，即可删除安装在 I 盘中的操作系统的引导文件。

▌经验一箩筐——输入命令删除系统引导文件

在"cmd"窗口中输入"I:\boot\bootsect.exe /nt52 ALL/force"命令是指将系统引导菜单删除，而 I 是删除系统所在的盘符。

🔑 **通过命令来删除引导文件**：在操作系统中按 Windows+R 组合键，打开"运行"对话框，在"打开"下拉列表框中输入"msconfig"命令，单击 确定 按钮，打开"系统配置"对话框，选择"引导"选项卡，在文本框中选择需要删除的引导选项，如选择"Windows xp"选项，单击 删除(D) 按钮，即可删除所选择的引导文件，然后单击对话框中的 确定 按钮进行确认。

2. 删除系统文件

　　如果系统盘中有需要保留的文件，则可手动将系统盘中不需要的文件删除。若系统盘中需要的文件已备份，则可直接将系统盘格式化以删除系统文件。格式化的方法是：打开"计算机"窗口，在安装操作系统的盘符上单击鼠标右键，在弹出的快捷菜单中选择"格式化"命令，在打开的"格式化 本地磁盘 (I:)"对话框中选中 ☑**快速格式化(Q)** 复选框，单击 **开始(S)** 按钮开始对磁盘进行格式化操作。

  在 Windows 8 中卸载 Windows XP

　🔍 巩固删除引导文件的方法。

　🔍 巩固删除系统文件的方法。

　🔍 进一步掌握在 Windows 8 中卸载 Windows XP 的方法。

　　本例将在 Windows 8 操作系统中卸载 Windows XP 操作系统。首先进入 Windows 8 操作系统，然后通过"系统配置"对话框删除 Windows XP 的引导文件，然后再通过格式化的方法删除系统文件，以巩固卸载操作系统的方法。

资源
文件　　实例演示 \ 第 10 章 \ 在 Windows 8 中卸载 Windows XP

62
Hours
▲

52
Hours
▲

42
Hours
▲

32
Hours
▲

22
Hours
▲

12
Hours
▲

STEP 01： 单击"运行"磁贴

启动 Windows 8 操作系统，进入"开始"屏幕，在空白区域单击鼠标右键，在弹出的快速工具栏中单击"所有应用"按钮图，在打开的"应用"面板中单击"运行"磁贴。

> **提个醒** 在 Windows 8 操作系统的桌面上按 Windows+R 组合键也能打开"运行"对话框。

STEP 02： 输入命令

1. 打开"运行"对话框，在"打开"下拉列表框中输入"msconfig"命令。
2. 单击 确定 按钮。

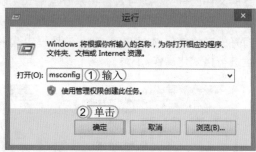

STEP 03： 删除引导项

1. 打开"系统配置"对话框，选择"引导"选项卡。
2. 在其中的文本框中选择需要删除的引导项，这里选择 Windows xp 相关选项。
3. 单击 删除(D) 按钮即可删除。

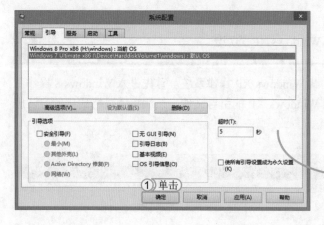

STEP 04： 重启电脑

1. 在对话框中的文本框中即可查看删除后的效果，然后单击 确定 按钮。
2. 在打开的提示对话框中单击 重新启动(R) 按钮。

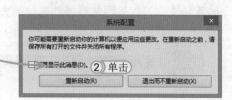

72图
Hours

STEP 05: 选择启动选项

开始重启电脑，并进入启动管理菜单界面，在该界面已没有删除的 Windows XP 的启动项了，然后选择需要进入的操作系统，这里选择"Windows 8"选项。

STEP 06: 单击"格式化"按钮

1. 进入 Windows 8 操作系统，打开"计算机"窗口，选择安装 Windows XP 的磁盘选项，这里选择 I 盘选项。

2. 选择【管理】/【管理】组，单击"格式化"按钮 S。

提个醒 在选择格式化的磁盘时，一定要谨慎，因为格式化后，磁盘中的数据不易找回。

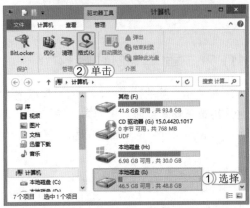

STEP 07: 格式化磁盘

1. 打开"格式化：本地磁盘 (I:)"对话框，选中 ☑快速格式化(Q) 复选框。

2. 单击 开始(S) 按钮。

3. 在打开的提示对话框中提示格式化将删除磁盘上的所有数据，单击 确定 按钮确认。

读书笔记

STEP 08: 完成格式化

开始对磁盘进行格式化操作，并显示格式化进度，完成格式化后，在打开的提示对话框中提示格式化完毕，单击 确定 按钮关闭对话框。

62
Hours

52
Hours

42
Hours

32
Hours

22
Hours

12
Hours

STEP 09： 查看格式化的磁盘

再次打开"计算机"窗口，在其中可查看到I盘
已格式化，未保存任何数据。

10.2 重装操作系统

在使用电脑的过程中，当因为病毒破坏、系统文件丢失等因素导致操作系统崩溃时，通常
会采用重新安装操作系统的方式来恢复，使电脑能正常使用。下面将详细讲解覆盖重装、使用
金山重装高手软件的一键功能和修复重装功能重装操作系统的方法。

学习1小时

🔍 快速掌握覆盖重装操作系统的方法。

🔍 掌握使用金山重装高手软件的一键功能重装操作系统的方法。

🔍 学会使用安装光盘修复重装操作系统的方法。

10.2.1 覆盖重装操作系统

覆盖重装是在原操作系统的基础上进行重装操作，重装后，将丢失系统配置、安装在系统
分区中的应用程序和桌面文件等。使用覆盖重装方式重装操作系统的方法与全新安装操作系统
相似，根据提示进行选择设置即可。

下面将在 Windows 7 操作系统中使用覆盖重装的方式重装 Windows 7 操作系统。其具体
操作如下：

**资源
文件** 实例演示 \ 第 10 章 \ 覆盖重装操作系统

▌经验一箩筐——重装系统的方式

重装系统一般有覆盖重装和全新重装两种方式，覆盖重装是指利用安装程序将原来的系统覆盖
掉，从而得到一个新的系统，这种安装方式可以保留原系统的设置、程序及部分文件等，但有
可能不能完全解决系统存在的问题。而全新重装是指全新安装操作系统，这种安装方式可以彻
底解决原系统中的所有问题。

STEP 01: 运行安装程序

在 Windows 7 操作系统中运行 Windows 7 安装程序，在打开的对话框中单击 现在安装(I) ➡ 按钮。

> **提个醒**
>
> 覆盖重装相对于全新安装，其安装步骤相对较少一点。

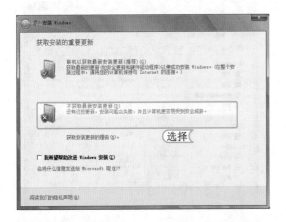

STEP 02: 选择是否更新

在打开的"获取安装的重要更新"对话框中选择"不获取最新安装更新"选项。

读书笔记

STEP 03: 选择安装类型

在打开的界面中将显示安装程序正在启动。完成后在打开的"请阅读许可条款"对话框中选中 ☑ 我接受许可条款(A) 复选框，单击 下一步(N) 按钮。在打开的"您想进行何种类型的安装"对话框中选择"自定义（高级）"选项。

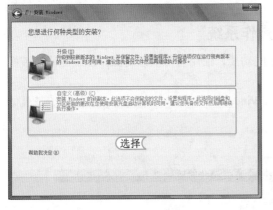

STEP 04: 设置安装位置

1. 在打开的"您想将 Windows 安装在何处"对话框中选择 Windows 7 操作系统所在的分区，这里选择 C 分区选项。
2. 单击 下一步(N) 按钮。
3. 在打开的提示对话框中单击 确定 按钮，确认选择的分区。

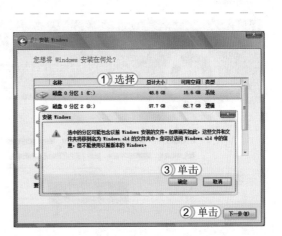

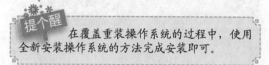

STEP 05： 开始安装操作系统

在打开的"正在安装 Windows..."对话框中显示了安装进度，然后根据提示继续进行安装即可。

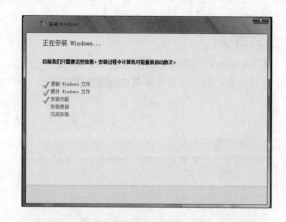

> **提个醒** 在覆盖重装操作系统的过程中，使用全新安装操作系统的方法完成安装即可。

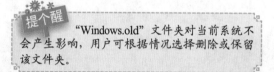

STEP 06： 查看原系统文件夹

完成安装后，打开"计算机"窗口，进入 Windows 7 所在的系统分区，可以看见在该系统分区中包含了一个"Windows.old"文件夹，该文件中保存了原系统的一些文件。

> **提个醒** "Windows.old"文件夹对当前系统不会产生影响，用户可根据情况选择删除或保留该文件夹。

10.2.2 使用金山重装高手一键重装操作系统

金山重装高手软件提供了一键重装操作系统的功能，使用它可快速对操作系统进行重装操作，使重装操作系统变得更加简单。

下面将使用金山重装高手的一键重装功能对 Windows XP 操作系统进行重装操作。其具体操作如下：

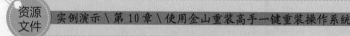

资源文件 实例演示 \ 第 10 章 \ 使用金山重装高手一键重装操作系统

STEP 01： 重装检测

下载并安装金山重装高手软件后，启动该软件，在打开的软件主界面中单击 **重装检测** 按钮。

> **提个醒** 提供一键重装操作系统功能的软件还有黑云一键重装系统软件，其下载地址为 http://www.aiheiyun.com。

STEP 02： 检测系统环境

此时金山重装高手将对当前的系统环境
进行检测，并显示检测进度。

> **提个醒** 　金山重装高手软件可以在 Win-
> dows XP 和 Windows 7 操作系统中运行，
> 但不能在 Windows 8 操作系统中运行。

STEP 03： 完成查询向导设置

1. 检查通过后，打开"请选择您要
    重装系统的类型"对话框，选中
    ◉ **全新纯净系统 + 个人数据及常用软件备份** 单选
    按钮。
2. 在对话框左下角选中 ☑ 我已阅读并同意
    复选框。
3. 然后单击 下一步 按钮。

STEP 04： 开始重装

打开"重装准备"对话框，在其中列出了
重装将会影响的文件或记录等，然后单击
下一步 按钮，在打开的"金山重装高手可
为您自动备份的项目"对话框中显示了备
份的项目，保持默认选中所有选项的设置，
然后单击 开始重装 按钮。

> **提个醒** 　使用金山重装高手软件一键重
> 装操作系统前，还会对系统中的文件、数
> 据和软件等进行备份。

STEP 05： 对比并下载更新文件

此时软件将开始备份系统中的数据，然后
对系统中的文件进行对比，并下载需要更
新的文件。

> **提个醒** 　使用金山重装高手重装系统时，
> 必须保证电脑连接了网络，否则将无法下
> 载更新文件。

62
Hours

52
Hours

42
Hours

32
Hours

22
Hours

12
Hours

STEP 06： 安装网络组建

准备完成后，将重启电脑，重启并经过一
段时间的准备后，进入"重启配置"阶段，
并打开"网络设置"对话框，开始安装网
络组件。

提个醒 使用金山重装高手软件重装操
作系统的步骤虽然很多，但其安装的时间
较短，只需 10 分钟左右就能完成。

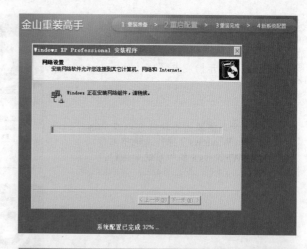

STEP 07： 安装其他程序

网络组件安装完成后，打开"正在执行最
后任务"对话框，开始安装一些程序，并
显示安装的进度。

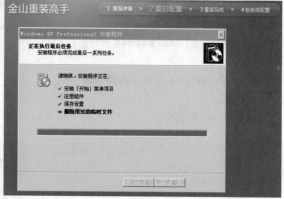

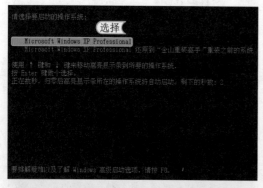

STEP 08： 选择启动选项

安装完成后将自动重启电脑，并打开启动菜单管
理界面，选择需要启动的选项，按 Enter 键确认。

提个醒 在规定的时间内未选择任何启动选
项，程序将会自动选择相应的选项进行启动。

STEP 09： 安装驱动

进入电脑系统，并在打开的对话框中提示正在
安装驱动，安装完成后将提示重启电脑，单击
立即重启(T) 按钮重启电脑。

STEP 10： 准备开始配置系统

重启电脑后，在打开的对话框中提示重装系统已完成，开始配置新系统，单击 下一步 按钮，在打开的对话框中将开始配置系统，并显示配置进度。

STEP 11： 下载安装程序

在配置过程中将会自动下载多媒体设备驱动 Flash Player，并在打开的对话框中显示下载进度。

读书笔记

62
Hours
▲

52
Hours
▲

42
Hours
▲

STEP 12： 安装 Flash Player

1. 下载完成后自动打开安装对话框，选中 ☑我已经阅读并同意 Flash Player 许可协议的条款 复选框。
2. 单击 下一步 按钮。

32
Hours
▲

22
Hours
▲

12
Hours

STEP 13：完成安装

开始进行安装，完成后在打开的对话框中保持默认设置，然后单击 ▇▇ 按钮。

读书笔记

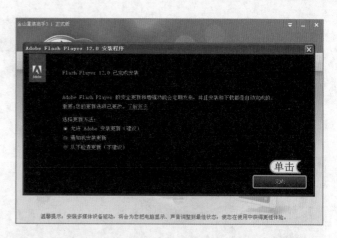

STEP 14：加载软件

开始对原系统中安装的软件进行还原，并在打开的对话框中显示加载进度。

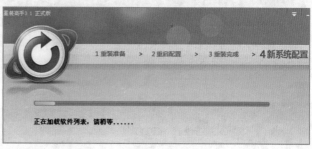

STEP 15：取消软件安装

1. 加载完成后，在打开的对话框中将显示安装的软件和未安装的软件，取消选中未安装软件选项前的复选框。
2. 单击 下一步 按钮。
3. 在打开的提示对话框中单击 下一步 按钮。

STEP 16：还原数据

在打开的对话框中将进行数据还原，并显示还原信息，单击 下一步 按钮。

提个醒　上一步骤中未安装的软件也将在该对话框中显示，若要安装，在其后单击"立即下载软件"超级链接，可对该软件进行下载安装。

STEP 17: 设置完成选项

1. 在打开的对话框中将显示系统配置完成，并显示花费的时间，然后取消选中 □应用金山重装高手的精美壁纸 复选框。
2. 单击 下一步 按钮。

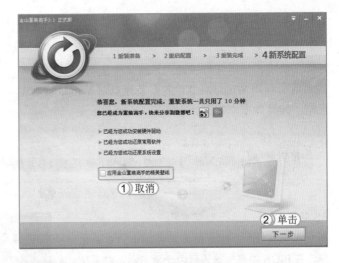

STEP 18: 完成重装

在打开的对话框中将显示成功完成系统重装，然后单击☒按钮，关闭金山重装高手软件。

读书笔记

269

72⊠
Hours

62
Hours

52
Hours

42
Hours

32
Hours

22
Hours

12
Hours

STEP 19: 查看效果

返回系统桌面，即可查看到重装操作系统后的效果。

提个醒 使用金山重装高手重装操作系统后，其系统桌面显示的图标与重装前桌面显示的图标基本差不多。

10.2.3 使用安装光盘修复重装操作系统

当操作系统存在问题，且又不愿意重新安装操作系统时，可以采用光盘修复重装的方法修复操作系统，使用它可快速对系统文件进行恢复。

下面利用 Windows XP 的安装光盘对 Windows XP 操作系统进行修复重装操作，使其恢复正常。其具体操作如下：

> **资源文件** 实例演示 \ 第 10 章 \ 使用安装光盘修复操作系统

STEP 01： 运行安装光盘

将 Windows XP 安装光盘放入光驱中，启动电脑，在 BIOS 中将电脑设置为光驱启动，然后使用 Windows XP 安装盘启动到系统安装界面，直接按 Enter 键。

> **提个醒** 若在该界面中按 R 键，则打开"恢复控制台"界面，在该界面中可对 Windows XP 操作系统进行修复操作。

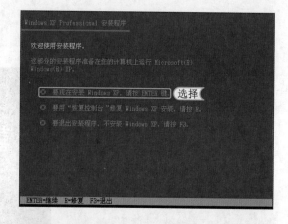

STEP 02： 选择安装方式

此时在打开的界面中要求用户选择安装方式，这里按 R 键选择修复安装 Windows XP 的安装方式。

> **提个醒** 若按 Esc 键，则表示选择全新安装 Windows XP 操作系统。

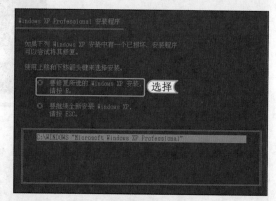

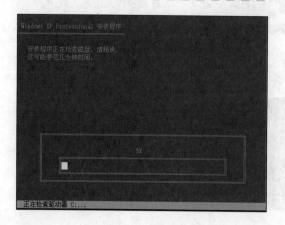

STEP 03： 修复安装

开始修复安装操作系统，并在打开的界面中显示修复进度。

读书笔记

STEP 04： 完成修复

系统提示已经执行了修复操作，按 **F3** 键重新启动电脑，完成系统修复重装。

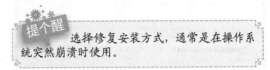

提个醒　选择修复安装方式，通常是在操作系统突然崩溃时使用。

上机 1 小时 ▶ 覆盖重装 Windows 8 操作系统

🔍 巩固覆盖重装操作系统的方法。
🔍 进一步掌握覆盖重装 Windows 8 操作系统的方法。

　　本例将在 Windows 8 操作系统中覆盖安装 Windows 8 操作系统。首先进入 Windows 8 操作系统，然后运行安装程序进行安装，以巩固重装操作系统的方法。

资源文件　实例演示 \ 第 10 章 \ 覆盖重装 Windows 8 操作系统

STEP 01： 运行安装程序

启动 Windows 8 操作系统，找到 Windows 8 操作系统的安装程序，然后双击该安装程序。

提个醒　覆盖重装操作系统，也可使用安装光盘进行安装，该安装方式与全新安装操作基本相同。

STEP 02： 加载安装文件

在打开的"安装 Windows"对话框中单击 现在安装(I) 按钮，系统开始自动从光盘启动并加载安装所需文件。

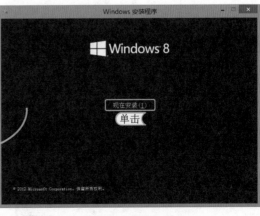

62
Hours

52
Hours

42
Hours

32
Hours

22
Hours

12
Hours

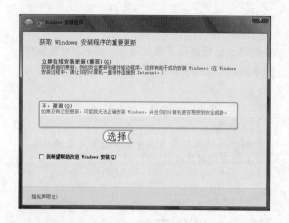

打开"获取 Windows 安装程序的重要更新"对话框，选择"不，谢谢"选项。

提个醒　如果需要在线获取更新，则需要电脑连接网络才能实现。

STEP 04： 同意安装协议

1. 打开"许可条款"对话框，在其中选中 ☑我接受许可条款(A) 复选框。
2. 单击 下一步(N) 按钮。

读书笔记

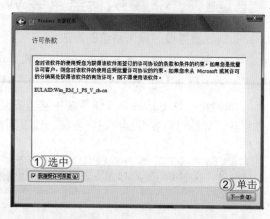

STEP 05： 选择安装方式

打开"您想执行哪种类型的安装？"对话框，选择"自定义：仅安装 Windows（高级）"选项。

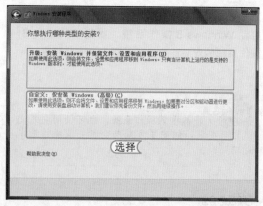

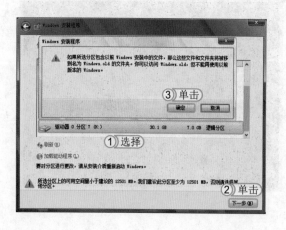

STEP 06： 选择安装分区

1. 打开"您想将 Windows 安装在哪里"对话框，在下面的列表中选择 Windows 8 操作系统所安装的位置，这里选择 H 盘选项。
2. 单击 下一步(N) 按钮。
3. 在打开的提示对话框中提示磁盘中的数据将被丢失，单击 确定 按钮。

STEP 07： 查看安装进度

开始安装 Windows，并在打开的"正在安装 Windows"对话框中显示安装进度。

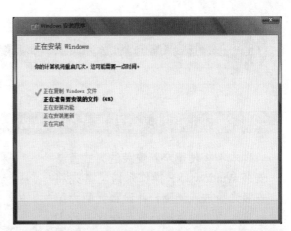

读书笔记

STEP 08： 登录到系统

安装完成后，再根据提示进行设置，完成后将重启电脑，并登录到 Windows 8 操作系统。

10.3　练习 2 小时

本章主要介绍了卸载和重装操作系统的方法，用户若想熟练掌握和使用这些知识，还需要再进行巩固练习。下面以在 Windows 7 中卸载 Windows 8 和全新重装 Windows XP 操作系统为例，进一步巩固这些知识的使用方法。

1. 练习 1 小时：在 Windows 7 中卸载 Windows 8

本例将在 Windows 7 操作系统中卸载 Windows 8 操作系统。首先通过"系统配置"对话框删除 Windows 8 的引导文件，然后再格式化 Windows 8 操作系统所在的磁盘分区即可，如下图所示为删除 Windows 8 引导文件的步骤图。

(2. 练习1小时: 全新重装 Windows XP 操作系统

　　本例将使用全新安装的方式重新
安装 Windows XP 操作系统。首先将
安装光盘放入光驱,并设置光驱为第
一启动项,然后运行安装程序进行安
装。通过练习进一步了解重装操作系
统的相关操作。

读书笔记

系统

72 HOURS

系统故障排除与数据恢复

第11章

学习 2小时

● 系统故障排除
● 系统数据恢复

当系统出现一些小问题时，用户并不需要重装系统来解决这些问题。只需掌握系统故障排除与数据恢复的一些技巧，即可正常运行电脑系统。

上机 3小时

11.1 系统故障排除

在实际使用电脑的过程中，可能会因为误操作或电脑默认配置等其他客观原因，导致安装或重装系统时出现各种故障，以至于无法成功安装或重装操作系统。下面将详细介绍安装或重装系统的过程中一些最常见的故障的排除方法，以帮助用户顺利进行操作系统的安装或重装操作。

学习1小时

🔍 了解排除安装系统时的故障的方法。　　🔍 熟练掌握排除多操作系统故障的方法。

🔍 掌握排除系统蓝屏故障的方法。　　🔍 快速掌握排除系统使用时的故障的方法。

11.1.1 排除安装系统时的故障

在安装或重装操作系统的过程中经常会因为各种原因，导致系统不能正常进行安装。下面将讲解常见操作系统安装故障的一些排除方法。

1. 安装系统时无法正常启动电脑

故障现象：在安装操作系统时，无论是通过光盘还是移动硬盘或U盘，都无法正常启动电脑，并且指示灯呈长亮显示状态。

故障排除：这可能是硬盘引导扇区被损坏，首先可以进入 BIOS 界面，查看是否能够正常检测到硬盘参数，若能，则说明硬盘没有损坏。然后可考虑将硬盘作为从盘连接到其他电脑上，再启动并进入到 DOS 操作系统，启用"dir"命令看是否能查看到故障硬盘中的目录和文件，若能，则说明硬盘分区表没有损坏。这样便可利用"sys"命令向故障硬盘的 C 盘传送引导文件来排除故障。

2. 安装 Windows 操作系统时电脑死机

故障现象：在安装 Windows 操作系统时，显示器中间会出现一个方块，然后电脑就自动死机了。

故障排除：这种故障很大可能是因为主板 BIOS 内置的病毒防护功能开启所造成的。由于在安装系统时，安装程序会向硬盘的主引导扇区自动写入引导程序，这时若主板开启了病毒防护功能，BIOS 误以为这是病毒在破坏硬盘（引导区病毒就是这样破坏硬盘的），就会禁止安装程序改写硬盘的主引导扇区，导致系统不能正常安装。这时可启动电脑并进入 BIOS 主界面，选择"Advanced BIOS Features"选项，设置"Virus Protection"或"Virus Warning"选项为"Disabled"即可。

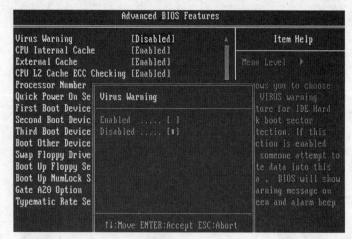

3. 重装 Windows 操作系统时经常死机

故障现象：重装 Windows 操作系统时，在不同的安装进度下都有可能死机，即使重装成功，设备管理器中许多硬件选项也会出现问号，如打印机端口、COM 端口等都没有驱动。

故障排除：通常出现这种故障是由硬件原因或灰尘造成的。建议打开机箱，清除主板上的灰尘后，再重装即可恢复正常。

4. 安装 Windows 检测硬件时死机

故障现象：安装 Windows 操作系统检测硬件时无故死机，移动鼠标或按键盘按键时都没有反应。

故障排除：首先考虑关闭电源，过 10 秒左右再次打开电脑。重新启动后，进入安全模式，若在安全模式下安装仍然不成功，那就是检测 Windows 不能识别的硬件设备而造成系统死机的。此时可以先关机，再使用最小化系统安装就应该不会有问题了。安装成功后，再把其他的硬件设备安装好，然后启动电脑，此时系统会检测到新添加的硬件，再将相应的驱动程序安装好。

> **经验一箩筐——测试安装系统**
>
> 如果安装系统时电脑重启或突然断电，可利用 F8 键进入安全模式进行测试安装，如果还不行，则建议在最小系统下（即拔下显卡、声卡等识别）进行测试安装。

5. 在 DOS 下安装操作系统很慢

故障现象：在 DOS 下安装任一 Windows 操作系统时，只复制安装文件都要复制一两个小时。

故障排除：该故障可能是由于没有在安装系统前运行 Smartdrv.exe 程序，如果不在安装 Windows 操作系统前运行该程序，安装系统时将会非常缓慢。Smartdrv.exe 文件存放在安装盘的 Windows\Command 目录下。

6. 电脑启动后无法进入操作系统

故障现象：启动电脑，自检一切正常，但自检完成后无法进入操作系统，并提示"No PROM Basic，System Halted"信息。

故障排除：该故障可能是由于硬盘引导区中的内容损坏或分区表中的相关记录被改写所造成的，可将电脑启动到 DOS 下，在命令提示符下输入"FDISK/MBR"，然后按 Enter 键，进行引导硬盘区的修复，修复完成后重启电脑即可。

11.1.2 排除多操作系统故障

在电脑中安装多操作系统后，任何一个故障都有可能导致其中一个或多个操作系统不能正常运行，甚至无法进入系统。下面将详细介绍多操作系统故障的排除方法。

1. 安装第二个操作系统失败

故障现象：安装好 Windows XP 后，在安装 Windows 7 时，总是在复制完安装文件后自动重启返回并重新复制文件，严重时甚至死机。

72⊠
Hours

62
Hours

52
Hours

42
Hours

32
Hours

22
Hours

12
Hours

故障排除：出现这种现象一般都是由于电脑主机内部过热而引起的。如 CPU 风扇停转便造成 CPU 发出的热量不能及时散发出去而造成死机。遇到这类故障时，建议先检查硬件的基本情况，如 CPU 风扇是否正常运转，其他硬件的连线是否正确等。如果对 CPU 进行了超频处理，也可能导致这类情况的发生，此时，只需将 CPU 恢复到超频前的状态，一般就可以解决。

2. 覆盖安装 Windows XP 失败

故障现象：已经正常安装了 Windows XP 操作系统，但系统在使用过程中因某种原因无法正常运行。此时想在不格式化分区或仅删除 Windows 目录的情况下覆盖安装 Windows XP，但安装程序检测 Windows 版本后提示出错，不能更新或升级安装。

故障排除：安装多操作系统时会经常出现这类故障。产生该类故障的原因是，Windows 操作系统的安装程序为了避免低版本的 Windows 损坏高版本的 Windows 关键文件，而采取了一种保护措施，这种措施也是为了防止盗版而设置的。解决这类故障可以尝试修改注册表中相关操作系统的版本号信息，如果觉得修改注册表危险，则可到 DOS 操作系统中把"WIN.COM"文件重新命名，然后在 DOS 中运行安装程序，并进行覆盖安装。

3. Windows 7 和 Windows XP 启动提示菜单故障

故障现象：Windows XP 与 Windows 7 双操作系统在使用过程中经常遇到启动菜单故障。

故障排除：解决该故障可使用 Daemon Tools（虚拟光驱）加载 Windows 7 光盘映像文件，打开"运行"对话框，在其中执行"CMD"命令，在打开的命令提示符窗口中执行"X:"（X 代表虚拟光驱盘符）命令，执行"cd boot"命令，再执行"bootsect /nt60 SYS"命令（如要删除 bootsect /nt52 SYS），重启电脑后，Windows 7 的启动管理器即可恢复。

 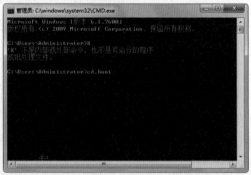

4. 安装多操作系统失败

故障现象：安装 Windows XP 操作系统后，不能成功安装 Windows 7 操作系统。

故障排除：Windows 7 操作系统对硬件和软件的配置要求比 Windows XP 要高许多，因此，如果电脑的配置有限，那么出现可以安装 Windows XP 而不能安装 Windows 7 这个现象就显得十分正常了。建议在安装第 2 个高版本的 Windows 操作系统之前，最好进入 BIOS，并将其恢复为出厂设置的默认值再进行安装，提高成功安装的几率。

5. 双系统中的某一系统重装后另一系统无法启动

故障现象：电脑中安装有 Windows XP 和 Windows 7 操作系统，使用一段时间后重新安装 Windows XP 操作系统，造成 Windows 7 操作系统无法启动。

故障排除：该故障可能是由于重新安装的 Windows XP 将位于系统启动分区根目录下的

Windows 7 启动文件覆盖所造成的。可重装 Windows 7 的引导程序 "OS ＿ Loader"。首先将 Windows 7 的安装光盘放入光驱，进入 Windows 7 的安装程序，待安装程序复制到电脑磁盘后立即停止，再回到系统启动分区的根目录，将 "Boot.ini" 文件中所有的 "$" 符号删除即可。

6. 操作系统运行正常，但软件运行出错

故障现象：安装多个 Windows 操作系统正常，进入操作系统也正常，但运行应用软件时会出错。

故障排除：这种故障多是由于两个或多个操作系统安装在了同一分区，在安装软件时又没有注意软件的安装路径造成的。由于 Windows 操作系统的默认路径及临时文件指向的目录大多相同，高级版本的 Windows 安装程序会在不提示的情况下覆盖旧版本的 Windows 文件，如改变了一个 DLL 文件，也可能会导致软件不能正常运行。解决此类故障的方法为：安装软件时设置好安装路径，实在不行就重新安装操作系统。

11.1.3 排除系统蓝屏故障

在使用电脑的过程中经常会因为某些故障，导致操作系统蓝屏，使电脑无法正常使用，这时就需要排除故障后，电脑才能恢复正常。下面将介绍一些排除系统蓝屏故障的方法。

1. "0x00000023:FAT_FILE_SYSTEM" 提示信息

故障现象：Windows 操作系统将出现蓝屏的现象，并显示 "0x00000023:FAT_FILE_SYSTEM0x00000024:NTFS_FILE_SYSTEM" 提示信息。

故障排除：0x00000023 错误通常发生在读写 FAT16 或 FAT32 文件系统的系统分区时，而 0x00000024 错误则是由于 "NTFS.sys" 文件出错。可能是由于磁盘本身存在物理损坏或中断要求封包损坏，或硬盘磁盘碎片过多，文件读写操作过于频繁，并且数据量非常大，或是由于一些磁盘镜像软件或杀毒软件引起的。

2. "0x0000006F:SESSION3_INITIALIZATION" 提示信息

故障现象：Windows 操作系统将出现蓝屏的现象，并显示 "0x0000006F:SESSION3_INITIALIZATION_FAILED" 提示信息。

故障排除：该故障可能是由驱动程序故障或损坏的系统文件所引起的。使用安装光盘进行修复安装即可排除故障。

3. "0x0000005E:CRITICAL_SERVICE_FAILED" 提示信息

故障现象：Windows 操作系统出现蓝屏，并显示 "0x0000005E:CRITICAL_SERVICE_FAILED" 提示信息。

故障排除：该故障可能是由于电脑某个重要的系统服务启动识别所造成。可使用 "最后一次正确配置" 来启动 Windows，如还不能排除故障，则需进行修复安装或重装操作系统。

4. "0x0000007A:KERNEL_DATA_INPAGE" 提示信息

故障现象：Windows 操作系统出现蓝屏，并显示 "0x0000007A:KERNEL_DATA_INPAGE_ERROR" 提示信息。

故障排除：该故障可能是由于虚拟内存中的内核数据无法读入内存所造成的。首先可使用升级为最新病毒库的杀毒软件进行病毒查杀，如电脑提示 0xC000009C 或 0xC000016A 代码，

62
Hours

52
Hours

42
Hours

32
Hours

22
Hours

12
Hours

则表示是磁盘坏簇造成的，且系统的磁盘检测工具无法自动修复，这时需进入"故障恢复控制台"，使用"CHKDSK /R"命令进行手动修复。

5. "0x00000135:UNABLE_TO_LOCATE"提示信息

故障现象：Windows 操作系统出现蓝屏，并显示"0x00000135:UNABLE_TO_LOCATE_DLL"提示信息。

故障排除：该故障可通过提示信息判断，是由于某个文件丢失或损坏，或注册表出现错误所造成的。如文件丢失或损坏，在蓝屏信息中通常会显示相应的文件名，可通过网络或其他电脑找到相应的文件，并将其复制到"Windows\SYSTEM32"目录中；如没有显示文件名，则可能是注册表出现损坏，利用系统还原注册表的备份文件进行恢复即可排除故障。

6. "0X000000ED:UNMOUNTABLE_BOOT"提示信息

故障现象：Windows 蓝屏，并显示"0x000000ED:UNMOUNTABLE_BOOT_VOLUME"提示信息。

故障排除：该故障可能是由于磁盘存在错误所造成的。可检查硬盘连线是否接触不良或使用的是否是该硬盘传输规格的连接线，规格不对的连接线有时也会引起故障。

11.1.4 排除系统使用时的故障

在使用操作系统的过程中，也会遇到各种各样的故障，只有掌握了这些故障的排除方法，才能轻松使用电脑。下面将介绍一些系统使用过程中常遇到的故障的排除方法。

1. 操作系统无故重启

故障现象：在使用 Windows 的过程中，电脑总是无故重新启动。

故障排除：这种故障一般来说不是系统问题所引起的，而是驱动程序的问题。出现概率比较高的是显卡驱动。当安装的不是经过 Microsoft 数字签名的驱动或非官方提供的驱动时，就有可能会发生系统严重错误，从而引起电脑重新启动。解决这种故障的方法是：在操作系统中打开"系统属性"对话框，选择"高级"选项卡，在"启动和故障恢复"栏中单击 设置(T).... 按钮，打开"启动和故障恢复"对话框，在"系统失败"栏中取消选中 □自动重新启动(R) 复选框，单击 确定 按钮即可。

2. 无法启动操作系统

故障现象：开机时系统提示"系统文件丢失，无法启动 Windows 操作系统"。

故障排除：系统文件损坏的原因很多，最常见的问题是用户不小心删除了系统重要的文件，或操作错误损坏了如 .dll、.vxd 等系统文件，通常可以采用 DOS 命令检查系统文件，但使用这种方法的前提条件是，能够进入 Windows 操作系统。如果无法进入操作系统，则利用安装光盘修复系统来解决问题。

3. 硬盘双击无法打开

故障现象：双击硬盘盘符打不开，单击鼠标右键，在弹出的快捷菜单中选择"打开"命令也提示错误，无法打开。

故障排除：可能是感染了"Autorun.inf"病毒引发的故障。可以使用电脑中安装的杀毒软件进行查杀，如果该故障还在，可在"控制面板"窗口中单击"文件夹选项"超级链接，打开"文件夹选项"对话框，选择"查看"选项卡，在"高级设置"栏中取消选中隐藏受保护的操作系统文件(推荐)复选框，选中显示隐藏的文件、文件夹和驱动器单选按钮，再单击确定按钮。此时在磁盘根目录下可发现一个"autorun.inf"文件，双击该文件，查看 open 行后所跟的文件，并将 open 行后所跟的文件删除，然后再将"autorun.inf"文件一并删除。

4. 整理磁盘碎片出错

故障现象：在对硬盘进行磁盘碎片整理时，系统提示出错。

故障排除：该故障可能是因为硬盘有坏簇或坏扇区导致的，这时需要对磁盘进行一次完整的磁盘扫描，以修复硬盘的逻辑错误或标明硬盘的坏道。

5. 操作系统无法连接至无线网络

故障现象：安装 Windows 操作系统后，发现不能进行无线网络的连接，经检查无线网卡和无线路由器的设置没有问题。

故障排除：该故障可能是由于未启用无线设备造成。解决这种故障的方法是：在桌面的"网络"图标上单击鼠标右键，在弹出的快捷菜单中选择"属性"命令，在打开的对话框中单击"更改适配器设置"超级链接，在打开的"网络连接"窗口的无线连接上单击鼠标右键，在弹出的快捷菜单中选择"启用"命令，启用无线设备即可。

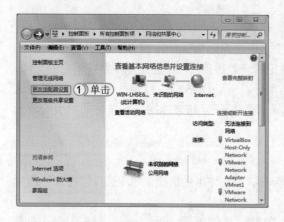
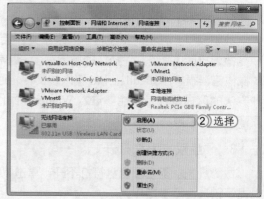

6. 在操作系统中安装软件出现乱码

故障现象：在 Windows 操作系统中安装软件时出现乱码的现象。

故障排除：可首先打开控制面板，在其中单击"时钟、语言和区域"超级链接，在打开的窗口中单击"区域和语言"超级链接，在打开对话框中选择"位置"选项卡，在"当前位置"下拉列表框中选择"中国"选项，单击 确定 按钮，再重启电脑即可排除故障。

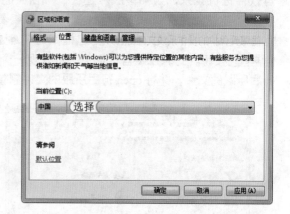

7. "开始"菜单中的"搜索"命令丢失

故障现象：Windows XP 和 Windows 7 操作系统运行正常，但"开始"菜单中的"搜索"命令却丢失。

故障排除：打开"注册表编辑器"窗口，展开【HKEY_CURRENT_USER\Software\Microsoft\Windows\CurrentVersion\Policies\Explorer】子键，新建一个名为"NoFind"的"DWORD值"键值项，值设置为"00000000"，单击 确定 按钮后重启电脑即可。

8. 系统中的"运行"命令消失

故障现象：Windows XP 和 Windows 7 操作系统"开始"菜单中的"运行"命令消失。

故障排除：解决该故障需在任务栏空白处单击鼠标右键，在弹出的快捷菜单中选择"属性"命令，在打开的对话框中选择"「开始」菜单"选项卡，单击 自定义(C)... 按钮，在打开的"自定义「开始」菜单"对话框中的列表框中选中 ☑ 运行命令 复选框，单击 确定 保存设置即可。

9. 删除虚拟光驱软件后虚拟光驱仍在

故障现象：在电脑中安装虚拟光驱软件，待使用完删除该软件后，发现虚拟出的光驱却没有消失。

故障排除：解决该故障需要在注册表编辑器中展开【HKEY_LOCAL_MACHINE\SYSTEM\CurrentControlSet\Enum\SCSI】子键，将其中所有的键值删除，完成后即可将所有的光驱信息删除。

10. 在操作系统中无法打开注册表

故障现象：在 Windows 7 中运行注册表命令时，系统会打开对话框，提示"注册表编辑已被管理员禁用"的信息。

故障排除：按 Windows+R 组合键，在打开的"运行"对话框中执行"GPEDIT.MSC"命令，在打开的窗口中选择【用户配置】/【管理模板】/【系统】命令，双击右侧窗格中的"阻止访问注册表编辑工具"选项，在打开的对话框中选中 ⊙ 已启用(E) 单选按钮，单击 确定 按钮后再退出"本地组策略编辑器"窗口，即可为注册表解锁。

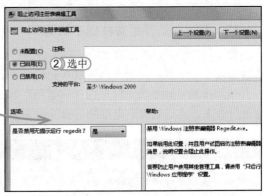

11. 运行时出现关闭报告错误

故障现象：操作系统在运行过程中经常弹出错误报告。

故障排除：出现这种故障，这说明操作系统有问题，建议先检查操作系统中的报告信息，然后打开"运行"对话框，在"打开"下拉列表框中输入"msconfig"命令，单击 确定 按钮。打开"系统配置实用程序"对话框，选择"服务"选项卡，在列表框中取消选中□ Error Reporting Service 复选框，单击 确定 按钮即可排除该故障。

12. 固定的时间 Windows 会出现强烈读盘现象

故障现象：安装 Windows 操作系统后，电脑在某固定的时间会一直读硬盘，并占用大量的系统资源。

故障排除：该故障可能是由于 Windows 自动执行磁盘碎片整理计划所导致的。可选择【开始】/【所有程序】/【附件】/【系统工具】/【磁盘碎片整理程序】命令，在打开的"磁盘碎片整理程序"对话框中单击 配置计划(S)... 按钮，打开"磁盘碎片整理程序：修改计划"对话框，单击 选择磁盘(S)... 按钮，再在打开的"磁盘碎片整理程序：选择计划整理的磁盘"对话框中取消选中□自动对新磁盘进行碎片整理(A) 复选框，最后依次单击 确定 按钮即可。

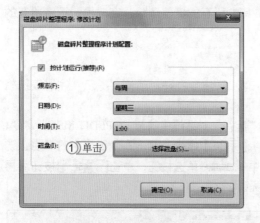

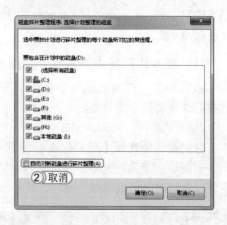

13. 系统总是弹出文件保护的窗口

故障现象：使用电脑的过程中总会打开一个文件保护的窗口，提示 Windows 所需的文件被替换成了无法识别的版本，需放入安装光盘进行还原。但还原后仍出现该窗口。

故障排除：该故障可能是由于病毒所引起的。只需在系统中安装最新的杀毒软件，将该病毒进行查杀，完成后重启电脑即可排除故障。

▌经验一箩筐——查杀病毒

如果在操作系统中进行病毒查杀操作并没有发现病毒，但并不代表电脑一定没有被病毒入侵，此时可在安全模式下再次进行查杀。

11.1.5 系统开机和关机故障排除

系统的开机与关机故障时有发生，并且造成故障的原因多种多样，需要对其进行判断才能做出正确的处理。下面将介绍一些常见系统开机和关机故障的排除方法。

1. 开机无显示

故障现象：电脑开机启动后发现显示器没有任何显示。

故障排除：首先检查显示器是否打开并且主机指示灯是否变亮，如果主机指示灯变亮，则电源无问题，再调节显示器的亮度，如果故障依旧说明显示器的内部硬件发生故障，这时可检查主板是否已经损坏，或检查显卡与插槽接触是否良好，如果是主板和显卡的问题，对其进行修理和更换即可排除故障。

2. 开机显示异常

故障现象：启动电脑后，发现显示器显示异常，如上下抖动、颜色不正常等现象。

故障排除：出现这种现象可以通过调节显示器的设置、检查显示器与显卡的兼容性两方面来排除故障。首先调节显示器的亮度、对比度和色彩等选项，查看显示器是否正常，如果仍然显示异常，则应检查显示器和显卡的兼容性，并把显示器接入另一台正常的主机上看是否显示正常，如果故障还是无法解决，则说明显示器已损坏，需更换一台显示器。

3. 开机不通电

故障现象：电脑开机以后，发现没反应，并且主机指示灯也没亮。

故障排除：对于这种情况，主要可以通过检查电源插头的接触、电源线连接、电脑的开关是否打开和电源保险丝是否已被烧坏等问题来排除故障。

4. 电脑无法关机

故障现象：在执行退出命令后无法退出操作系统，且直接按电源仍然不能关闭。

故障排除：当遇到电脑无法关机时，可首先检查电源问题，当电脑的电源按钮失灵时，不仅电脑不能关机，且不能开机。同时，如果主板上的电源监控电路出现故障，PS-ON 信号出现高电平也可能导致电脑无法关机，出现这种问题应将其送修。如果不是电源问题，则应考虑 BIOS 设置问题，在 BIOS 中，如果设置了关机延时时间（Delay Time），关机时则需要按住电源按钮几秒钟。如取消 BOIS 中关机延时时间设置则不会出现这种现象。

5. 一关机就死机

故障现象：使用了一定年限的电脑，在关机的时候总是出现关机画面时就死机。

故障排除：对于这种现象，可以先安装该电脑主板的补丁程序，打开主板的高级电源管理功能，如果这种情况依然存在，则可在 BIOS 界面中将高级电源管理功能（即 Power Management Setup）的 ACPI 项设置为 APM 或者将其禁用。

▌经验一箩筐——设置 BIOS 加速电脑运行速度

在 BIOS 设置中，将 Boot 菜单中的 "Boot Time Diagnostic Screen" 设置项参数设置为 "Disabled"，可加快电脑运行速度。

285

72☒
Hours

62
Hours
▲

52
Hours
▲

42
Hours
▲

32
Hours
▲

22
Hours
▲

12
Hours

11.1.6 系统常见死机故障排除

在使用电脑的过程中，有时会遇到电脑无故死机的故障，在进行这些现象的故障排除时，可先从软件方面进行排除，再检查硬件方面的原因。下面将对电脑死机的常见现象及故障排除进行讲解。

1. 修改系统设置后死机

故障现象：在装有 Windows 的电脑中更改"控制面板"的"设备"设置后，重启系统到蓝色的启动屏幕时死机。

故障排除：造成这种故障，可能是因为对电脑的设置不当引起的。启动电脑到 Windows 进入蓝色的启动屏幕前，系统会提示如果想使用以前的设置，请按空格键，按空格键后，当系统进入另一个屏幕后按 L 键，接着按 Enter 键，还原设置之前的正常配置文件以排除故障。

2. 杀毒后电脑频繁死机

故障现象：对操作系统进行杀毒后，电脑频繁死机。

故障排除：出现这种现象的原因有两个，一是硬盘存在故障，如可以使用光驱启动电脑，并且电脑能够正常工作，说明是硬盘的故障，更换硬盘即可。二是硬盘的分区感染了病毒，此时可全面格式化硬盘，彻底清除病毒，再对硬盘进行扫描，以修复或者排除坏道扇区，最后重新安装系统解决故障。

3. CPU 超频与内存条冲突死机

故障现象：CPU 超频使用一切正常，当用两条 1GB 的内存替代原来的两条 512MB 的内存，把内存的电压由 5V 跳到 3.3V，开机自检通过，在出现"Starting Windows…"时电脑死机。

故障排除：此时，如果换回原来的内存使用，可恢复正常，将两条 512MB 的内存条插在其他的电脑上也可正常使用，把 CPU 的频率恢复到正常，再使用 1GB 内存条，故障即可排除。造成这种故障是因为 CPU 超频后，内存也要跟着超电压，耗用了主板的电力资源，导致死机现象的发生。

4. 电脑间断性死机

故障现象：更换电脑风扇后，使用一段时间就会出现死机，且每次死机的时间长短不一，格式化硬盘并重新安装操作系统后故障依旧。

故障排除：由于对电脑硬盘进行格式化并重新安装了操作系统，排除由软件引起的故障，可以使用插拔法对硬件设备进行检查。首先打开机箱后重新插拔各板块后再启动，然后查看 CPU 风扇的位置是否影响电脑的运行，由于故障是在更换风扇后出现的，仔细查看，看风扇是否离内存条太近，将内存重新插在离风扇较远的插槽中再开机可解决故障。

▌经验一箩筐——正确关机

用户对电脑进行非正常关机，也会造成死机、蓝屏等故障，所以应该养成正常关机的习惯，以防止系统文件的丢失和故障的产生。

上机 1 小时 ▶ 使用恢复控制台排除故障

🔍 巩固排除操作系统故障的方法。

🔍 进一步掌握使用恢复控制台的方法。

　　本例将通过系统安装盘进入"恢复控制台"界面，然后根据需要执行相应的命令来恢复操作系统，以排除无法启动操作系统故障。

资源
文件　实例演示\第11章\使用恢复控制台排除故障

STEP 01： 进入操作系统安装界面

用 Windows XP 安装光盘引导进入其安装界面，程序会自动检测电脑中已安装的操作系统，并显示右图所示的安装界面。要进入"恢复控制台"界面，应根据提示信息按 R 键。

读书笔记

STEP 02： 选择操作系统

进入"恢复控制台"界面后，将显示在硬盘中安装的所有 Windows XP 操作系统。由于操作的电脑中只在 C 盘安装了 Windows XP 操作系统，因此只显示了一个 Windows XP 操作系统，根据提示信息输入"1"后，按 Enter 键。

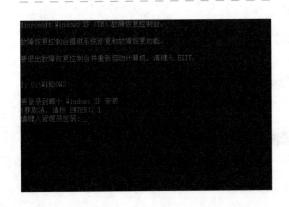

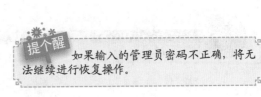

STEP 03： 输入密码

按提示信息输入管理员密码并按 Enter 键确认。如果未设置密码，则直接按 Enter 键。

提个醒　如果输入的管理员密码不正确，将无法继续进行恢复操作。

287

72☒
Hours

62
Hours

52
Hours

42
Hours

32
Hours

22
Hours

12
Hours

STEP 04： 输入记录

1. 在提示符状态下，输入 "fixmbr" 命令后按 Enter 键。
2. 在 "确实要写入一个新的主启动记录吗？" 后输入 "y"，并按 Enter 键，写入新的主启动记录。

```
C:\WINDOWS>fixmbr  ①输入

** 注意 **

这台计算机似乎有非标准的或无效的主启动记录。

如果继续，FIXMBR 可能会损坏您的分区表格。

这会造成当前硬盘的所有分区不可访问。

如果访问驱动器设有问题，则不要继续。

确实要写入一个新的主启动记录吗？ y  ②输入
正在将新的主启动记录写入物理驱动器
\Device\Harddisk0\Partition0 上。

已成功写入新的主启动记录。

C:\WINDOWS>_
```

STEP 05： 启动操作系统

1. 在提示符后输入 "fixboot" 命令，然后按 Enter 键。
2. 在 "确定要写入一个新的启动扇区到磁盘分区 C: 吗？" 后输入 "y"，并按 Enter 键。成功后即可用硬盘上的引导文件引导电脑进入 Windows XP 操作系统。

```
C:\WINDOWS>fixboot  ①输入

目标磁盘分区是 C:。
确定要写入一个新的启动扇区到磁盘分区 C: 吗？ y  ②输入
启动磁盘分区上的文件系统是 FAT32。

FIXBOOT 正在写入一个新的启动扇区。

成功地写入了新的启动扇区。

C:\WINDOWS>_
```

11.2 系统数据恢复

如果用户误删除了电脑中重要的文件，或不小心格式化了硬盘分区，要想恢复这些数据，只能通过一些专业的数据恢复软件来进行，如 Drive Rescue 和 FinalData 等，它们的基本功能都是将误删除的文件或将误格式化的硬盘分区恢复还原。下面将详细讲解使用这些软件恢复数据的方法。

学习1小时

🔍 快速掌握使用 Drive Rescue 恢复数据的方法。

🔍 熟练掌握使用 FinalData 恢复数据的方法。

11.2.1 使用 Drive Rescue 恢复数据

电脑操作中，删除的文件一般都保存在"回收站"里，需要时可以从中直接恢复，如果在"回收站"里清空了这些数据，就只有通过这些专业的数据恢复软件恢复了。

下面就以 Drive Rescue 软件为例，讲解恢复删除的文件的方法。其具体操作如下：

资源文件　实例演示 \ 第 11 章 \ 使用 Drive Rescue 恢复数据

STEP 01：选择软件语言

1. 在系统中安装好 Drive Rescue 软件后，启动该软件，并在打开的"Choose language"对话框右侧的列表框中选择语言种类，这里选择"Chinese（simplified）"选项。
2. 单击 OK 按钮。

STEP 02：选择操作类型

打开"欢迎使用 Drive Rescue"对话框，选择"查找被删除的文件"选项，系统扫描硬盘中的所有数据，并打开"扫描驱动器"对话框，在其中显示了扫描硬盘驱动器的进度。

289

72图
Hours

62
Hours

52
Hours

42
Hours

32
Hours

22
Hours

12
Hours

提个醒　若选择"查找丢失的数据"选项，将会对电脑中丢失的数据进行查找；选择"查找丢失的驱动器"选项，将会对丢失的硬盘分区进行查找。

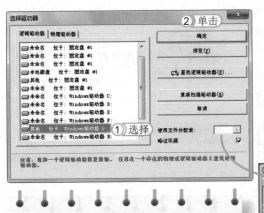

STEP 03：完成查询向导设置

1. 完成后打开"选择驱动器"对话框，在左侧的"逻辑驱动器"选项卡中选择需扫描的驱动器对应的选项。
2. 然后单击 确定 按钮。此时将开始在设置的区域搜索丢失的文件，并显示搜索进度。

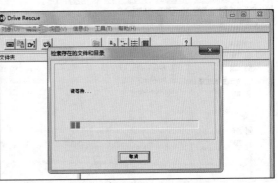

读书笔记

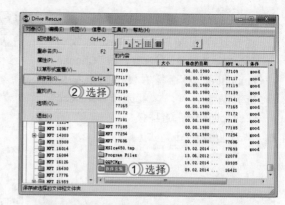

STEP 04： 选择要恢复的文件

1. 在打开的窗口中显示了被删除的数据，选择要恢复的文件或文件夹。
2. 选择【对象】/【保存到】命令。

提个醒　　选择要恢复的文件或文件夹后，在窗口中单击 按钮，也能打开"选择目录"对话框。

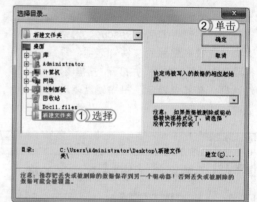

STEP 05： 保存恢复的文件

1. 在打开的"选择目录"对话框中选择恢复文件所保存的位置，这里选择"新建文件夹"选项。
2. 单击 确定 按钮。

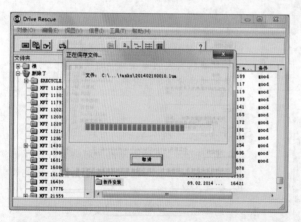

STEP 06： 开始恢复文件

开始恢复文件，并且在打开的对话框中显示恢复的进度。

提个醒　　恢复文件的时间长短由该文件的大小决定。

STEP 07： 查看恢复的文件

文件恢复完成后，在保存位置即可查看到恢复后的文件。

读书笔记

使用 Drive Rescue 恢复文件时，建议不要将恢复的文件保存到原来的位置，因为恢复时，需要从原来位置调用数据，如果保存到原来位置，可能会将原数据覆盖，导致恢复失败。

11.2.2 使用 FinalData 恢复数据

FinalData 具有强大的数据恢复功能，当文件被误删除、分区表或磁盘根目录被病毒破坏造成文件信息全部丢失、物理故障造成分区表或磁盘根区不可读，以及磁盘格式化造成的全部文件信息丢失，FinalData 都能够通过直接扫描目标磁盘抽取并恢复出文件信息。

下面将使用 FinalData 软件对 D 盘中丢失的部分数据进行恢复。其具体操作如下：

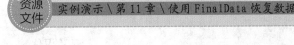

资源文件　实例演示\第11章\使用 FinalData 恢复数据

STEP 01： 选择恢复类别

在电脑中安装 FinalData 软件后，启动该软件，在打开的窗口中单击 恢复删除/丢失文件 按钮。

提个醒　　FinalData 提供了"恢复删除/丢失文件"、"恢复已删除的 E-mail"和"Office 文件恢复"3 种恢复类别，用户可根据需要进行选择。

STEP 02： 选择恢复方式

在打开的窗口中单击 恢复丢失数据 按钮。

提个醒　　FinalData 提供了 3 种文件的恢复方式，包括"恢复已删除的文件"、"恢复丢失的数据"和"恢复丢失的驱动器"，用户可根据实际情况选择需要的恢复方式。

STEP 03： 选择驱动器

1. 在打开的窗口左侧列表框中选择需要恢复文件所在的驱动器，这里选择 D 盘。
2. 单击 扫描 按钮。

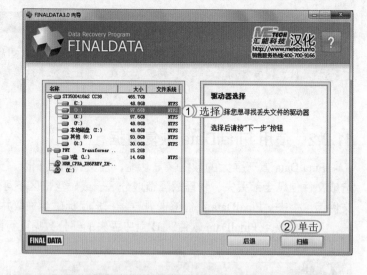

提个醒 在选择扫描的驱动器时，不能在列表框中同时选择多个驱动器，一次只能选择一个驱动器进行扫描。

STEP 04： 查看扫描进度

开始扫描选择的驱动器，并在打开的窗口中显示扫描的进度。

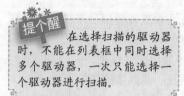

读书笔记

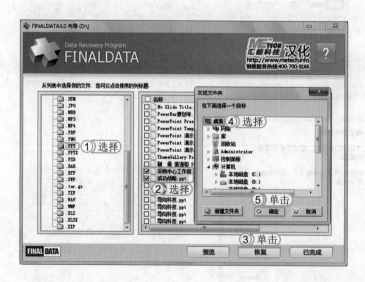

STEP 05： 选择恢复位置

1. 扫描完成后，在打开的窗口左侧列表框中显示文件格式，选择需要恢复文件的格式。
2. 在窗口右侧的列表框中将显示该格式所对应的文件，选择需要恢复的文件。
3. 单击 恢复 按钮。
4. 打开"浏览文件夹"对话框，选择恢复文件所保存的位置，这里选择"桌面"选项。
5. 单击 确定 按钮。

STEP 06： 查看恢复的文件

开始恢复文件，恢复完成后，在系统桌面即可查看到恢复的文件。

> **提个醒** 设置恢复文件保存位置时，不能将其设置为与扫描的驱动器相同，否则将不能继续进行恢复操作。

▌ 经验一箩筐——"高级数据恢复"功能

FinalData 软件不仅提供了 3 种数据恢复的类别，还提供了"高级数据恢复"功能，使用该功能将会加载一个高级数据恢复器，使用它可快速对驱动器中的文件进行恢复。

上机1小时 ▶ 使用高级数据恢复器恢复文件

🔍 巩固使用 FinalData 软件恢复数据的方法。

🔍 进一步掌握使用 FinalData 软件提供的高级数据恢复器恢复文件的方法。

本例将使用高级数据恢复器恢复文件。首先启动 FinalData 软件，加载高级数据恢复器，然后使用它对驱动器中的数据进行恢复。

> **资源文件** 实例演示\第 11 章\使用高级数据恢复器恢复文件

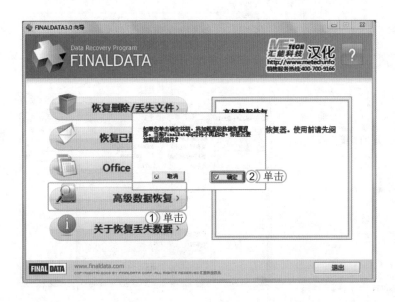

STEP 01： 加载程序

1. 启动 FinalData 软件，在打开的窗口中单击"高级数据恢复"按钮。

2. 在打开的提示对话框中单击 √ 确定 按钮。

> **提个醒** 要使用"高级数据恢复"功能，必须要先加载高级数据恢复器，否则将不能使用该功能。

62
Hours
▲

52
Hours
▲

42
Hours
▲

32
Hours
▲

22
Hours
▲

12
Hours

STEP 02: 选择"打开"命令

加载高级数据恢复器后,将打开"FinalData 企业版 v3.0"窗口,选择【文件】/【打开】命令。

提个醒　　FinalData 软件大部分版本都是要收费的,需要用户购买该软件后,很多功能才能正常使用。

STEP 03: 选择驱动器

1. 打开"选择驱动器"对话框,在"逻辑驱动器"选项卡中选择需恢复的数据所在的盘符,这里选择 I 盘对应的选项。
2. 然后单击 确定(0) 按钮。

STEP 04: 选择搜索的范围

FinalData 软件开始扫描所选盘符的根目录,并显示扫描过程。扫描完成后,打开"选择要搜索的簇范围"对话框,保持默认设置,单击 确定(0) 按钮。

提个醒　　如果知道需恢复的文件所处的簇范围,则可在"选择要搜索的簇范围"对话框中设置簇的范围,这样可以减少搜索时间。

STEP 05: 查看扫描进度

开始对搜索范围进行扫描,并在打开的"簇扫描"对话框中显示了扫描的进度。

读书笔记

STEP 06： 选择需要恢复的文件

1. 搜索完成后，在打开的窗口左侧选择"已删除文件"选项。
2. 在窗口右侧将显示对应搜索的文件，选择需要恢复的一个或多个文件。
3. 在其上单击鼠标右键，在弹出的快捷菜单中选择"恢复"命令。

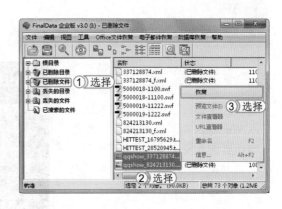

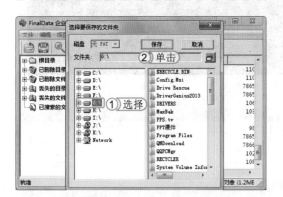

STEP 07： 设置保存位置

1. 打开"选择要保存的文件夹"对话框，在其中设置文件恢复后保存的位置，这里选择 G 盘选项。
2. 然后单击 保存 按钮。

读书笔记

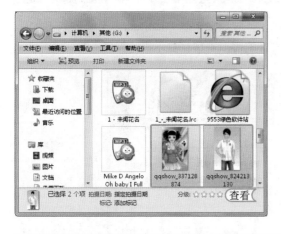

STEP 08： 查看恢复的文件

开始恢复选择的文件，恢复完成后在保存位置中即可查看到恢复的文件。

▌ 经验一箩筐——使用 EasyRecovery 恢复硬盘数据

除了使用 Drive Rescue 和 FinalData 软件恢复系统数据外，还可使用 EasyRecovery 软件来恢复数据，它是一个收费的硬盘数据恢复工具，能够恢复丢失的数据以及重建文件系统，主要是在内存中重建文件分区表使数据能够安全地传输到其他驱动器中。它的使用方法与 Drive Rescue 和 FinalData 软件的使用方法类似，只需按照提示进行操作即可。

11.3 练习 1 小时

　　本章主要介绍了常见系统故障的排除方法和系统数据的恢复方法，用户要想在日常工作中熟练使用它们，还需再进行巩固练习。下面以通过安全模式排除系统故障和使用 FinalData 软件恢复 Office 文件为例，进一步巩固这些知识的使用方法。

62
Hours

52
Hours

42
Hours

32
Hours

22
Hours

12
Hours

1. 通过安全模式排除系统故障

　　本例将操作系统启动到安全模式，通过安全模式来排除系统故障。首先启动电脑，按 F8 键进入 Windows 高级选项菜单，然后选择要进入安全模式的操作系统，再启动电脑需要的程序，并进入安全模式对故障进行排除即可。

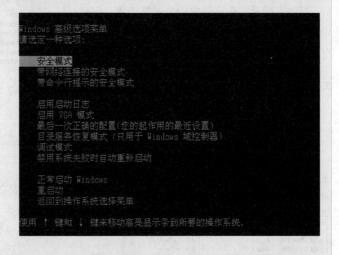

资源文件　实例演示 \ 第 11 章 \ 通过安全模式排除系统故障

2. 使用 FinalData 软件恢复 Office 文件

　　本例将使用 FinalData 软件恢复 Office 文件。首先启动电脑 FinalData 软件，在打开的窗口中选择"Office 文件恢复"选项，然后在打开的窗口中根据提示进行操作即可。

资源文件　实例演示 \ 第 11 章 \ 使用 FinalData 软件恢复 Office 文件

附录 A 秘技连连看

一、BIOS 设置技巧

1. BIOS 常用的设置键

在对 BIOS 进行设置时一般都是通过按键盘上的键进行选择和参数修改，BIOS 设置界面中常用到的几个按键及其作用如下表所示。

BOIS设置键的作用

按 键	作 用
←、→、↑、↓键	在设置各项目中进行切换移动，分别用于左移一个选项、右移一个选项、上移一个选项和下移一个选项
F1 键或 Alt + H 组合键	打开"General Help"窗口，并显示所有功能键的说明
Esc 键	回到前一窗口或主窗口，或不存储进行的 BIOS 设置值
+ 键或 Page Up 键	切换选项设置值（递增）
− 键或 Page Down 键	切换选项设置值（递减）
F5 键	载入选项修改前，即上一次设置的值
F6 键	载入选项的 BIOS 默认（Setup Default）值，即最安全的
F7 键	载入选项的最优化默认（Turbo/Optimized Default）值
F10 键	将修改后的设置值存储后，直接退出 BIOS 设置程序
Enter 键	选择选项后确认执行，若有下级子菜单则进入选项子菜单，并显示选项的设置值

2. BIOS 主要选项的含义

在对 BIOS 进行设置时，首先需要了解 BIOS 中各选项的含义，不能随意进行设置，以免造成系统出现各种问题。BIOS 中主要选项设置的中文含义与作用如下表所示。

BIOS设置主要选项的含义及作用

选项英文名称	含 义	作 用
Standard CMOS Features	标准 CMOS 设置	包括日期、时间、软驱、显卡和软硬盘检测设置等
Advanced Chipset Features	芯片组设置	用于修改芯片组寄存器的值，优化系统性能
Power Management Features	电源管理设置	用于对系统电源和省电模式进行管理
Frequency/Voltage Control	频率 / 电压控制	用于设置 CPU 和内存的时钟
Advanced BIOS Setup	高级 BIOS 设置	包括病毒防护、系统启动（开机）顺序、CPU 高速缓存和快速检测等设置
Integrated Peripherals	外围设备设置	包括 IDE 设备、USB 设备、串行 / 并行端口和网卡等设置

续表

选项英文名称	含　义	作　用
PnP/PCI Configurations	PnP/PCI 配置设置	对即插即用和 PCI 局部总线参数的设置
Set User Password		设置用户密码
Set Supervisor Password		设置管理员密码
Save & Exit Setup		保存设置并退出 BIOS
Exit Without Saving		不保存设置直接退出 BIOS

3. 通过设置 BIOS 提高电脑启动速度

　　在 BIOS 设置界面中通过 Quick Power On Self Test 选项设置快速方式，使自检过程所需的时间缩短，从而减少系统内存测试的次数，提高电脑启动的速度。其方法是：在 BIOS 设置界面中选择 "Quick Power On Self Test" 选项，将其设置为 "Enabled" 即可，如下图所示。

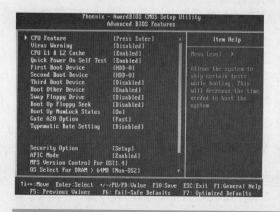
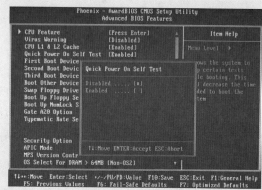

4. 通过 BIOS 设置定时开机

　　用户在使用电脑时，为了省去开机的麻烦，可在 BIOS 设置界面中设置电脑每天固定开机的时间。其方法是：在 BIOS 设置界面中选择 "Power Management Setup" 选项，在打开的对话框中选择 "Resume By Alarm" 选项，按 Enter 键后选择 "Enabled" 选项开启定时开机功能，然后按 Enter 键返回上级界面，选择 "Date（Of Month）Alarm" 选项设置日期，其中 "0" 表示每天。再按↓键选择 "Time（hh:mm:ss）Alarm" 选项设置时间，完成后保存设置并退出 BIOS。

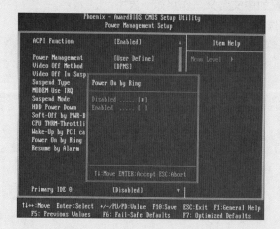
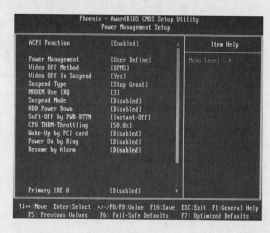

5. 删除或更改 BIOS 密码

设置了 BIOS 的密码后，如需对密码进行删除或更改，则必须先用超级用户密码登录 BIOS，在"Set Supervisor Password"选项或"Set User Password"选项上连续按 3 次 Enter 键即可删除密码。而更改密码的操作则只需按 1 次 Enter 键，在打开的提示框中重新进行设置即可。

二、硬盘分区与格式化技巧

1. 计算硬盘分区的大小

关于硬盘分区大小的计算：如果要使划分后的分区容量为整数，填写容量大小时可以按（N-1）×4+1024×N 公式来计算，N 为需要设置的大小，单位为 GB，计算结果为 MB，如需要划分 15GB，则按（15-1）×4+1024×15 计算，结果为 15416MB。

2. 使用 fdisk 删除分区技巧

若需要重新对硬盘分区，此时可以使用 fdisk 删除原有的分区。需要注意的是，删除分区的顺序与创建分区的顺序相反，即分别为删除逻辑分区、删除扩展分区和删除主分区。删除分区的操作方法为：在 fdisk 主界面中选择第 3 个选项，即"Delete partition or Logical DOS Drive（删除分区或者逻辑分区）"选项。此时将进入删除分区的主界面，其中有 4 个选项，分别表示删除主分区、删除扩展分区、删除扩展 DOS 分区或逻辑分区、删除非 DOS 分区。分别选择相应的删除项（注意删除顺序），再根据提示进行操作即可。

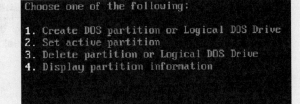

3. 转换分区的文件系统

在使用 Windows 操作系统时，若需要将一个分区的文件系统从 FAT32 修改为 NTFS，可以使用 Convet.exe 进行无损转换，这种转换方式不仅速度快，而且不会影响分区中原本存在的文件。

使用 Convet.exe 进行转换的方法是：按 Windows+R 组合键打开"运行"对话框，在"打开"下拉列表框中输入"cmd"命令，单击 确定 按钮，在打开的窗口中输入"Convet c:/fs:ntfs"（其中，c 代表需要转换的分区），最后按 Enter 键确认，即可对文件系统进行转换。

299

72⊠
Hours

62
Hours

52
Hours

42
Hours

32
Hours

22
Hours

12
Hours

4. 通过格式化修改文件系统

要修改一个分区的文件系统，还可以通过格式化的方法来实现。其方法是：在磁盘分区上单击鼠标右键，在弹出的快捷菜单中选择"格式化"命令，打开"格式化"对话框，在"文件系统"下拉列表框中选择相应的选项，选中 ☑ **快速格式化(Q)** 复选框，单击 开始(S) 按钮，在打开的提示对话框中单击 确定 按钮，即可将所选磁盘分区格式化，并更改其文件系统。但需要注意的是，通过格式化修改文件系统，所选磁盘分区中的所有数据都将被删除。

5. 修改分区盘符号

对磁盘进行分区后，其盘符都是默认的，如果磁盘分区盘符混乱，可重新对其盘符号进行设置。修改盘符号的方法是：打开"计算机管理"对话框，在需要修改盘符上单击鼠标右键，在弹出的快捷菜单中选择"更改驱动器号和路径"命令，在打开对话框的列表框中选择盘符，单击 更改(C) 按钮，打开"更改驱动器号和路径"对话框，在其中的下拉列表框中选择相应的盘符号，单击 确定 按钮即可。

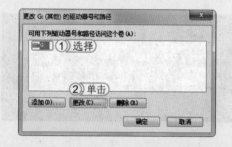
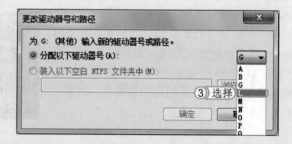

6. 设置磁盘区域外观

在"计算机管理"对话框中对磁盘进行分区后，分区的颜色都是默认的，一般主分区为深蓝色，逻辑分区为蓝色，扩展分区为绿色。如果用户对该颜色外观不满意，可自行进行设置。其方法是：在"计算机管理"窗口中选择【查看】/【设置】命令，打开"设置"对话框，选择"外观"选项卡，在"磁盘区域"列表框中选择相应的选项，在"颜色"下拉列表框和"图案"下拉列表框中选择相应的颜色和图案样式，完成后单击 确定 按钮即可。

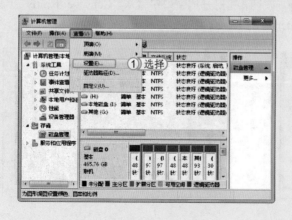

7. 将一个磁盘空闲空间分配给另一个磁盘

在使用过程中，如果一个磁盘中的空间不足，而另一个磁盘还有多余空间，这时用户可使用一些分区软件对其进行分配，如分区助手、DiskGenius 软件等。以分区助手为例，启动分区助手软件，在工作界面右侧的列表框中选择有空闲空间的磁盘，在左侧的"分区操作"栏中选择"分配自由空间"选项，打开"分配空闲空间"对话框，在"分配空闲空间"数值框中输入要分配的空间，在"从(I) 给"下拉列表框中选择要分配给的磁盘选项，单击 确定(O) 按钮进行操作即可。

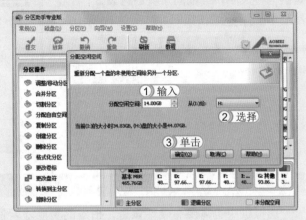

8. 使用分区助手对分区进行检查

对磁盘进行分区后，如果不知道分区是否有问题，可使用分区助手对磁盘分区进行检查。其方法是：启动分区助手，在打开的工作界面中选择需要检查的磁盘分区，在左侧的"分区操作"栏中选择"检查分区"选项，在打开的对话框中设置检查选项，如选中 ◎ 使用chkdsk.exe程序检测分区的错误(E) 单选按钮，单击 确定(O) 按钮，打开"检查分区"对话框，在其中将对分区进行检查，完成后单击 确定(O) 按钮即可。

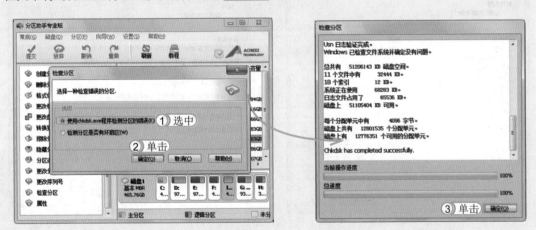

三、虚拟机的使用技巧

1. 更改虚拟机内存大小

新建虚拟机时，其内存大小默认都为 1GB，在使用过程中，如果觉得该内存大小不能满足需要，可对其进行设置，以 VMware-workstation 为例，启动 VMware-workstation，在打开的工作界面左侧的"库"窗格中选择需要设置内存大小的虚拟机，选择【虚拟机】/【设置】命令，打开"虚拟机设置"对话框,默认选择"硬件"选项卡,在左侧的列表框中选择"内存"选项,在右侧的数值框中输入要设置的内存大小,或拖动滑块进行设置,然后单击 确定 按钮即可。

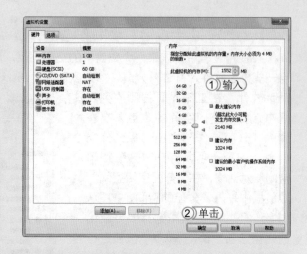

读书笔记

2. 为虚拟机添加硬件设备

虚拟机中也需要有硬件设备,相应的功能才能使用。新建的虚拟机默认添加的硬件设备有限,当需要使用某种硬件设备,且虚拟机中未有该硬件设备时,就需要进行添加。以 VMware-workstation 为例,添加硬件设备的方法是:在"虚拟机设置"对话框的"硬件"选项卡中的列表框中显示了已添加的硬件设备,单击 添加(A)... 按钮,打开"添加硬件向导"对话框,在"硬件类型"列表框中选择需要添加的硬件,如选择"USB 控制器"选项,单击 下一步(N) > 按钮,在打开的对话框中进行相应的设置,完成后单击 完成 按钮。

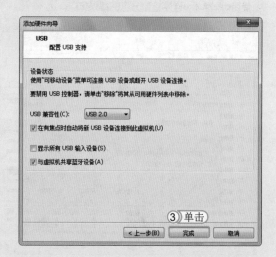

3. 删除虚拟机

运行虚拟机时,将会影响系统的运行速度。新建一个虚拟机,所占用的磁盘空间较大,当不再使用该虚拟机时,可以将其删除,以释放磁盘空间。以 VMware-workstation 为例,删除虚拟机的方法是:在 VMware-workstation 工作界面左侧的窗格中选择需要删除的虚拟机,选择【虚拟机】/【管理】/【从磁盘中删除】命令,在打开的提示对话框中单击 是(Y) 按钮,即可将其删除。

4. 启动虚拟机时自动进入 BIOS

在虚拟机中，如果要进入 BIOS 界面，对 BIOS 进行设置，可直接对虚拟机进行设置，使其启动后自动进入 BIOS 界面。以 VMware-workstation 为例，其设置方法是：在 VMware-workstation 工作界面左侧的窗格中选择相应的虚拟机，在其上单击鼠标右键，在弹出的快捷菜单中选择【电源】/【启动时进入 BIOS】命令，然后启动虚拟机，即可进入 BIOS 界面，如下图所示。

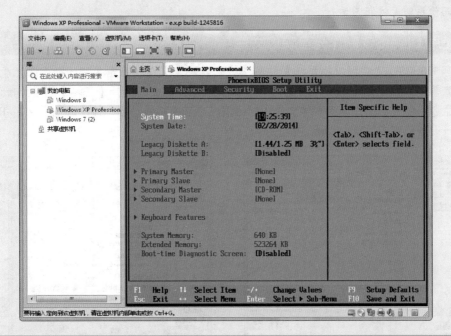

5. 关闭虚拟机

当使用完虚拟机后，需要将其关闭，以释放系统内存占用量。以 VMware-workstation 为例，关闭虚拟机的方法是：选择【虚拟机】/【电源】/【关机】命令，或单击虚拟机标题栏中的×按钮，在打开的提示对话框中单击 关机(P) 按钮即可。

303

72图
Hours

62
Hours

52
Hours

42
Hours

32
Hours

22
Hours

12
Hours

四、操作系统的安装技巧

1. 安装多操作系统的原则

在电脑中安装多操作系统时，如果安装不当，容易造成其中某个操作系统无法正常启动，或造成文件冲突。因此，在安装操作系统时应遵循以下几个原则。

🔑 **安装顺序由低到高：** 安装多操作系统应遵循先安装低版本，再安装高版本的原则，这也是最基本的安装原则。如果先安装高版本再安装低版本，那么低版本安装好后，高版本的引导文件将被损坏，不能启动，这时就需要对引导文件进行修复后才能正常启动。

🔑 **安装在不同的分区中：** 多操作系统应尽量安装在不同的分区中，否则，后安装的操作系统会将已经存在的系统文件覆盖，从而使先安装的操作系统无法正常运行。建议安装多操作系统前，先分配和规划好硬盘分区。

🔑 **注意分区的文件格式：** Windows 8 和 Windows 7 操作系统要求必须安装在 NTFS 的文件格式下，在 FAT32 格式下不能进行安装。Windows XP 操作系统则支持 FAT32 和 NTFS 两种文件格式。同时，DOS 系统不支持 NTFS 文件格式，因此，在 DOS 下格式化 NTFS 格式的 C 盘时将会转而对文件格式为 FAT32 的 D 盘或其他分区进行格式化，而不会格式化 C 盘。

🔑 **在已有系统中安装时注意安装位置：** 在已有操作系统中安装其他操作系统时，要指定新安装操作系统的安装位置，否则会默认安装在 C 盘，导致 C 盘中原有的系统文件被覆盖，从而使系统无法正常运行。

2. 使用 UltraISO 制作光盘映像文件

使用 UltraISO 软件可以将系统文件制作成光盘映像文件。首先准备一张空白光盘，将其放入到光驱中，然后启动 UltraISO 软件，在打开的工作界面中选择【工具】/【制作光盘映像文件】命令，打开"制作光盘映像文件"对话框，在其中对驱动器、输出映像文件名和输出格式等进行设置，完成后单击 **制作** 按钮即可。

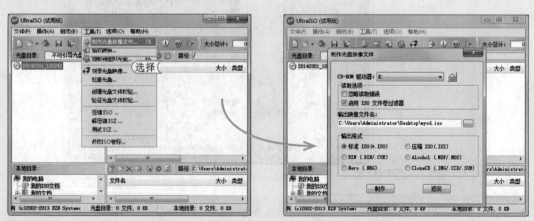

3. 将映像文件加载到虚拟光驱

系统映像文件是不能直接使用的，需要对其解压或加载到虚拟光驱后才能使用。以 UltraISO 为例，将映像文件加载到虚拟光驱的方法是：启动 UltraISO 软件，在打开的工作界面中单击"加载到虚拟光驱"按钮，打开"虚拟光驱"对话框，单击 按钮，打开"打开 ISO 文件"对话框，选择需要加载到虚拟光驱中的映像文件，单击 打开(0) 按钮，返回到"虚拟光驱"对话框，再单击 加载 按钮即可。

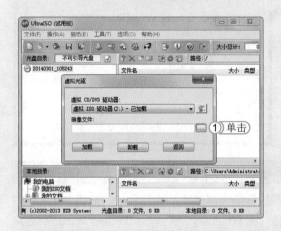

4. 刻录光盘映像

使用刻录的系统光盘，也可对操作系统进行安装。网上有很多代刻录功能的软件，如 UltraISO、nero 等，使用它们可快速将系统映像文件刻录到准备的空白光盘中。以 UltraISO 为例，刻录光盘映像的方法是：将准备的空白光盘放入光驱中，启动 UltraISO 软件，在打开的工作界面中选择【工具】/【刻录光盘映像】命令，打开"刻录光盘映像"对话框，设置刻录机、写入速度、写入方式以及刻录到光盘的映像文件，单击 刻录[B] 按钮，即可开始刻录，并显示刻录进度，完成后关闭对话框即可。

5. 在线更新安装操作系统

如果用户想更新当前操作系统，且电脑连接网络的情况下，可直接在线对操作系统进行更新。其方法是：运行当前使用的操作程序的安装程序进行安装，打开"获取 Windows 安装程序的重要更新"对话框，选择"立即在线安装更新"选项，打开"正在搜索更新"对话框，此时会自动搜索更新文件，搜索后自动进行下载安装。

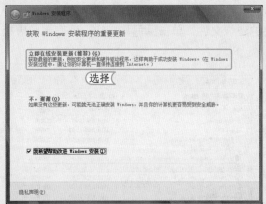
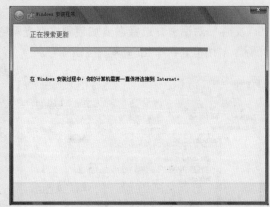

6. 升级安装操作系统

　　升级安装操作系统是指将当前使用的操作系统升级为高版本的操作系统，如将 Windows 7 操作系统升级为 Windows 8 操作系统。其方法是：在 Windows 7 操作系统中运行 Windows 8 操作系统的安装程序，并执行安装操作，在打开的"你想执行哪种类型的安装？"对话框中选择"升级：安装 Windows 并保留文件、设置和应用程序"选项，然后进行升级安装操作即可。

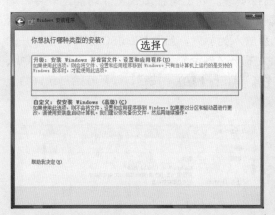
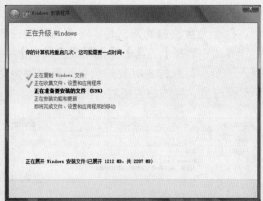

7. 设置默认启动顺序和等待时间

　　在电脑中安装多操作系统后，可将经常使用的操作系统设置为默认启动的操作系统，而且还可对其等待时间进行设置，这样可快速进入到需要使用的操作系统。其方法是：在操作系统中桌面的"计算机"图标上单击鼠标右键，在弹出的快捷菜单中选择"属性"命令，打开"系统"窗口，单击"高级系统设置"超级链接，打开"系统属性"对话框，选择"高级"选项卡，在"启动和故障恢复"栏中单击 设置(T)... 按钮，打开"启动和故障恢复"对话框，在"默认操作系统"下拉列表中选择相应的操作系统，在下方的数值框中输入等待的时间，单击 确定 按钮即可。

8. 通过"系统配置"对话框设置默认操作系统

除了可在"系统属性"对话框设置默认启动顺序外,还可通过"系统配置"对话框进行设置。其方法是:在操作系统中按 Windows+R 组合键,打开"运行"对话框,在"打开"下拉列表框中输入"msconfig"命令,单击 确定 按钮,打开"系统配置"对话框,选择"引导"选项卡,在其中的列表框中选择需要设置为默认启动的操作系统选项,如选择 Windows 8 选项,单击 设为默认值(S) 按钮,再单击 确定 按钮,即可将其设置为默认启动的操作系统。

9. 使用魔方电脑大师添加启动项

如果电脑中某个操作系统的启动项丢失,可通过魔方电脑大师进行添加。其方法是:在电脑系统桌面上双击"软媒-魔方电脑大师"快捷方式图标 ,打开其主界面,在主界面下方的"设置大师"选项上单击,打开"魔方设置大师"窗口,在左侧选择"多系统设置"选项卡,在右侧单击 添加 按钮,打开"新建操作系统选项"对话框,在其中对系统类型、系统名称和系统所安装的位置进行设置,完成后单击 确定 按钮,即可添加成功。

10. 创建 Microsoft 账户

在安装 Windows 8 操作系统的过程中,要求添加用户,这时用户可自行选择添加本地用户账户或 Microsoft 账户。如果要用 Windows 8"开始"屏幕中的所有磁贴,就需要添加

Microsoft 账户，本地账户只能使用部分磁贴。添加 Microsoft 账户的方法是：在安装过程中打开"添加用户"界面，单击"使用 Microsoft 账户登录"超级链接，打开"设置 Microsoft 账户"界面，在其中填写已注册的电子邮箱、密码、名字等信息，完成后单击 下一步 按钮，在打开的"添加安全信息"界面中填写电话号码、备选电子邮件等信息，完成后单击 下一步 按钮继续进行安装操作即可。

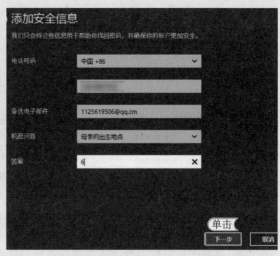

11. 删除多余的用户账户

当某个用户账户不用时，为了维护操作系统，可以将其删除，以释放被占用的磁盘空间。其方法是：选择【开始】/【控制面板】命令，打开"控制面板"窗口，单击"用户账户"超级链接，在"用户账户"窗口中单击"管理其他账户"超级链接，在打开的窗口中单击需要删除的账户，在打开的窗口中单击"删除账户"超级链接，在打开的对话框中单击 删除文件 按钮，然后继续单击 删除账户 按钮即可。

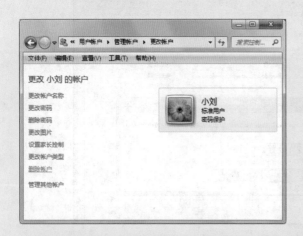 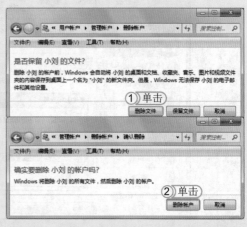

12. 使用自带功能修复 Windows 8 操作系统

Windows 8 操作系统内置有修复系统的功能，使用该功能将会保留系统配置和个人文件，刷新后，将删除个人文件和系统配置，使系统回到初始化。其方法是：打开"电脑设置"界面，选择"常规"选项卡，在"恢复电脑而不影响你的文件"栏中的 开始 按钮。在打开的"恢复电脑"面板中，单击 下一步 按钮，Windows 8 开始扫描用户的硬盘，将用户的数据、设置、应用存储在同一硬盘驱动上，准备完成后，在打开的面板中单击 恢复 按钮，即可重新安装一个新的 Windows 8 副本，恢复用户的数据、设置和应用，并将其安装到新的 Windows 8 副本中，重新启动电脑，进入新的 Windows 8 界面。

 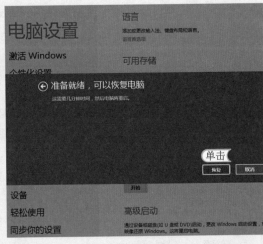

13. 使用最近一次正确配置进入系统

在对注册表进行编辑等操作时，若发生错误，可能会导致下次开机不能正常启动计算机，此时可以使用 Windows 最近一次正确配置进入系统（Windows 8 没有该选项），可恢复计算机上一次成功启动时的有效注册表信息设置。使用上一次成功启动时的配置的方法是：在自检界面按 F8 键，打开"高级启动选项"界面，在该界面中选择"最近一次的正确配置（高级）"选项，再按 Enter 键即可。

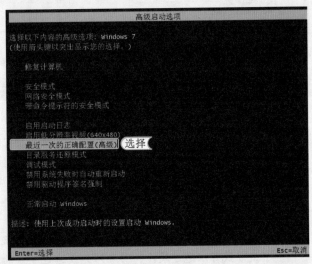

14. 使用故障恢复台恢复 Windows XP 操作系统

如果操作系统崩溃，且不能进入时，可使用故障恢复台恢复操作系统，以避免重新安装操作系统。使用故障恢复台恢复 Windows XP 操作系统的方法是：将操作系统的安装光盘放入光驱，并设置为光驱启动，然后重启电脑，进入 Windows XP 安装界面，按 R 键，打开"恢复控制台"界面，在其中根据需要进行恢复操作即可。

62
Hours
▲

52
Hours
▲

42
Hours
▲

32
Hours
▲

22
Hours
▲

12
Hours

五、驱动程序与软件安装技巧

1. 检测驱动程序

安装驱动程序后，还可对驱动程序进行检测，查看驱动程序是否存在问题，以便能够正常运行。检测驱动程序的方法是：在桌面的"计算机"图标上单击鼠标右键，在弹出的快捷菜单中选择"设备管理器"命令，在打开的"设备管理器"窗口中即可查看电脑中已安装的所有驱动程序，如果驱动程序上有"？"或"！"样式的图标，则表示驱动有问题，需要重新安装。

2. 更新驱动程序

在桌面上的"计算机"图标上单击鼠标右键，在弹出的快捷菜单中选择"设备管理器"命令，打开"设备管理器"窗口，在其中选择需要进行更新的驱动，单击鼠标右键，在弹出的快捷菜单中选择"更新驱动程序软件"命令，系统会自动对驱动进行检测并按提示进行更新。

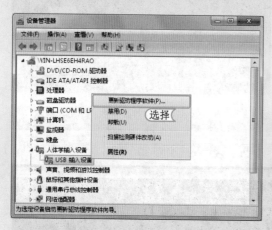
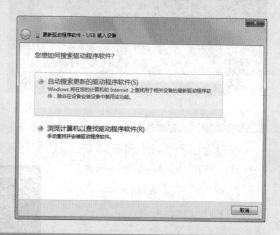

3. 获取软件的途径

在电脑中安装的软件，首先都要先获取其安装程序，软件安装程序的获取方法很多，常用的有如下几种。

🔑 **从软件销售商处购买**：应用软件与操作系统类似，都是以光盘为载体进行销售，通常安装程序比较大的软件，如 Microsoft Office、Photoshop 以及各类大型游戏等都是通过这种方式进行销售的。一般在电脑城中会有专门的门市或者铺面销售正版软件光盘，另外，也可以通过网上购物等方式来购买相关软件的安装光盘。

🔑 **从网上下载**：现在很多软件都是免费版以及共享版，这些软件都可以通过网络进行下载。其下载方式可以通过软件的官方网站或通过专业的软件下载网站进行下载。

🔑 **购买杂志时附赠**：在购买一些电脑类杂志时，杂志附赠光盘上会找到一些经过软件开发商授权的软件，不过这类软件多为试用版。

4. 获取序列号的技巧

序列号又叫注册码，主要是为了防止盗版而设计的。很多软件在安装过程中都需要输入序列号，只有输入正确的序列号后才能继续对软件进行安装，获取安装序列号通常有以下两种方法。

🔑 **查看软件包装盒**：阅读安装光盘的包装盒，绝大多数正版软件的安装序列号通常都印刷在安装光盘的包装盒封面上。

🔑 **阅读说明文件**：如果是网上下载的免费或共享软件，应注意阅读其中的安装说明文件，一般在名为"readme"、"安装说明"等文件中可以找到其安装序列号。

5. 修复压缩的安装文件

如果从网上下载的压缩安装程序文件无法使用，可通过 WinRAR 程序进行修复。在 WinRAR 主窗口中选择受损的压缩文件，选择【工具】/【修复压缩文件】命令，在打开的对话框中选择修复文件的存放路径。设定好后即可开始对受损的压缩文件进行修复，修复完后，在设定的修复文件存放目录中将会增加一个名为"_reconst.rar"或"_reconst.zip"的压缩文件，该文件就是被修复好的文件。

6. 卸载软件

如果对电脑中安装的软件不再使用，可将其卸载，以释放磁盘空间。卸载软件的方法是：

打开"控制面板"窗口，在大图标模式下单击"程序和功能"超级链接，打开"程序和功能"窗口，在列表框中选择需要删除的程序所对应的选项，单击鼠标右键，在弹出的快捷菜单中选择【卸载】/【更改】命令，然后根据提示进行卸载操作即可。需要注意的是，选择某些安装的软件后，在弹出的快捷菜单中，"卸载"和"更改"命令是单独存在的。

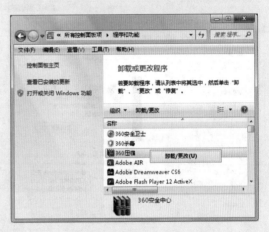

六、系统优化与安全设置技巧

1. 设置程序启动项

如果设置的开机启动项程序较多，将会影响电脑开机速度。为了提高开机速度，可通过"系统配置"对话框对开机启动的程序进行设置。其方法是：打开"系统配置"对话框，选择"启动"选项卡，在其中的列表框中将显示启动项，若取消开机启动的选项前的复选框，单击 确定 按钮。若单击 全部禁用(D) 按钮，将取消所有开机启动项。

311

72图
Hours

62
Hours

52
Hours

42
Hours

32
Hours

22
Hours

12
Hours

2. 关闭系统休眠功能

　　开启系统休眠功能虽可节省一定的电力资源，但会占用一部分磁盘空间，用户可根据实际情况将其关闭。关闭的方法是：在"控制面板"窗口中单击"电源选项"超级链接，在打开的窗口中单击"更改计算机睡眠时间"超级链接，打开"编辑计划设置"对话框，在"使计算机进入睡眠状态"下拉列表框中选择"从不"选项，再单击 保存修改 按钮即可。

3. 启动 Windows 自动更新

　　Windows 操作系统自带了自动更新功能，当该功能开启后，自动更新程序会在后台运行，可自动检测适用于该电脑的最新更新，包括各种系统补丁程序。如果检测到新的补丁程序，将提醒用户进行下载和安装。启动 Windows 自动更新的方法是：打开"控制面板"窗口，单击"Windows Update"超级链接，在打开的窗口中单击"更改设置"超级链接，打开"更改设置"窗口，在"重要更新"栏中的第一个下拉列表框中选择"自动安装更新"选项，在下方设置更新的日期和时间，然后单击 确定 按钮即可。

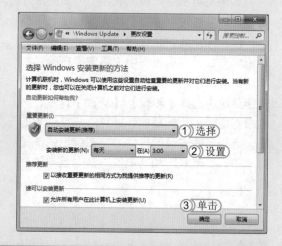

4. 开启 360 杀毒软件的多重防御功能

　　360 杀毒软件提供了多重防御功能，使用该功能可对系统进行保护。开启 360 杀毒软件多重防御功能的方法是：启动 360 杀毒软件，在其工作界面单击 图标，在打开的对话框中的 图标表示已开启， 图标表示已关闭。

5. 使用 BitLocker 功能保护磁盘隐私信息

　　Windows 的 BitLocker 功能主要用于保护硬盘或者移动存储设备中的数据，通过加密，日后即使存放数据的设备丢失了，其他人也无法轻易查看其中的数据内容。

　　使用 BitLocker 功能的方法是：在"控制面板"窗口中单击"BitLocker 驱动器加密"超级

链接，打开"BitLocker 驱动器加密"窗口，在其中的驱动器列表中选择需要加密的驱动器分区，单击其右侧的"启用 BitLocker"超级链接，在打开的对话框中选择解锁驱动器的方式，如选中 ☑ **使用密码解锁驱动器(P)** 复选框，然后在下面的文本框中输入密码，单击 下一步(N) 按钮，再在打开的对话框中选择恢复密钥的方式，单击 下一步(N) 按钮。在打开的对话框中要求用户再次确认是否启用加密功能，单击 启动加密(E) 按钮，系统开始对该磁盘分区加密。

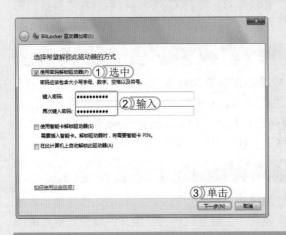
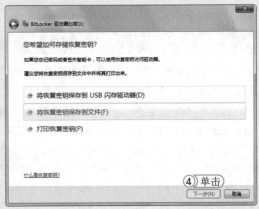

6. 删除隔离文件

使用 360 安全卫士对查杀的木马进行清理后，360 提供的恢复区功能对其进行了备份，该备份也会占用磁盘空间，如果清理的木马都不需要恢复，用户可将这些备份文件删除，以释放磁盘空间。其删除的方法是：启动 360 安全卫士，在其工作界面单击"木马"按钮，在打开的界面左下方单击"恢复区"超级链接，将开始搜索这些文件，并显示在打开的界面中，选中需要删除文件选项前面的复选框，单击 删除所选 按钮，即可将其删除。

七、备份与还原技巧

1. 导出所选分支注册表

导出注册表时，除了可导出全部的注册表，还可只导出所选子键的分区注册表。其方法是：按 Ctrl+R 组合键，打开"运行"对话框，在其中的下拉列表框中输入"regedit"命令，单击 确定 按钮，打开"注册表编辑器"窗口，选择需要导出的子键，选择【文件】/【导出】命令，打开"导出注册表文件"对话框，设置导出的位置和文件名，选中 ⊙ **所选分支(E)** 单选按钮，再单击 保存(S) 按钮即可。

62
Hours
▲

52
Hours
▲

42
Hours
▲

32
Hours
▲

22
Hours
▲

12
Hours
▲

2. 不进入系统，使用还原点还原系统

虽然使用还原点可以修复很多问题，但如果问题较严重，且不能进入系统时，可以在启动电脑时通过选择"修复系统"命令进行修复。其方法是：启动电脑，在自检界面中按F8键，在出现的界面中选择"修复计算机"命令，再在打开的对话框中设置键盘及选择登录用户后，在"系统恢复选项"对话框中单击"系统还原"超级链接，在打开的对话框中选择还原点，即可进行还原操作。

3. 快速备份 Word 的设置

Word 的许多个性化设置及用户创建的样式等都保存在其模板文件中，如果电脑中只安装了 Office 软件中的 Word 组件，要备份其个性化设置，只需备份其模板文件即可，无论是哪个版本的 Word 程序，其模板文件的默认保存位置均为 "C:\Document and Settings\ 用户名\Application Data \Microsoft\Templates"，只需将该文件夹复制到其他磁盘即可。

4. 创建映像文件备份

Windows 7 和 Windows 8 操作系统提供了创建映像文件备份的功能，它的工作原理与大家熟知的 Ghost 类似。创建时将整个分区备份为映像文件，修复时再将映像文件释放到指定的硬盘分区中。其方法是：打开"控制面板"窗口，单击"备份和还原"超级链接，打开"备份和还原"窗口，在左侧的任务窗格中单击"创建系统映像"超级链接，打开"您想在何处保存备份？"对话框，在其中设置备份位置，如选中 ⦿ **在硬盘上** (H) 单选按钮，在下面的下拉列表框中选择系统备份的位置，单击 下一步(N) 按钮，在打开的对话框中选择需备份的驱动器，单击 下一步(N) 按钮，再在打开的对话框中进行确认，即可开始创建系统映像进行备份。

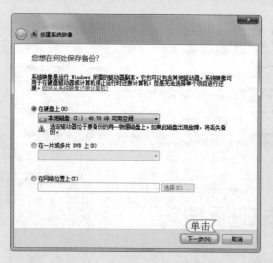 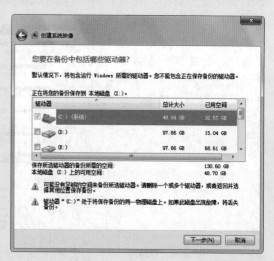

附录 B 72 小时后该如何提升

在创作本书时，虽然我们已尽可能设身处地为您着想，希望能解决您遇到的所有与系统安装与重装相关的问题，但我们仍不能保证面面俱到。如果您想学到更多的知识，或学习过程中遇到了困惑，还可以采取下面的渠道。

1. 在虚拟机中加强实际操作

俗话说："实践出真知。"在书本中学到的理论知识未必能完全融会贯通，此时就需要按照书中所讲的方法，进行上机实践，由于系统安装与重装操作对电脑影响较大，因此，最好是在实验平台——虚拟机中进行实践，以通过实践巩固基础知识，加强自己对知识的理解以将其运用到实际的工作生活中。

2. 总结经验和教训

在学习过程中，难免会因为对知识不熟悉而造成各种错误，此时可将易犯的错误记录下来，并多加练习，增加对知识的熟练程度，减少以后操作的失误，提高日常工作的效率。

3. 吸取他人经验

学习知识并非一味地死学，若在学习过程中遇到了不懂或不易处理的内容，可在网上搜索一些相关的解决方法，借鉴他人的经验进行学习，这不仅可以提高自己安装与重装操作系统的速度，还可以避免在安装与重装过程中导致的一些低级错误。

4. 加强交流与沟通

俗话说："三人行，必有我师焉。"若在学习过程中遇到了不懂的问题，不妨多问问身边的朋友、前辈，听取他们对知识的不同意见，拓宽自己的思路。同时，还可以在网络中进行交流或互动，如在百度知道、搜搜、天涯问答、道客巴巴中提问等。

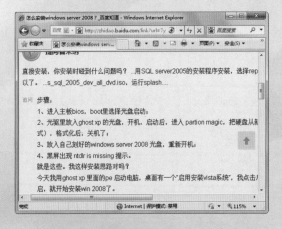
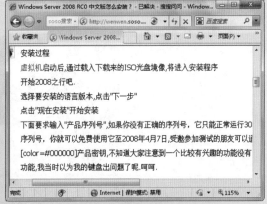

5. 通过专业网站进行学习

在系统安装与重装过程中，需要进行的操作和设置较多，用户可在网上搜索与安装和重装操作系统相关的教程视频进行学习，以掌握该软件的相关知识与相关操作。如在专业的与软件相关的网站中进行学习，包括系统吧、系统之家等。这些网站各具特色，能够满足用户的不同办公需求。

系统吧

网址：http://www.xitong8.com

特色：系统吧是一个提供系统资源的网站，它不仅提供各操作系统的下载资源，还提供了关于各系统的介绍以及系统安装教程等。由于该网站提供各操作系统的下载资源和系统安装教程，所以深受系统安装与重装用户的青睐。

系统之家

网址：http://www.xpxtzj.com

特色：系统之家网站中主要提供各种操作系统安装程序，如 Windows 操作系统、纯净版系统、深度技术系统、雨林木风系统和萝卜家园系统等，由于该网站提供的操作系统种类较多，是下载操作系统安装程序最佳的网站之一。